ALGÈBRE

ÉLÉMENTAIRE

PAR

M. J. BOURGET

Recteur de l'Académie d'Aix, ancien élève de l'École normale supérieure,
Agrégé de l'Université, Docteur ès sciences,
Ex-Directeur des études à l'École préparatoire de Sainte-Barbe.

PARIS

LIBRAIRIE CH. DELAGRAVE

15, RUE SOUFFLOT, 15

Journal de Mathématiques élémentaires et spéciales, à l'usage de tous les candidats aux écoles du gouvernement et des aspirants au baccalauréat ès sciences, sous la direction de J. Bourget, docteur ès sciences, recteur de l'académie d'Aix, et Koehler, ancien répétiteur à l'École polytechnique, directeur des études à l'École préparatoire de Sainte-Barbe.

Paris, Départements et États de l'union postale, un an. . . . 15 francs.

On ne reçoit d'abonnement que pour l'année. Il paraît un numéro de 3 feuilles (48 pages) du 10 au 20 de chaque mois.

ALGÈBRE ÉLÉMENTAIRE

A LA MÊME LIBRAIRIE

JOURNAL
DE
MATHÉMATIQUES ÉLÉMENTAIRES

A l'usage des candidats aux écoles du gouvernement et des aspirants au baccalauréat ès sciences, publié sous la direction de MM. J. Bourget, recteur de l'Académie d'Aix, ex-directeur des études à l'École préparatoire de Sainte-Barbe, et Koehler, ancien répétiteur à l'École polytechnique, directeur des études à l'École préparatoire de Sainte-Barbe. Il paraît un numéro de deux feuilles in-8 (32 pages) avec figures et couverture, du 10 au 20 de chaque mois. Prix d'abonnement : Paris, 10 fr. Départements et États de l'union postale. . . . . 12 fr.
— La première année (1877). 1 beau volume in-8, br. . 10 fr.
— La deuxième année (1878). 1 beau volume in-8, br. . 10 fr.

LE BACCALAURÉAT ÈS SCIENCES
A LA SORBONNE

Transformation des cahiers du baccalauréat de M. A. Jullien, ouvrage servant de complément à tous les traités de mathématiques et de sciences physiques appropriées au baccalauréat, par P. Leysenne, professeur de mathématiques à Sainte-Barbe, et A. Jullien, professeur de sciences, licencié ès sciences mathématiques et physiques. 8 fascicules. In-12, br.

Arithmétique. . . . . . . 1 fr.	*Trigonométrie* . . . . 2 fr.
Algèbre. . . . . 2 fr.	*Géométrie descriptive, Mécani-*
Géométrie plane . . . . . 2 fr.	*que, Cosmographie* . . 2 fr.
Géométrie dans l'espace. 2 fr.	*Physique*, 1re partie. . . 1 fr.

RECUEIL D'ÉPURES
DE
GÉOMÉTRIE DESCRIPTIVE

A l'usage des candidats à l'École polytechnique, à l'École normale supérieure et à l'École centrale, par A. Javary, chef des travaux graphiques à l'École polytechnique, ancien élève de cette école, professeur de géométrie descriptive au collège Rollin, etc. 1 vol. in-4, cart . . . . 10 fr.

Ouvrage renfermant 26 épures, avec explications théoriques et données numériques, une instruction sur l'exécution des épures et des notions sur la construction des ombres, en vue de préparer les candidats aux compositions d'admissibilité et d'admission à l'École polytechnique.

Sceaux. — Imp. Charaire et fils.

ALGÈBRE

ÉLÉMENTAIRE

PAR

M. J. BOURGET

Recteur de l'Académie d'Aix, ancien élève de l'École normale supérieure,
Agrégé de l'Université, Docteur ès sciences,
Ex-Directeur des études à l'École préparatoire de Sainte-Barbe,

PARIS

LIBRAIRIE CH. DELAGRAVE

15, RUE SOUFFLOT, 15

1880

Tout exemplaire de cet ouvrage non revêtu de notre griffe sera réputé contrefait.

Chs Delagrave

PRÉFACE

Dans ce traité j'ai cherché non pas à répondre servi-
lement aux questions des programmes officiels, mais à
présenter l'algèbre sous un jour nouveau, conforme aux
progrès que cette science a faits par l'étude approfondie
des quantités dites imaginaires.

Je montre au début ce qui constitue vraiment la ligne
de séparation de l'arithmétique et de l'algèbre.

Tant que les grandeurs ne sont considérées que dans
leurs modules, c'est-à-dire dans leurs rapports abstraits
avec l'unité choisie, on fait de l'arithmétique ou de l'a-
rithmologie. On établit les règles de calcul sur les modules ou sur les nombres; on étudie les propriétés diverses des nombres entiers auxquels tous les autres se
ramènent.

Quand à la considération du module on joint celle de
la direction et que l'on représente les grandeurs directives par un symbole complexe qui donne à la fois le module et l'*argument*, c'est-à-dire un signe marquant nettement le sens de la grandeur, on fait de l'algèbre.

Les grandeurs directives que l'on étudie dans les

diverses branches des sciences peuvent être classées en plusieurs groupes :

1º Les unes, et c'est le plus grand nombre, ne sont susceptibles que de deux sens opposés l'un à l'autre, telles sont les lignes portées sur un axe indéfini, à partir d'un point fixe, le temps futur ou passé, l'espace parcouru dans le mouvement rectiligne d'un mobile, etc. On pourrait les désigner sous le nom de grandeurs *diodes*. Le module de toute grandeur peut être représenté par la longueur d'une ligne droite, après avoir choisi une certaine longueur pour représenter l'unité ; donc toute grandeur diode peut être considérée comme une droite portée à partir d'un point fixe d'un axe, tantôt d'un côté, tantôt de l'autre de l'origine, suivant son sens ;

2º D'autres grandeurs, qu'on pourrait nommer *polyodes*, peuvent avoir toute direction, soit sur un plan, soit dans l'espace ; telles sont les forces en mécanique, les espaces parcourus par les points matériels en mouvement, les droites tracées sur un plan, ou imaginées dans l'espace, etc. On les représente toutes par des droites de longueurs déterminées suivant leurs modules, portées dans certaines directions à partir d'un point origine.

Il faut distinguer particulièrement les grandeurs *polyodes planes*, c'est-à-dire celles qui sont représentées par des droites portées toutes sur un même plan, à partir d'une origine, suivant les directions diverses des rayons d'un cercle décrit de ce point comme centre.

Ces grandeurs polyodes planes comprennent évidemment les grandeurs diodes, comme cas particulier ;

3º Les grandeurs absolues, dans l'étude desquelles l'idée de direction n'intervient pas, peuvent aussi être regardées comme un cas particulier des grandeurs polyodes planes, car on peut toujours représenter leur module par la longueur d'une droite et porter ce module dans une même direction, sur un axe indéfini, à partir d'une origine. Les grandeurs absolues ainsi représentées pourraient être appelées *monodes*.

Toute grandeur polyode plane peut être représentée par le symbole a_α, a désignant le module, α l'argument qui donne la direction par rapport à un axe indéfini tracé à partir de l'origine. Les grandeurs diodes sont représentées par a_0 ou a_π, selon leur sens. Les grandeurs monodes sont toujours représentées par a_0 que l'on peut identifier avec a.

L'algèbre, comme nous l'entendons, a pour but de donner les règles de calcul des grandeurs polyodes planes et de résoudre tous les problèmes qui s'y rapportent.

Ce qu'il y a de remarquable, c'est qu'en donnant pour les opérations nommées addition, soustraction, multiplication, division, des définitions convenables et telles que ces opérations se réduisent à celles de l'arithmétique quand les grandeurs ne sont que monodes, les grandeurs polyodes se traitent suivant les mêmes règles de calcul que les grandeurs monodes; en sorte que le calcul algébrique ne fait jamais, dans le cours des opérations, de distinction entre les grandeurs monodes, diodes et polyodes planes.

Cette généralité du calcul algébrique explique sa puissance et les solutions étrangères qu'il donne souvent dans les problèmes sur les grandeurs concrètes.

J'ai cherché, dans les premiers chapitres, à mettre en relief cette généralité, en donnant dès le début la théorie du calcul des quantités dites négatives et des quantités dites imaginaires. Les unes et les autres sont des symboles propres à représenter les grandeurs diodes et les grandeurs polyodes.

Les considérations un peu nouvelles que j'ai développées dans les chapitres consacrés au calcul algébrique renferment implicitement les règles du calcul des équipollences de M. Bellavitis. Je n'ai pas cru toutefois utile d'en développer les applications, pour ne pas sortir du cadre des problèmes généralement traités dans les classes de mathématiques.

Les idées philosophiques qui m'ont guidé dans les premiers chapitres me conduisaient naturellement à la considération des symboles propres à représenter les grandeurs polyodes de l'espace, c'est-à-dire aux quaternions d'Hamilton. Il est clair que la représentation d'une direction de l'espace exige au moins deux arguments représentant des rotations autour d'axes différents. Il est facile de démontrer que les modules à deux arguments sont soumis aux mêmes règles de calcul que les symbolos a_α, dans l'addition et la soustraction, mais que les règles de la multiplication, et par suite celles de la division, ne sont pas les mêmes; qu'en particulier la commutativité des facteurs ne subsiste pas.

Il résulte de là cette conséquence importante : que *les*

règles du calcul algébrique habituel ne s'appliquent qu'aux symboles propres à représenter les grandeurs polyodes planes, les grandeurs diodes et les grandeurs monodes; que par suite, dans la résolution des questions algébriques, des équations, on ne peut obtenir que de pareils symboles comme solutions. C'est ce qui explique pourquoi les symboles de la forme $a + bi$ sont les seuls que l'on rencontre dans toutes les recherches qui dépendent de l'algèbre.

Je dirai quelques mots des théories que j'ai cru devoir ajouter à celles qui font habituellement l'objet des traités élémentaires.

Une exposition très simple du calcul des déterminants m'a permis de rendre complète la discussion d'un système d'équations du premier degré. J'ai suivi, dans cette discussion, les principes exposés, par M. Rouché dans un travail présenté à l'Académie des sciences.

J'ai consacré un chapitre assez étendu aux grandeurs et aux rapports incommensurables. Il me semble avoir élucidé plusieurs points obscurs de ce sujet difficile.

Quelques développements sur la représentation géométrique des fonctions m'ont permis de donner les équations de la ligne droite et du plan. J'ai pu, au moyen de ces préliminaires, exposer plus clairement la résolution des équations du premier degré à 2 et 3 inconnues.

Les chapitres relatifs au second degré présentent aussi quelques innovations. La théorie de l'involution m'a semblé une application utile de la résolution des équations de la forme $ax^2 + bx + c = 0$. Elle jette d'ailleurs une vive lumière sur la discussion de la fonction

$$\lambda = \frac{ax^2 + bx + c}{a'x^2 + b'x + c'}.$$

J'ai cru devoir étudier complètement dans le cours d'algèbre élémentaire la fonction exponentielle $y = a^x$ et en tirer la théorie des logarithmes qui en est un corollaire immédiat.

Je reprends cette théorie à propos des progressions, comme on le fait ordinairement.

J'aurais pu donner les énoncés d'un grand nombre de problèmes intéressants du second degré tirés de la géométrie. L'utilité de ces exercices est évidente, mais ce recueil eût été incomplet et bien plus restreint que celui qu'on trouvera dans le *Journal de mathématiques élémentaires*, où j'ai rassemblé les plus importants de ceux qui ont été publiés dans les feuilles d'examen de Saint-Cyr et de l'École polytechnique.

Décembre, 1879,

J. BOURGET.

TRAITÉ D'ALGÈBRE

PREMIÈRE PARTIE

CALCUL ALGÉBRIQUE

CHAPITRE PREMIER

PRÉLIMINAIRES. — NOMENCLATURE DES GRANDEURS
SOUMISES AU CALCUL.

§ 1er. — PRÉLIMINAIRES.

1. DÉFINITION DE L'ALGÈBRE. — L'algèbre fait connaître les lois des opérations que l'on peut exécuter sur les grandeurs mesurables, de quelque nature qu'elles soient; elle donne en outre la solution des problèmes généraux abstraits auxquels se ramènent la plupart des problèmes que l'on peut se proposer sur ces grandeurs.

2. SIGNES. — On représente en algèbre les grandeurs par des lettres, afin de n'avoir pas à tenir compte de leurs valeurs particulières. On se sert habituellement des premières lettres de l'alphabet :

$$a, b, c, \ldots \alpha, \beta, \gamma,$$

pour désigner des grandeurs connues, et des dernières

$$x, y, z, \ldots \ldots,$$

pour désigner des grandeurs inconnues.

Les opérations sont indiquées par des signes abréviatifs que nous ferons connaître successivement.

3. EXPRESSION ALGÉBRIQUE. — On nomme ainsi toute lettre représentant une grandeur et aussi toute combinaison de lettres indiquant une opération à exécuter, ou une série d'opérations successives conduisant à une certaine grandeur finale, que représente cette expression.

4. ÉGALITÉS. — Deux expressions algébriques sont dites *équivalentes* ou *égales*, quand elles représentent la même grandeur. On les sépare alors par le signe = (*égal*). Ainsi on écrit :

$$A = B,$$

pour indiquer que l'expression A représente la même grandeur que l'expression B.

On appelle *égalités* de pareilles formules. A est le *premier membre* de l'égalité, B en est le *second membre*. On peut évidemment intervertir les deux membres d'une égalité, car on peut la lire en sens inverse.

On nomme *identité* une égalité évidente, ou qui le devient après quelques opérations. L'égalité

$$A = A$$

est la formule de l'identité.

Si une grandeur A est supérieure à une grandeur B, on écrit, pour l'exprimer :

$$A > B;$$

l'ouverture du signe $>$ est tournée vers la plus grande des quantités.

5. PARENTHÈSE. — Nous ferons souvent usage d'une parenthèse dans laquelle nous renfermerons, suivant la notation que voici :

$$(A) \quad \text{ou} \quad [A] \quad \text{ou} \quad \{A\},$$

une expression algébrique A, plus ou moins compliquée. L'une quelconque des notations indiquera la grandeur A.

Quand une expression est isolée, la parenthèse est inutile et peut être supprimée sans inconvénient ; mais si la grandeur qu'elle représente résulte de plusieurs opérations et qu'elle soit soumise à de nouvelles opérations, la parenthèse est le plus souvent indispensable pour la clarté des formules.

§ II. — NOMENCLATURE DES GRANDEURS SOUMISES AU CALCUL.

I. — NOMBRES ENTIERS.

6. DÉFINITION. — On appelle *nombre entier* une collection, un groupe d'objets distincts et semblables, considérés indépendamment de leur nature.

On appelle *unité* l'un quelconque des objets distincts de la collection.

En ôtant successivement une unité à une collection, on

la diminue et on peut la réduire à *un* seul objet. L'*unité* par extension de langage peut être regardée comme un nombre.

Si l'on supprime la dernière unité, il n'y a plus de nombre ; on dit en mathématiques que *le nombre se réduit à zéro*, et l'on regarde ainsi *zéro*, c'est-à-dire l'absence de tout nombre, comme faisant partie de la série des nombres.

Le nombre est une *grandeur abstraite*. Nous l'appelons *abstraite* parce que la notion du nombre est conçue indépendamment de la nature des objets distincts par la réunion desquels il est formé.

7. ADDITION DES NOMBRES ENTIERS. — *Additionner deux ou plusieurs nombres, c'est former un nombre unique contenant à lui seul toutes les unités contenues dans les nombres distincts donnés.*

Le résultat d'une addition se nomme *somme*.

La somme des nombres a, b, c, d . . . s'indique par l'expression

$$a + b + c + d + \ . \ . \ .$$

Le signe $+$ (*plus*) est le signe de l'addition.

Il faut bien comprendre la formule ci-dessus : elle signifie qu'au nombre a on ajoute le nombre b ; puis qu'à la somme faite on ajoute c ; puis qu'à la somme faite on ajoute d, etc.

On voit par là que la somme de *quatre* nombres a, b, c, d peut être envisagée :

comme la somme de *trois* nombres $a + b$, c, d,

comme la somme de *deux* nombres $a + b + c$, d.

C'est ce que l'on exprime de la manière suivante, en faisant usage de la parenthèse :

$$a + b + c + d = (a + b) + c + d,$$
$$= (a + b + c) + d.$$

Cette remarque est importante.

L'opération de l'addition des nombres entiers est toujours assimilable à l'opération matérielle qui consisterait à mettre, dans une même urne, des boules contenues dans des urnes différentes.

8. Propriétés fondamentales des sommes de nombres entiers. — La définition de l'addition et l'assimilation que nous venons d'indiquer nous montrent immédiatement la vérité des quatre propositions suivantes :

1° $a + b = b + a$ (COMMUTATIVITÉ).

2° $a + (b + c) = a + b + c$ (ASSOCIATIVITÉ).

3° La somme de deux nombres entiers est un nombre entier jouissant des mêmes propriétés.

4° $a + o = o + a = a$.

9. Soustraction. — La soustraction est l'*opération inverse* de l'addition ; elle a pour but de résoudre le problème suivant :

Étant donnés la somme de deux nombres et l'un d'eux, trouver l'autre.

Par définition même de la soustraction, le résultat ajouté au plus petit nombre donnera le plus grand ; donc :

il est la *différence* des deux nombres ;

il est l'*excès* du plus grand sur le plus petit ;

il est le *reste* qu'on obtient en ôtant du plus grand autant d'unités qu'il y en a dans le plus petit.

La différence de deux nombres a et b s'indique par la notation

$$a - b.$$

Le signe — (*moins*) est le signe de la soustraction. Appelons δ le résultat, nous écrirons :

$$a - b = \delta,$$

et, *par définition* de δ :

$$a = \delta + b,$$
$$= b + \delta \qquad \text{(COMMUTATIVITÉ)}.$$

Le passage de l'une des égalités à l'autre résulte donc de la définition de la soustraction.

10. MULTIPLICATION. — *Multiplier un nombre entier* a *par un autre* b, *c'est faire la somme de* b *nombres égaux à* a;

C'est donc aussi *répéter le nombre* a *autant de fois qu'il y a d'unités dans* b.

Les nombres a et b s'appellent les *facteurs* de la multiplication.

Le premier, a, se nomme *multiplicande;* le second, b, se nomme *multiplicateur.*

Le résultat de l'opération se nomme *produit.* Le produit s'indique par l'une des notations

$$ab, \ a.b, \ a \times b.$$

Le produit de plusieurs nombres s'indique par la notation

$$abcde,$$

et il faut bien comprendre cette formule. Elle signifie que a est multiplié par b; puis que le produit fait est multiplié par c; puis que le produit fait est multiplié par d;

qu'enfin le nouveau produit fait est multiplié par *e*. Le produit de *cinq* facteurs peut donc être considéré :

comme le produit de *quatre* facteurs   *ab, c, d, e;*
comme le produit de *trois* facteurs   *abc, d, e;*
comme le produit de *deux* facteurs   *abcd, e.*

On peut exprimer ce fait, en se servant de la parenthèse, au moyen des égalités suivantes :

$$abcde = (ab)cde$$
$$= (abc)de$$
$$= (abcd)e.$$

11. PROPRIÉTÉS DES PRODUITS. — Les propriétés fondamentales des produits de nombres entiers sont les suivantes :

1° *Dans un produit de deux nombres entiers, on peut intervertir l'ordre des facteurs* (COMMUTATIVITÉ).

En effet, le nombre des unités contenues dans le produit 5. 4 est celui des unités contenues dans le tableau ci-dessous, par définition de la multiplication :

```
1  1  1  1  1
1  1  1  1  1
1  1  1  1  1
1  1  1  1  1.
```

Mais ce tableau, envisagé par colonnes, donne aussi le nombre des unités du produit 4. 5.

Donc, en général, $ab = ba$, *a* et *b* étant des nombres entiers.

2° *Pour multiplier par un produit de deux facteurs, il suffit de multiplier successivement par chacun des facteurs* (ASSOCIATIVITÉ).

En effet, soit à multiplier par $20 = 5.4$ un nombre quelconque a. — Par définition de la multiplication, il s'agit de le répéter 20 fois; mais 20 étant 4 fois 5, on obtiendra ce produit en répétant a d'abord 5 fois, puis le groupe formé 4 fois, c'est-à-dire en formant le tableau suivant :

$$
\begin{array}{ccccc}
a & a & a & a & a \\
a & a & a & a & a \\
a & a & a & a & a \\
a & a & a & a & a,
\end{array}
$$

qui ne diffère du précédent que par la substitution de a à l'unité.

Donc, en général, $a(bc) = abc$.

3° *Pour multiplier par la somme de deux nombres, il suffit de multiplier par chacun des termes de la somme et d'ajouter ensuite les deux produits partiels* (DISTRIBUTIVITÉ).

Ce principe est évident, d'après la définition même du mot *multiplier*.

Donc $a(b + c) = ab + ac$.

4° *Le produit de deux facteurs est nul, si l'un des facteurs est nul.*

Ce principe résulte de la définition de la multiplication et de celle du symbole o. Donc

$$a.o = o.a = o.$$

5° *Dans un produit de deux facteurs, si l'un des facteurs est égal à l'unité, le produit est égal à l'autre facteur.*

Ce principe résulte immédiatement de la définition de la multiplication.

6° *Le produit de deux nombres entiers est un nombre entier jouissant des mêmes propriétés fondamentales.*

12. DIVISION. — La division est l'opération inverse de la multiplication ; elle a pour but de résoudre le problème suivant :

Étant donné un produit de deux facteurs et l'un d'eux, trouver l'autre.

Le produit donné se nomme *dividende*. Le facteur donné se nomme *diviseur*. Le facteur inconnu se nomme *quotient*.

Par définition de la division, le dividende est égal au produit du diviseur par le quotient.

Si a désigne le dividende, b le diviseur et q le quotient, on écrit :

$$q = \frac{a}{b}, \text{ plus rarement } q = a : b.$$

Par définition de la division, on a les égalités suivantes :

$$a = bq = qb \quad \text{ou bien} \quad a = \frac{a}{b} \cdot b = b \cdot \frac{a}{b}.$$

Le quotient de deux nombres entiers n'existe pas toujours, car le dividende peut bien ne pas être le produit du diviseur par un nombre entier.

II. — NOMBRES FRACTIONNAIRES.

13. FORMATION, ORIGINE. — La notion des fractions résulte de la mesure des grandeurs continues.

Une grandeur continue, comme une ligne, un poids, n'est pas exprimable par un nombre, car elle n'est pas la réunion de parties distinctes et semblables. Pour s'en faire une idée nette, on la réduit en nombre, en la comparant à une autre de même espèce. Voici comment on s'y prend.

Pour fixer les idées, nous supposerons que la grandeur donnée soit une ligne droite A.

Prenons arbitrairement une autre grandeur de même espèce, une ligne droite B, dont nous avons une idée nette.

Si A contient exactement, 5 fois par exemple, la grandeur B, on pourra dire que A est la réunion de 5 longueurs égales à B. Le nombre 5 donnera donc une idée nette de la grandeur A.

Si A contient exactement 5 fois la huitième partie de B, le nombre 5 donnera encore une idée nette de A ; mais il faudra lui associer le nombre 8 qui indique en combien de parties égales B a été divisé. C'est donc le nombre complexe

$$\frac{5}{8},$$ qu'on lit *cinq huitièmes,*

qui fera connaître A.

La grandeur arbitraire B à laquelle on compare A se nomme *unité.*

Le nombre complexe $\frac{5}{8}$, *exprimant un nombre entier de parties aliquotes de l'unité,* se nomme *fraction* ou *nombre fractionnaire.* Le nombre 8 s'appelle *dénominateur;* il fait connaître le nom de la partie aliquote de l'unité principale qui sert d'unité secondaire. Le nombre 5 situé au-dessus s'appelle *numérateur;* il indique combien la grandeur A contient de parties aliquotes de la grandeur unité B.

Mesurer une grandeur A, en prenant B comme unité, c'est chercher combien de fois A contient B ou une partie aliquote de B. Les nombres entiers ou fractionnaires donnent donc la *mesure* d'une grandeur, en prenant une autre grandeur de même espèce comme unité.

On nomme *rapport* de A à B la *mesure* de A en prenant B comme unité. Le rapport de deux grandeurs A et B de même espèce est donc le nombre de fois que la première A contient la seconde B, ou une partie aliquote de la seconde.

On voit par ce que nous venons de dire que les grandeurs continues peuvent être réduites en nombres entiers ou fractionnaires. Nous examinerons plus tard le cas où une grandeur A ne contiendrait pas un nombre exact de fois une partie aliquote de B, quelle qu'elle fût.

14. PROPRIÉTÉS FONDAMENTALES DES FRACTIONS. — Pour comprendre les opérations sur les nombres fractionnaires, il faut en connaître les propriétés fondamentales ; nous les rappelons ici (voir notre *Arithmétique*, p. 14 et 37) :

1° *Une fraction, multipliée par son dénominateur, donne le numérateur ; en d'autres termes, une fraction peut être regardée comme le quotient du numérateur divisé par le dénominateur.*

2° *Une fraction devient 2, 3... fois plus grande ou plus petite, si son numérateur devient 2, 3... fois plus grand ou plus petit.*

3° *Une fraction devient 2, 3... fois plus petite ou plus grande, si son dénominateur devient 2, 3... fois plus grand ou plus petit.*

4° *Une fraction ne change pas de valeur, si l'on multiplie ou si l'on divise les deux termes par un même nombre.*

5° *Tout nombre entier peut être regardé comme une frac-*

tion de dénominateur UN, *et peut aussi être transformé en une fraction de dénominateur quelconque.*

6° *Deux ou plusieurs fractions de dénominateurs différents peuvent être transformées en d'autres égales ayant même dénominateur.*

Nous pouvons maintenant définir facilement les opérations relatives aux fractions. Nous n'avons besoin que de définir l'addition et la multiplication, car nous appellerons toujours soustraction et division les deux opérations inverses.

Les définitions que nous donnerons doivent remplir deux conditions, savoir : 1° *qu'elles comprennent, comme cas particuliers, celles des opérations relatives aux nombres entiers;* 2° *que ces opérations jouissent des propriétés fondamentales que nous avons énumérées plus haut (commutativité, associativité, etc.).*

15. ADDITION DES FRACTIONS. — *Additionner des nombres entiers ou fractionnaires, c'est former un nombre entier ou fractionnaire contenant à lui seul les unités et les parties de l'unité contenues dans les nombres distincts.*

Cette définition générale comprend évidemment la définition de l'addition des nombres entiers.

D'un autre côté, après leur réduction au même dénominateur, deux ou plusieurs fractions telles que

$$\frac{24}{12} , \frac{3}{12} , \frac{7}{12} , \frac{15}{12} , \frac{36}{12}$$

peuvent être regardées comme des *nombres entiers de douzièmes :*

24 douzièmes , 3 douzièmes , etc...

Donc les fractions, comme les nombres entiers, jouissent dans l'addition des quatre propriétés fondamentales (8) suivantes :

1° $a + b = b + a$ (COMMUTATIVITÉ);

2° $a + (b + c) = a + b + c$ (ASSOCIATIVITÉ);

3° $a + o = o + a = a$.

4° *La somme de deux fractions est un nombre entier ou fractionnaire jouissant des mêmes propriétés.*

De là résulte que tous les théorèmes relatifs aux sommes et aux différences de nombres entiers, qui se déduisent des quatre propriétés fondamentales, sont vrais aussi pour les fractions.

16. MULTIPLICATION DES FRACTIONS. — *Multiplier par une fraction, c'est prendre du multiplicande une fraction marquée par le multiplicateur.*

Ainsi, multiplier par $\frac{1}{8}$, c'est prendre le 8°; multiplier par $\frac{5}{8}$, c'est prendre 5 fois le 8° du multiplicande, quel qu'il soit.

Cette définition comprend bien celle de la multiplication des nombres entiers; car 5, par exemple, peut être regardé comme équivalent au quotient ou à la fraction $\frac{5}{1}$, et la multiplication par $\frac{5}{1}$ revient, d'après la définition ci-dessus, à prendre 5 fois la totalité du multiplicande.

De cette définition, on déduit facilement que *le produit de deux fractions est une autre fraction ayant pour numérateur le produit des numérateurs et pour dénominateur le produit des*

dénominateurs des fractions données. Donc les fractions jouissent dans la multiplication des six propriétés fondamentales suivantes :

1° *Le produit de deux fractions ne change pas quand on
intervertit l'ordre des facteurs* (COMMUTATIVITÉ).

Car

$$\frac{a}{b} \cdot \frac{a'}{b'} = \frac{aa'}{bb'}$$

$$= \frac{a'a}{b'b} \quad \ldots \ldots \quad (11)$$

$$= \frac{a'}{b'} \cdot \frac{a}{b}.$$

2° *Pour multiplier par un produit de deux facteurs, il suffit
de multiplier successivement par chacun d'eux* (ASSOCIATIVITÉ).

Car

$$\frac{a}{b} \left(\frac{a'}{b'} \cdot \frac{a''}{b''} \right) = \frac{a}{b} \cdot \frac{a'a''}{b'b''} \quad \ldots \ldots \quad (16)$$

$$= \frac{a(a'a'')}{b(b'b'')} \quad \ldots \ldots \quad (16)$$

$$= \frac{aa'a''}{bb'b''} \quad \ldots \ldots \quad (11, \ 2°)$$

$$= \frac{a}{b} \cdot \frac{a'}{b'} \cdot \frac{a''}{b''} \quad \ldots \ldots \quad (16).$$

3° *Pour multiplier par la somme de deux fractions, il suffit
de multiplier successivement par chacune d'elles, et d'ajouter
ensuite les deux produits partiels* (DISTRIBUTIVITÉ).

Cela résulte de la définition même du mot *multiplier;*
on a donc :

$$\frac{a}{b} \left(\frac{a'}{b'} + \frac{a''}{b''} \right) = \frac{a}{b} \frac{a'}{b'} + \frac{a}{b} \frac{a''}{b''}.$$

4° *Un produit de deux facteurs s'annule, quand l'un des facteurs se réduit à zéro.*

Cela résulte des définitions données de la multiplication et de zéro. On a donc :

$$\frac{a}{b} \cdot 0 = 0 \cdot \frac{a}{b} = 0.$$

5° *On ne change pas une fraction en la multipliant par l'unité.*

Car
$$1 \cdot \frac{a}{b} = \frac{a}{b} \cdot 1 \ldots \ldots \ldots \text{(16. 1°)}$$

$$= \frac{a}{b} \cdot \frac{1}{1}$$

$$= \frac{a \cdot 1}{b \cdot 1}$$

$$= \frac{a}{b} \cdot \ldots \ldots \ldots \text{(11)}$$

On voit aussi immédiatement la propriété par les définitions des fractions et de la multiplication.

6° *Le produit de deux fractions est un nombre entier ou une fraction jouissant des mêmes propriétés.*

Donc tous les théorèmes de la multiplication et de la division qui se déduisent de ces six propriétés fondamentales sont vrais pour les nombres entiers et les nombres fractionnaires.

17. Module des grandeurs. — On nomme ainsi le nombre entier ou fractionnaire qui mesure une grandeur.

Un nombre abstrait quelconque peut être regardé comme le module d'une grandeur concrète. Donc les mots *nombre* et *module* sont synonymes en mathématiques.

III. — GRANDEURS CONCRÈTES ABSOLUES.

18. Définition. — On nomme ainsi des grandeurs qui sont complétement connues, quand on connaît leurs modules.

Ainsi une aire, un volume, un poids, un capital, son intérêt, une pression atmosphérique, etc., sont des grandeurs absolues. On ne considère en arithmétique que cette espèce de grandeurs.

Dans l'étude particulière de chacune des grandeurs concrètes absolues, on définit la *somme* et le *produit*. — On donne toujours de ces opérations sur les grandeurs concrètes des définitions telles que *la somme de deux grandeurs concrètes soit mesurée par la somme des modules qui mesurent chacune des deux grandeurs* et que *le produit de deux grandeurs concrètes soit mesuré par le produit des modules qui mesurent chacune des deux grandeurs.*

Il résulte de cette précaution que les opérations ADDITION, SOUSTRACTION, MULTIPLICATION, DIVISION, sur les grandeurs concrètes, se trouvent ramenées aux opérations correspondantes sur les modules.

Par conséquent, nous pouvons dire que l'*arithmétique donne les lois de toutes les opérations que l'on peut faire sur les grandeurs absolues, de quelque nature qu'elles soient,* car on ramène aux quatre opérations fondamentales ci-dessus toutes les autres opérations.

Mais certaines grandeurs fort importantes ne sont pas complétement connues quand on donne simplement leur *module;* il faut encore faire connaître leur *direction.* Ainsi le *temps* est une grandeur susceptible de deux sens différents, car il peut être futur ou passé; la température marquée par un certain nombre de degrés peut être au-dessus ou au-dessous de zéro; sur un plan, une longueur partant d'un point fixe peut avoir une infinité de directions; dans l'espace, une force tirant un point peut avoir une infinité de directions. Nous nommerons *grandeurs directives* de pareilles grandeurs dont la connaissance complète exige deux éléments, le *module* et la *direction.*

L'algèbre s'occupe spécialement de l'étude des grandeurs directives, et l'on peut dire que c'est ce qui la distingue proprement de l'arithmétique.

19. REPRÉSENTATION GRAPHIQUE DES GRANDEURS ABSOLUES. — Toute grandeur absolue a le même module qu'une certaine ligne droite; donc cette ligne droite peut la représenter et l'on peut par conséquent *transformer* toute question, toute opération sur des grandeurs d'une espèce quelconque, en une question semblable, en une opération semblable sur les lignes droites qui les représentent.

Nous conviendrons de porter ces lignes droites représentatives sur une ligne indéfinie à partir d'un point O et dans un sens déterminé, de gauche à droite par exemple. Ces lignes droites elles-mêmes sont des grandeurs absolues.

Pour que la somme de deux lignes ait pour module la somme des modules qui mesurent chacune d'elles, il suffit d'appeler *somme de deux lignes celle qu'on obtient en les portant l'une à la suite de l'autre sur la ligne indéfinie* OX. — Cette opération devra être l'image de l'addition de toutes les grandeurs absolues de natures différentes représentées par ces lignes.

Voici comment on doit définir le *produit* de deux lignes A et B. Si nous appelons a et b les modules de ces grandeurs, nous avons vu que le produit de ces nombres est un troisième nombre qui a avec a le même rapport que b a avec l'unité ; donc, si nous représentons par U la ligne unité, le produit X des deux lignes A et B sera une quatrième proportionnelle aux trois lignes U, B, A donnée par la proportion :

$$\frac{X}{A} = \frac{B}{U}.$$

Le produit X ainsi défini aura bien pour module le produit des modules a et b.

Ces conventions étant adoptées, tous les problèmes relatifs aux grandeurs concrètes absolues pourront être transformés en problèmes graphiques, comme ils se sont tous transformés en problèmes sur les nombres entiers ou fractionnaires, quand on a eu mesuré les grandeurs.

Nous ne parlons pas des opérations inverses; elles conservent leurs définitions générales, et ces définitions ont un sens précis aussitôt que les opérations directes sont définies.

IV. — GRANDEURS COMPLEXES A DEUX SENS OPPOSÉS.

20. DÉFINITIONS. — Comme nous l'avons dit déjà, plusieurs espèces de grandeurs, dont la considération se pré-

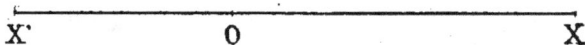

sente naturellement dans les sciences, sont susceptibles de deux sens opposés. De quelque nature qu'elles soient, nous conviendrons de les représenter toutes par des longueurs dirigées suivant la demi-ligne OX ou suivant la direction opposée OX'. Ces longueurs sont elles-mêmes des grandeurs à deux sens opposés.

Nous appelons ces grandeurs *complexes* parce que leur détermination complète exige la connaissance non-seulement de leur *module*, mais encore de leur *sens*. On les appelle aussi *grandeurs directives*.

On peut désigner la grandeur complexe ou la ligne représentative par deux lettres AB, par exemple. L'ordre des lettres détermine le *sens* de la droite AB ; de telle sorte que AB et BA sont deux grandeurs complexes de même *module*, mais de *sens* différents. Dans ce mode de notations, une grandeur complexe a une *origine* A et une *extrémité* B, car on la suppose parcourue dans le sens où elle doit être portée.

Le sens peut aussi être nettement indiqué en disant que la grandeur fait avec OX un angle nul ou un angle de 180°. Si donc nous représentons par π la demi-circonférence évaluée en longueur d'arc de rayon unité et par a le module d'une grandeur complexe, la grandeur sera représentée d'une manière claire et complète par l'un des symboles complexes

$$a_0, \ a_\pi.$$

Dans le premier cas, la ligne représentative a devra être portée dans le sens OX ; dans le second cas, elle devra être portée en sens contraire, suivant OX'.

Les grandeurs absolues peuvent être regardées comme des grandeurs complexes d'indice zéro, puisque nous sommes convenus de les représenter par des modules *linéaires* portés suivant OX ; donc

$$a = a_0.$$

Nous appellerons *argument* l'indice du module, ou l'angle de direction.

Il est évident que l'argument peut être augmenté ou diminué d'un nombre quelconque de fois 2π. Ainsi

$$a_0 = a_{2\pi} = a_{4\pi}, \ldots$$
$$a_\pi = a_{3\pi} = a_{5\pi}, \ldots$$

Nous pourrons désigner par de grandes lettres A, B,... ces symboles complexes.

21. ADDITION DES GRANDEURS COMPLEXES A DEUX SENS CONTRAIRES. — *Additionner deux grandeurs complexes, c'est les porter chacune dans son sens, l'une au bout de l'autre; en d'autres termes, c'est placer l'origine de la seconde à l'extrémité de la première et la porter dans son sens à partir de cette extrémité. La somme des deux grandeurs est la distance de l'origine de la première à l'extrémité de la seconde.*

Il est clair que l'addition des grandeurs absolues est comprise, comme cas particulier, dans cette définition; que l'addition de zéro ne change pas une grandeur complexe; que la somme de deux grandeurs complexes est une autre grandeur complexe. Il reste à démontrer que cette somme est *commutative* et *associative*.

THÉORÈME. — *Les grandeurs complexes sont commutatives dans l'addition.*

1° Faisons la somme $a_0 + b_0$. — Nous portons a, à partir de l'origine O, suivant OX, nous arrivons au point M;

X'   O   Q   M   P   X

à la suite nous portons b, nous arrivons au point P; la

somme est OP. — Prenons OQ=MP, la ligne QP sera égale à OM. D'où l'on voit que la somme OP peut être regardée comme étant aussi la somme des grandeurs complexes OQ $= b_0$ et QP $= a_0$. Donc

$$a_0 + b_0 = b_0 + a_0.$$

2° Faisons la somme $a_0 + b_\pi$, en admettant que $a > b$. Nous portons a suivant OX, nous arrivons en M ; du point M, nous portons b suivant OX', nous arrivons en P, la somme

X'   Q   O   P   M X

$a_0 + b_\pi$ est OP. — Prenons OQ $=$ MP, la longueur QP sera égale à OM. Donc la ligne dirigée OP peut être regardée comme étant aussi la somme des lignes dirigées OQ$=b_\pi$ et QP $= a_0$. Donc

$$a_0 + b_\pi = b_\pi + a_0.$$

3° Faisons la somme $a_0 + b_\pi$, en admettant que $a < b$. Nous portons a sur OX, nous arriverons en M ; du point M, nous portons sur b suivant OX', nous arrivons en P ; la somme $a_0 + b_\pi$ est la ligne dirigée OP. Prenons OQ $=$ MP,

X'   Q   P   O   M X

la ligne QP sera égale à OM. Donc la ligne dirigée OP peut être regardée aussi comme la somme des lignes dirigées OQ $= b_\pi$ et QP $= a_0$. Donc

$$a_0 + b_\pi = b_\pi + a_0.$$

Donc, que les grandeurs soient de même sens ou de sens contraire, elles sont toujours *commutatives* dans l'addition, et l'on a toujours

$$A + B = B + A.$$

THÉORÈME. — *Les grandeurs complexes sont associatives dans l'addition.*

En effet, faisons par exemple la somme $a_0 + b_\pi + c_0$.

Nous porterons d'abord a suivant OX, nous arriverons en M. Puis, à partir du point M, nous porterons successivement, dans leurs sens respectifs, les modules b et c; nous

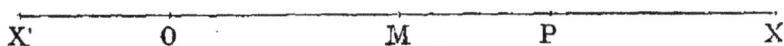

```
X'        O          M        P              X
```

ferons donc la somme des grandeurs b_π, c_0 à partir du point M. Donc la somme définitive OP peut être regardée comme la somme des deux grandeurs complexes a_0 et $b_\pi + c_0$. Donc

$$a_0 + b_\pi + c_0 = a_0 + (b_\pi + c_0).$$

Donc, d'une manière générale,

$$A + B + C = A + (B + C). \qquad C. Q. F. D.$$

Nous déduisons de ces deux théorèmes que toutes les propriétés des sommes et des différences qui, pour les modules, se déduisent des propriétés fondamentales ci-dessus appartiennent nécessairement aussi aux sommes et aux différences des grandeurs complexes.

THÉORÈME. — *La soustraction d'une grandeur complexe revient à l'addition d'une grandeur de sens contraire.*

En effet :

1° D'après la définition de la somme, on a :

$$a_0 + a_\pi = 0.$$

2° Soient maintenant deux grandeurs complexes quelconques, a_0, b_π, par exemple. Soustraire b_π de a_0, c'est trouver une troisième grandeur complexe, telle qu'en lui ajoutant b_π on retombe sur a_0; or la grandeur complexe $a_0 + b_0$ jouit de cette propriété, puisque

$$a_0 + b_0 + b_\pi = a_0 + (b_0 + b_\pi) = a_0 + o = a_0;$$

donc
$$a_0 - b_\pi = a_0 + b_0. \qquad \text{C. Q. F. D.}$$

Corollaire. — Il résulte de là que la soustraction des grandeurs complexes est toujours possible, tandis que celle des simples modules ne l'est pas toujours.

Nous sommes convenus de faire des grandeurs absolue un cas particulier des grandeurs directives, puisque nous convenons de les représenter toujours par des droites portées sur la direction OX. Il résulte de cette convention que les soustractions seront toujours possibles après la représentation des modules par des lignes dirigées. Le résultat d'une soustraction impossible sera une ligne portée dans le sens OX'. Ces lignes *ne représentent rien* dans le cas des grandeurs absolues, dans le cas où l'on n'envisage que les modules des grandeurs.

22. Multiplication des grandeurs complexes a deux sens contraires. — Définition. — *Multiplier deux grandeurs complexes, c'est faire le produit des modules et ajouter les arguments.* — En d'autres termes, *le produit de deux grandeurs complexes est une autre grandeur complexe dont le module est égal au produit des modules et dont l'argument est égal à la somme des arguments des grandeurs complexes données.*

Ainsi, par définition,

$$a_0 \,.\, b_0 = (ab)_0,$$
$$a_\pi \,.\, b_0 = (ab)_\pi,$$
$$a_0 \,.\, b_\pi = (ab)_\pi,$$
$$a_\pi \,.\, b_\pi = (ab)_{2\pi} = (ab)_0.$$

Cette définition comprend bien celle de la multiplication des modules comme cas particulier; car nous sommes
convenus de regarder les grandeurs absolues comme des
grandeurs directives de sens constant OX; par suite,

$$ab = a_0 b_0 = (ab)_0.$$

Cette définition est d'ailleurs une extension toute na-
turelle de la définition donnée en arithmétique. — *Multiplier par 3 ou par $\frac{3}{5}$, c'est faire sur le multiplicande les opérations faites sur l'unité pour avoir le multiplicateur.* Étendons
cette définition aux grandeurs complexes.

Pour former $a_\alpha (\alpha = o$ ou $\alpha = \pi)$, il suffit de former a,
ce qui revient à *multiplier* l'unité absolue par a, puis de
faire tourner ce module, qui est actuellement sur OX, de
l'angle α (o ou π). — Donc, pour multiplier par a_α, on multipliera d'abord le module du multiplicande par a, puis on
fera tourner la grandeur complexe nouvelle de l'angle α,
ce qui revient à augmenter de α l'argument du multiplicande.

De notre définition, nous déduisons les conséquences
suivantes :

1° $a_\alpha \, b_\beta = (ab)_{\alpha + \beta} = (ba)_{\beta + \alpha} = b_\beta \, a_\alpha.$

Donc *les grandeurs complexes sont commutatives dans la
multiplication.*

2° $a_\alpha \, (b_\beta \, c_\gamma) = a_\alpha \, [(bc)_{\beta + \gamma}]$
$$= (abc)_{\alpha + \beta + \gamma}$$
$$= a_\alpha \, b_\beta \, c_\gamma.$$

Donc *les grandeurs complexes sont associatives dans la
multiplication.*

3° $a_\alpha (b_\beta + c_\gamma) = a_\alpha \, b_\beta + a_\alpha \, c_\gamma.$

Cette dernière égalité résulte immédiatement de la définition générale de la multiplication; car le multiplicateur s'obtient en *multipliant* successivement l'unité absolue par b_β et c_γ, puis en ajoutant les résultats. Il faut donc faire sur le multiplicande les mêmes opérations.

Donc *les grandeurs complexes sont distributives dans la multiplication.*

$4°$ $\qquad a_\alpha . 0 = a_\alpha . 0_0 = (a . 0)_\alpha = (0)_\alpha = 0.$

$5°$ $\qquad a_\alpha . 1 = a_\alpha . 1_0 = a_\alpha.$

$6°$ Nous avons déjà dit, dans la définition, que le produit de deux grandeurs complexes est une autre grandeur complexe, jouissant des mêmes propriétés.

Il résulte de cette analyse que toutes les propriétés des sommes, des différences, des produits et des quotients des modules qui se déduisent de ces propriétés fondamentales subsistent pour les grandeurs complexes à deux sens contraires.

V. — GRANDEURS COMPLEXES PLANES.

23. DÉFINITIONS. — Les grandeurs directives à deux sens contraires ne sont qu'un cas particulier de grandeurs plus générales, que nous allons définir.

Considérons une ligne OM dont le module a serait variable, en même temps que son inclinaison XOM $= \alpha$ pourrait prendre toutes les valeurs comprises entre o et 36o, sans sortir d'un même plan. Cette grandeur

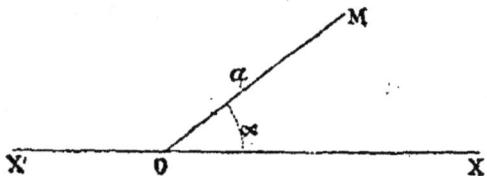

complexe est ce que nous nommerons *grandeur directive plane.*

Le rayon d'une ellipse, le rayon vecteur d'une conique quelconque, d'une planète quelconque, sont des grandeurs directives planes. Les diverses lignes d'une figure plane peuvent être regardées comme des grandeurs directives, car elles ont un module et une direction faisant un certain angle avec une direction fixe qu'on peut tracer sur le plan.

Une grandeur directive plane est clairement représentée par la notation

$$a_\alpha,$$

a désignant son *module* et *α* son *argument*, c'est-à-dire l'angle de sa direction $\overline{OM}$ avec une direction fixe $\overline{OX}$, compté dans le sens XOM.

L'argument peut évidemment être augmenté ou diminué d'un nombre entier de circonférences $2k\pi$, car la direction de OM ne change pas, quand on le fait tourner de 4, 8... angles droits. Donc :

$$a_\alpha = a_{\alpha+2\pi} = a_{\alpha+4\pi}.....$$

24. ADDITION DES GRANDEURS DIRECTIVES PLANES. — *La somme de deux grandeurs directives planes est la diagonale du parallélogramme construit sur ces grandeurs.* — En d'autres termes, *ajouter deux grandeurs directives planes, c'est placer l'origine de la seconde à l'extrémité de là première, et porter ensuite à partir de ce point la seconde dans sa direction propre. La somme est la ligne qui joint l'origine de la première à l'extrémité de la seconde.*

Cette définition n'est que la généralisation de la définition de la somme de deux grandeurs directives à deux

sens contraires; elle la comprend donc comme cas particulier et comprend aussi
la définition de la somme
des modules. De plus, la
somme de deux gran-
deurs directives est une
grandeur directive de même espèce; une grandeur directive ne change pas quand on lui ajoute zéro; donc il nous
reste à démontrer que les grandeurs directives planes sont
commutatives et *associatives* dans l'addition.

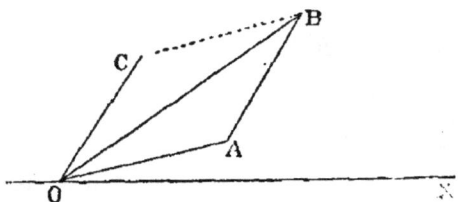

Or : 1° la figure ci-contre du parallélogramme fait voir
que la somme OB des grandeurs directives OA et AB est
la même que la somme des grandeurs directives OC = AB
et CB = OA; donc *les grandeurs directives planes sont com-
mutatives dans l'addition;* c'est-à-dire que $a_\alpha + b_\beta = b_\beta + a_\alpha$.

2° Considérons trois complexes :

$$a_\alpha = \text{OA} \quad , \quad b_\beta = \text{AB} \quad , \quad c_\gamma = \text{BC}.$$

Leur somme est OC. Mais AC = $b_\beta + c_\gamma$ et l'on voit que
OC peut être regardée
comme la somme de OA
et de AC.

Donc :

$$a_\alpha + b_\beta + c_\gamma = a_\alpha + (b_\beta + c_\gamma).$$

Donc *les grandeurs di-
rectives planes sont associatives dans l'addition.*

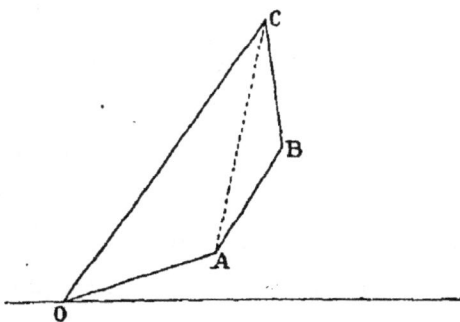

Donc enfin toutes les propriétés des sommes et des
différences démontrées en arithmétique sur les modules et
tirées de ces propriétés fondamentales sont vraies aussi

pour les sommes et les différences des quantités directives planes.

25. SOUSTRACTION DES GRANDEURS DIRECTIVES PLANES. — La soustraction est toujours définie comme opération inverse de l'addition. Il est facile de voir que *la soustraction d'une grandeur directive plane* a_α *revient à l'addition de la grandeur directive contraire* $a_\alpha + \pi$.

En effet : 1° la somme de deux complexes contraires a_α, $a_{\alpha+\pi}$ est nulle, en vertu des définitions précédentes.

2° Par conséquent,

$$m_\mu + a_{\alpha+\pi} + a_\alpha = m_\mu + (a_{\alpha+\pi} + a_\alpha)$$
$$= m_\mu + 0$$
$$= m_\mu.$$

Donc $m_\mu + a_{\alpha+\pi}$ est le résultat de la soustraction $m_\mu - a_\alpha$, puisque ce résultat ajouté à a_α doit donner m_μ, d'après la définition de la soustraction.

Il résulte de là que la soustraction des grandeurs directives planes est une opération toujours possible, tandis que celle des modules ou des nombres considérés en arithmétique ne l'est pas toujours.

26. *Réduction des grandeurs directives planes aux grandeurs directives à deux sens contraires.* — Au point O,

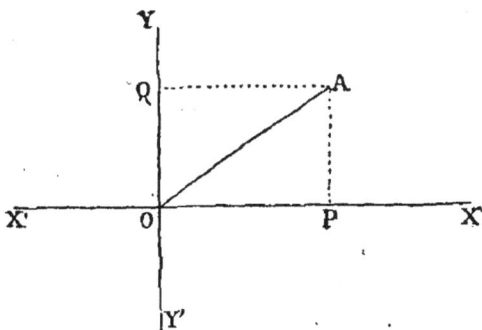

menons une perpendiculaire indéfinie OY à la droite OX, et considérons OY comme un nouvel axe en tout semblable à OX, c'est-à-dire comme donnant deux directions opposées OY, OY'.

Toute grandeur complexe OA $= a_\alpha$ peut être regardée comme la somme de deux grandeurs directives OP, PA susceptibles d'avoir deux directions seulement. Nous désignerons la première par x_0 ou x_π, la seconde par y_0 ou y_π, suivant le sens. Dans le cas de la figure précédente, nous aurons

$$a_\alpha = x_0 + y_0.$$

Dans le cas de la figure ci-contre, nous aurions

$$a_\alpha = x_\pi + y_0.$$

Mais cette notation serait ambiguë, car rien n'indique nettement que les directions de x et de y sont prises relativement à deux axes différents rectangulaires.

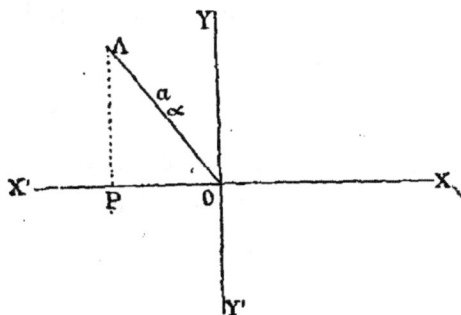

Pour éviter toute ambiguïté, nous pouvons employer un signe i particulier et écrire

$$a_\alpha = x_0 + iy_0,$$
$$a_\alpha = x_\pi + iy_0,$$
$$\cdots \cdots$$

Ce signe, que Cauchy appelle *clef*, signifie simplement ici que y est une grandeur directive parallèle à une direction perpendiculaire à celle de x. C'est, si l'on veut, un indice de y indiquant cette perpendicularité.

27. MULTIPLICATION DES GRANDEURS DIRECTIVES PLANES. — *Le produit de deux grandeurs directives* a_α, b_β *est par définition* $(ab)_{\alpha+\beta}$; *c'est donc un nouveau com-*

plexe dont le module est égal au produit des modules et dont l'argument est égal à la somme des arguments des complexes facteurs.

Cette définition n'est que la généralisation de la définition de la multiplication donnée en arithmétique : on fait sur le multiplicande les opérations effectuées sur l'unité I_0 pour former le multiplicateur. Elle comprend donc comme cas particuliers les définitions déjà données ; de telle sorte que si les complexes se réduisent à des grandeurs à deux sens opposés ou même à des grandeurs absolues, leur produit devient bien ce qu'il doit être.

De cette définition, nous déduisons aussi les conséquences suivantes :

1°
$$a_\alpha b_\beta = (ab)_{\alpha+\beta} = (ba)_{\beta+\alpha}$$
$$= b_\beta a_\alpha.$$

Donc *les grandeurs directives planes sont* COMMUTATIVES *dans la multiplication.*

2°
$$a_\alpha (b_\beta c_\gamma) = a_\alpha [(bc)_{\beta+\gamma}]$$
$$= (abc)_{\alpha+\beta+\gamma}$$
$$= a_\alpha b_\beta c_\gamma.$$

Donc *les grandeurs directives planes sont* ASSOCIATIVES *dans la multiplication.*

3°
$$a_\alpha (b_\beta + c_\gamma) = a_\alpha b_\beta + a_\alpha c_\gamma.$$

Donc *les grandeurs directives planes sont* DISTRIBUTIVES *dans la multiplication.*

Cette dernière propriété peut être regardée comme une conséquence *immédiate* de la définition de la multiplication considérée comme une généralisation de la définition arithmétique ; mais on peut aussi y arriver par le raisonnement suivant :

Les deux grandeurs b_β, c_γ, que l'on ajoute, font entre elles un certain angle $\gamma - \beta$ supplément de l'angle A du triangle OAB. Ce triangle est déterminé par cet angle et les deux côtés b et c. Le troisième côté OB est en grandeur et en direction leur somme $b_\beta + c_\gamma$.

Si nous multiplions chacune des grandeurs b_β, c_γ par a_α, leurs modules b et c seront multipliés par a et conserveront le même rapport numérique. Les deux arguments β, γ augmenteront du même angle α, par conséquent conserveront la même différence; donc, si l'on fait la somme des produits partiels

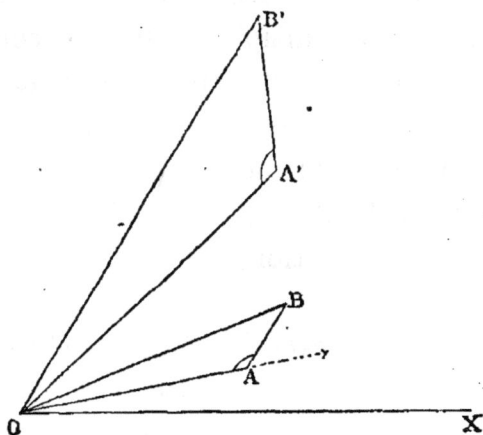

$$a_\alpha b_\beta + a_\alpha c_\gamma\,;$$

on obtiendra un triangle OA'B' semblable à AOB, puisque les angles A et A' sont égaux et que les côtés qui les comprennent sont proportionnels. Donc OB' aura pour module celui de OB multiplié par a et l'argument de OB' sera :

$$\text{A'OX} + \text{BOA} = \text{AOX} + \text{A'OA} + \text{BOA} = \text{BOX} + \text{A'OA}$$
$$= \text{BOX} + \alpha\,,$$

c'est-à-dire l'ancien argument augmenté de α.

Donc enfin la somme

$$a_\alpha b_\beta + a_\alpha c_\gamma$$

équivaut au produit

$$a_\alpha (b_\beta + c_\gamma) \qquad \text{C. Q. F. D.}$$

4° $a_\alpha \cdot 0 = 0 \cdot a_\alpha = 0_0 \cdot a_\alpha = \sigma_0 \cdot a_\alpha.$

$$= (a \cdot 0)_\alpha = 0_\alpha = 0.$$

Donc *le produit de deux grandeurs directives planes s'annule quand le module de l'une s'annule.*

5° $a_\alpha \cdot 1 = a_\alpha \cdot 1_0 = (a \cdot 1)_\alpha = a_\alpha$

$$= (1 \cdot a)_\alpha = 1_0 \cdot a_\alpha = 1 \cdot a_\alpha.$$

Donc *la multiplication d'une grandeur directive plane par l'unité ne la change pas.*

6° Le produit d'une grandeur directive plane est une autre grandeur directive jouissant des mêmes propriétés générales.

Donc tous les théorèmes relatifs aux produits et aux quotients, qui ne reposent que sur ces propriétés fondamentales, sont vrais pour les produits et les quotients des grandeurs directives planes.

28. SENS NOUVEAU DE LA CLEF i. — Toute grandeur directive perpendiculaire à OX sera exprimée par la notation

$$a_{\frac{\pi}{2}} \quad \text{ou} \quad a_{\frac{3\pi}{2}};$$

mais d'après ce que nous venons de dire

$$a_{\frac{\pi}{2}} = \left(1 \cdot a_{\frac{\pi}{2}}\right) = I_{\frac{\pi}{2}} \cdot a_0,$$

$$a_{\frac{3\pi}{2}} = \left(1 \cdot a_{\frac{3\pi}{2}}\right) = I_{\frac{\pi}{2}} \cdot a_\pi;$$

donc, au lieu d'écrire

$$x_0 + iy_0 \quad , \quad x_\pi + iy_0 \quad , \quad x_\pi + iy_\pi \quad , \quad x_0 + iy_\pi,$$

pour représenter un rayon dirigé dans l'un des quatre angles des axes, on peut écrire

$$x_0 + I_{\frac{\pi}{2}}y_0 \quad , \quad x_\pi + I_{\frac{\pi}{2}}y_0 \quad , \quad x_\pi + I_\pi y_\pi \quad , \quad x_0 + I_\pi y_\pi,$$

les angles de direction étant tous pris relativement à l'axe OX.

Donc i, que nous avons d'abord regardé comme un simple indice, peut être regardé comme une grandeur directive, comme l'*unité* affectée d'un argument égal à un angle droit. Cette grandeur directive est multipliée par y_0 ou y_π suivant les règles de la multiplication des complexes.

D'après le sens nouveau que nous attachons à i, on voit que

$$i^2 = i \cdot i = \mathrm{I}_\pi \,;$$
$$i^3 = i^2 \cdot i = \mathrm{I}_\pi \cdot i \,;$$
$$i^4 = i^2 \cdot i^2 = \mathrm{I}_{2\pi} = \mathrm{I}_0 \,;$$
$$i^{m+4\mathrm{K}} = i^m.$$

29. GRANDEURS DIRECTIVES DANS L'ESPACE. — On peut concevoir des grandeurs complexes plus générales que celles dont nous venons de parler et dont ces dernières ne seraient que des cas particuliers. Le rayon d'une sphère, d'un ellipsoïde, une force, une vitesse peuvent avoir dans l'espace une direction quelconque.

L'étude de ces grandeurs, dans la direction desquelles il entre deux éléments, la longitude et la latitude, a été faite par Hamilton en Angleterre. Elle a donné lieu à la théorie des *quaternions*, qui paraît devoir rendre d'importants services dans certaines branches des mathématiques.

Nous ne nous en occuperons pas, parce qu'on ne peut pas généraliser la définition déjà donnée de la multiplication de manière à conserver la *commutativité* pour les grandeurs directives de l'espace. Le calcul algébrique dont nous allons développer les règles ne s'applique donc pas toujours à ces grandeurs; elles sont soumises à des *règles spéciales* qui constituent le *calcul des quaternions*.

30. BUT DE L'ALGÈBRE. — Nous pouvons maintenant indiquer nettement le but de l'algèbre.

Le calcul algébrique fait connaître les propriétés des sommes, des différences, des produits, des quotients; par suite des puissances, des racines, pour toutes les grandeurs jouissant des propriétés fondamentales que nous avons nommées :

Commutativité, associativité, distributivité.

La généralité de ces règles est telle que l'on ne distingue pas, dans le cours des opérations, les grandeurs absolues des grandeurs directives planes.

De cette généralité même, il résulte la conséquence importante que voici : quelle que soit la nature des grandeurs sur lesquelles porte une question, nous la transformons nécessairement et à notre insu en une question analogue sur les grandeurs directives planes. En d'autres termes, tout se passe, dans les opérations, comme si la question spéciale que l'on étudie était abandonnée et qu'on s'occupât d'une question semblable plus générale sur les grandeurs directives.

Il peut donc arriver que l'on trouve des solutions étrangères à la question spéciale traitée par l'algèbre; nous nous expliquerons cette fécondité parfois embarrassante en nous rappelant la remarque précédente. Nous pouvons la résumer ainsi :

L'algèbre ayant été créée pour donner les règles générales de calcul applicables aux grandeurs directives planes, qui comprennent les grandeurs à deux sens et les grandeurs absolues, nous résolvons toujours un problème plus général que celui que nous voulions résoudre lorsqu'il ne s'agit pas de grandeurs directives planes.

Nous voyons aussi *à priori* que les calculs algébriques ne produiront jamais que des symboles de la forme

$$x_0 + iy_0 \quad , \quad x_0 + iy_\pi \quad , \quad x_\pi + iy_\pi \quad , \quad x_\pi + iy_\pi,$$

car ce sont les symboles représentatifs des grandeurs directives planes, qui comprennent les grandeurs à deux sens seulement et les grandeurs absolues; et de plus ces grandeurs directives planes sont les *seules* pour lesquelles nos règles soient applicables.

L'introduction du symbole i permet de remplacer un symbole a_α par la somme de deux symboles représentant des quantités directives à deux sens seulement.

CHAPITRE II.

PROPRIÉTÉS DES SOMMES ET DES DIFFÉRENCES.

31. NOTATIONS. — Les symboles sur lesquels nous opérerons représenteront toujours des grandeurs complexes
planes; mais pour abréger nous les réduirons à une seule
lettre et suivant les habitudes des mathématiciens nous
choisirons les petites lettres de l'alphabet latin ou grec :

$$a, \; b, \; c. \; . \; . \quad \alpha, \; \beta, \; \gamma. \; . \; . \quad x, \; y, \; z. \; . \; .$$

Il faut donc mentalement regarder ces symboles comme
complexes, c'est-à-dire ayant un module et un argument.
Par exemple, on aura :

$$a = \mathrm{A}_\alpha,$$

A étant le module et α l'argument.

Dans le cas particulier des grandeurs absolues, $a, b, c...$
seront des nombres, parce que l'argument zéro peut être
supprimé sans inconvénient (**19**).

32. BUT DES THÉORÈMES QUI SUIVENT. — Nous allons
montrer les conséquences des propriétés fondamentales
dont jouissent toutes les grandeurs énumérées dans le
premier chapitre. Les théorèmes que nous allons faire
connaître sont les bases de tout calcul sur les grandeurs;
ils expliquent ceux de l'arithmétique, en montrant d'une
manière précise les principes élémentaires les plus simples, dont ils découlent tous.

§ I. — PROPRIÉTÉS DES SOMMES.

33. THÉORÈME I. — *Dans une somme, on peut intervertir
à volonté l'ordre des termes.*

1° Le théorème est vrai pour deux termes (**24**).

2° Dans une somme de trois termes, on peut intervertir l'ordre des deux derniers. En effet :

$$a + b + c = a + (b + c). \ . \ . \qquad (\mathbf{24})$$
$$= a + (c + b). \ . \ . \qquad (\mathbf{24})$$
$$= a + c + b \ . \ . \ . \qquad (\mathbf{24}).$$

3° Dans une somme d'un nombre quelconque de termes,
on peut intervertir l'ordre des deux derniers.

En effet, on peut regarder cette somme comme composée de trois termes (**7**).

4° Dans une somme, on peut intervertir l'ordre de deux
termes consécutifs; en effet :

$$a + b + c + d = a + b + d + c;$$

donc :

$$a + b + c + d + e = a + b + d + c + e,$$
$$a + b + c + d + e + f = a + b + d + c + e + f, \quad \text{etc.}$$

5° On peut intervertir comme on veut l'ordre des termes d'une somme.

En effet, par l'inversion de deux termes consécutifs, on
peut progressivement amener un terme quelconque à un
rang assigné quelconque.

34. THÉORÈME II. — *On peut remplacer plusieurs termes
d'une somme par leur somme effectuée et réciproquement un terme
par d'autres dont il serait la somme.*

En effet : 1° amenons au premier rang les termes que nous voulons grouper ; effectuons alors leur somme conformément au sens de la notation ; plaçons ensuite ce résultat au rang que nous voudrons ; ces transformations permises démontrent la première partie du théorème.

2° Amenons au premier rang le terme que nous voulons décomposer ; décomposons-le ensuite en parties dont il soit la somme ; dispersons à volonté ces parties dans la somme indiquée ; ces transformations toutes permises démontrent la seconde partie du théorème.

COROLLAIRE I. — Pour ajouter une somme, il suffit d'ajouter successivement toutes ses parties.

COROLLAIRE II. — Pour ajouter à une somme, il suffit d'ajouter à l'un de ses termes.

§ II. — PROPRIÉTÉS DES DIFFÉRENCES.

35. DÉFINITIONS. — La soustraction est toujours définie comme opération inverse de l'addition, quel que soit le sens concret attaché au mot somme. Elle sert à résoudre le problème suivant :

Étant donnée la somme a *de deux grandeurs et l'une d'elles* b, *trouver l'autre.*

L'opération et le résultat qu'on nomme *reste, excès* ou *différence* s'indique par la notation

$$a - b.$$

On a donc, *par définition*, les identités

$$a - b + b = b + (a - b) = a,$$
$$a - a = 0,$$
$$a - 0 = a.$$

La soustraction des nombres ou des modules n'est pas toujours possible; mais comme tout nombre, tout module peut être représenté par une ligne portée dans un sens déterminé OX, et qu'une ligne est une grandeur directive, on voit que toute soustraction impossible dans le domaine des grandeurs absolues peut s'effectuer dans le domaine des grandeurs directives, où l'on peut toujours se transporter par la représentation graphique des grandeurs absolues; nous regarderons donc toujours, dans les calculs, a—b comme représentant une grandeur complexe, en imaginant que nos opérations soient effectuées sur les lignes représentatives des grandeurs considérées.

Nous sommes certains de trouver toujours des résultats exacts dans l'étude des grandeurs absolues, quoique notre mode de représentation puisse nous faire passer par des lignes ne représentant aucune grandeur; voici pourquoi.

Toute question relative aux modules ou aux grandeurs absolues revient, *par la représentation*, à une question sur des lignes dirigées. Dans ce nouvel ordre d'idées, nous ne rencontrons que des soustractions possibles et nous arrivons certainement au résultat demandé dans la question transformée, en suivant la route permise à nos calculs. Or ce résultat représente en même temps la grandeur concrète demandée dans la question primitivement posée.

36. THÉORÈME III. *Pour soustraire une somme, il suffit de soustraire successivement ses divers termes.*

En effet, soit à exécuter l'opération

$$N - (a + b + c + d);$$

désignons par δ le résultat. Nous pourrons écrire la série d'égalités :

$$N = \delta + (a + b + c + d) \qquad \text{(déf. de la soustraction)}$$
$$= \delta + a + b + c + d \qquad \text{(34, coroll. I)}$$
$$= \delta + d + c + b + a \qquad \text{(33)} ;$$

par suite, la série suivante :

$$N - a = \delta + d + c + b \qquad \text{(déf. de la soustraction)},$$
$$N - a - b = \delta + d + c \qquad \text{(id.)},$$
$$N - a - b - c = \delta + d \qquad \text{(id.)},$$
$$N - a - b - c - d = \delta = N - (a + b + c + d) \quad \text{(id.)}.$$
$$\text{C. Q. F. D.}$$

Ce principe sert de base à la théorie de la soustraction des nombres entiers.

37. Théorème IV. — *Pour additionner une différence, il suffit d'additionner le premier terme et de retrancher le second du résultat.*

En effet, posons

$$a - b = \delta :$$

d'où

$$a = \delta + b \qquad \text{(défin. de la soustrac.)}.$$

Nous aurons :

$$N + a = N + (\delta + b)$$
$$= N + \delta + b \qquad \text{(34, cor. I)}.$$

Donc :

$$N + a - b = N + \delta \qquad \text{(défin. de la soustraction)}$$
$$= N + (a - b). \qquad \text{C. Q. F. D.}$$

38. Théorème V. — *Pour soustraire une différence, il*

suffit de soustraire le premier terme et d'ajouter le second au résultat.

En effet, si nous conservons les notations du théorème précédent, nous pourrons écrire :

$$N - a = N - (\delta + b)$$
$$= N - \delta - b \ldots \ldots \ldots (36);$$

par suite :

$$N - a + b = N - \delta \qquad \text{(déf. de la soustr.)}$$
$$= N - (a - b).$$

C. Q. F. D.

39. Corollaire. — *Dans l'addition ou la soustraction d'une différence, on peut intervertir l'ordre des deux opérations qu'il faut faire.*

En effet :

$$1° \quad N + a - b = a + N - b \ldots \ldots \quad \ldots (33)$$
$$= a + (N - b) \ldots \ldots \ldots (37)$$
$$= (N - b) + a \ldots \ldots \ldots (33);$$
$$= N - b + a \quad \text{(sens de la parenthès.)}.$$

Donc aussi :

$$2° \quad N - a + b = N + b - a \ldots \ldots \ldots (39, 1°).$$

C. Q. F. D.

40. Théorème VI. — *Une différence ne change pas, quand on ajoute ou qu'on retranche une même grandeur à ses deux termes.*

En effet, de l'égalité

$$a - b = \delta,$$

nous déduisons :

$$a = \delta + b \qquad \text{(déf. de la soustr.)};$$

par suite

$$a + m = \delta + b + m$$
$$= \delta + (b + m) \ldots (\mathbf{34}, \text{cor. I});$$

par suite :

$$a + m - (b + m) = \delta \quad (\text{déf. de la soustr.})$$
$$= a - b.$$

On ferait un raisonnement analogue pour prouver que

$$a - m - (b - m) = a - b.$$

41. COROLLAIRE. — *On peut toujours réduire à zéro le premier terme d'une différence.*

En effet, d'après le corollaire précédent,

$$a - b = a - a - (b - a)$$
$$= 0 - (b - a). \qquad \text{C. Q. F. D.}$$

42. THÉORÈME VII. — *Une grandeur ne change pas, quand on lui ajoute et qu'on lui retranche successivement une même grandeur.*

En effet :

$$P + a - a = P + (a - a) \ldots \ldots \ldots (\mathbf{37})$$
$$= P + 0 \ldots \ldots \ldots \ldots (\mathbf{35})$$
$$= P \ldots \ldots \ldots \ldots \ldots (\mathbf{24}).$$
$$\text{C. Q. F. D.}$$

§ III. — POLYNOMES.

43. DÉFINITIONS. — On nomme polynôme une expression algébrique telle que

$$a + b - c + d - e,$$

indiquant une série d'additions ou de soustractions. *Un*

polynôme est donc un ensemble de termes séparés par les signes
$+$ *ou* $-$

Le premier terme d'un polynôme n'est précédé d'aucun signe, car il n'est ajouté à rien, il n'est retranché de rien. On peut le regarder si l'on veut comme ajouté à zéro, en écrivant mentalement le polynôme sous la forme

$$o + a + b - c + d - e.$$

Donc le premier terme peut être regardé comme précédé du signe $+$. On nomme termes *positifs* ceux qui sont précédés du signe $+$ et termes *négatifs* ceux qui sont précédés du signe $-$

On appelle *binôme* un polynôme à deux termes, *trinôme* un polynôme à trois termes, etc.

Un terme isolé s'appelle *monôme*. Tout monôme a peut être regardé comme un binôme, car

$$a = a + o = o + a = a - o.$$

La *valeur* d'un polynôme est le résultat des opérations successives indiquées par les signes $+$ et $-$. Ces opérations successives sont toujours possibles, car si a, b, c... désignent des nombres ou des grandeurs absolues quelconques, on peut regarder ces grandeurs comme représentées par des lignes directives (**35**), et alors les opérations impossibles sur les nombres deviennent possibles sur ces nouvelles grandeurs ; elles donnent, comme nous l'avons vu (**21**, th. III), des lignes dirigées de droite à gauche à partir de l'origine

sur la droite indéfinie sur laquelle on porte les longueurs représentatives des grandeurs absolues considérées.

44. Théorème VIII. — *Dans un polynôme, on peut intervertir à volonté l'ordre des termes, sans changer sa valeur.*

1° *On peut intervertir l'ordre des deux derniers.*

En effet, en désignant par P l'ensemble des termes
précédents, on a :

$$P + a + b = P + b + a. \quad \ldots \ldots \text{ (33)}$$

et

$$P - a - b = P - (a + b). \quad \ldots \ldots \ldots \text{ (36)}$$
$$= P - (b + a) \qquad \text{(COMMUTATIVITÉ)}$$
$$= P - b - a . \quad \ldots \ldots \ldots . \text{(36)}$$

si les deux derniers termes ont le même signe ; et dans le
cas contraire

$$P + a - b = P - b + a. \quad \ldots \ldots \text{ (39)}.$$

2° *On peut intervertir l'ordre de deux termes consécutifs.*

En effet, ces deux termes sont les derniers d'un polynôme formé par eux et par ceux qui les précèdent.

3° *On peut intervertir à volonté l'ordre des termes.*

En effet, par l'inversion de deux termes consécutifs, on
peut, progressivement, amener un terme désigné quelconque à un rang quelconque.

Remarque. — Il n'y a pas d'exception pour le premier
terme, si l'on a soin d'écrire zéro au commencement du
polynôme. Au moyen de ce symbole, on peut placer un
terme négatif au commencement d'un polynôme ; car, par
exemple,

$$a - b + c = o + a - b + c$$
$$= o - b + a + c.$$

Dans la pratique, on sous-entend toujours le symbole zéro et l'on écrit simplement

$$- b + a + c.$$

45. Théorème IX. — Addition des polynômes.

Pour ajouter un polynôme à une grandeur, il suffit d'écrire, à la suite de l'expression qui la représente, les divers termes du polynôme, chacun avec son signe.

Première démonstration.

On peut déduire ce théorème de la règle qui sert à ajouter une somme ou une différence, car on a la série des équivalences suivantes :

$$P + (a - b + c - d) = P + [(a - b + c) - d] \text{(sens de la parent.)}$$
$$= P + (a - b - c) - d \ldots \ldots (37)$$
$$= P + [(a - b) + c] - d \text{(sens de la parent.)}$$
$$= P + (a - b) + c - d \ldots \ldots (34)$$
$$= P + a - b + c - d \ldots \ldots (37).$$

C. Q. F. D.

Seconde démonstration.

On peut aussi démontrer ce théorème plus simplement par la série des équivalences suivantes :

$$P + (a - b + c - d) = (a - b + c - d) + P \text{ (commutativité)}$$
$$= a - b + c - d + P \text{ (sens de la parent.)}$$
$$= P + a - b + c - d \ldots \ldots (44).$$

C. Q. F. D.

46. Théorème X. — Soustraction d'un polynôme.

Pour soustraire un polynôme d'une grandeur, il suffit de

l'écrire à la suite de la grandeur en changeant le signe de chaque terme.

Première démonstration.

Ce théorème se déduit de la règle qui sert à retrancher une somme ou une différence, au moyen des équivalences suivantes :

$$P-(a-b+c-d)=P-[(a-b+c)-d] \text{ (sens de la parent.)}$$
$$=P-(a-b+c)+d \ldots \ldots (38)$$
$$=P-[(a-b)+c]+d \text{ (sens de la parent.)}$$
$$=P-(a-b)-c+d \ldots \ldots (36)$$
$$=P-a+b-c+d \ldots \ldots (38).$$

C. Q. F. D.

Seconde démonstration.

On peut aussi arriver au même résultat en s'appuyant sur la définition de la soustraction et sur la règle d'addition des polynômes. On·raisonne ainsi :

Si au polynôme

$$P-a+b-c+d$$

on ajoute le polynôme donné

$$a-b+c-d,$$

on obtient, d'après la règle d'addition (**45**) :

$$P-a+b-c+d+a-b+c-d,$$

ou bien :

$$P-a+a+b-b-c+c+d-d=P \ldots (**42**);$$

donc $P-a+b-c+d$ est bien le *reste* de la soustraction

$$P-(a-b+c-d).$$

C. Q. F. D.

§ IV. — SYMBOLES POSITIFS ET NÉGATIFS.

47. DÉFINITIONS. — Nous appellerons symbole *positif* le binôme

$$o + a,$$

et symbole *négatif* le binôme

$$o - a.$$

Un symbole positif équivaut à un monôme isolé dépourvu de signe, car d'après la définition du symbole zéro

$$o + a = a + o = a.$$

Ces symboles ont un sens *concret* dans notre mode de représentation des grandeurs absolues ou de leurs modules par des lignes droites portées sur une direction fixe OX ; tandis que dans le domaine des nombres abstraits ou des grandeurs absolues abstraites le dernier n'aurait aucun sens, puisque la grandeur dont on soustrait doit toujours surpasser celle que l'on soustrait.

48. THÉORÈME XI. — *Dans l'addition et la soustraction des symboles positifs et négatifs, on peut supprimer ou sous-entendre le zéro initial et traiter ensuite les symboles* + a *et* — a *comme s'ils faisaient partie de polynômes.*

En effet, on a :

$$1° \quad P + (o + a) = P + o + a$$
$$= P + a;$$

$$2° \quad P + (o - a) = P + o - a$$
$$= P - a;$$

$$3° \quad P - (o + a) = P - o - a$$
$$= P - a;$$

$$4° \quad P - (o - a) = P - o + a,$$
$$= P + a. \qquad \text{C. Q. F. D.}$$

On peut donc se dispenser d'écrire le zéro initial des symboles positifs et négatifs et les représenter simplement par $+a$ et $-a$. C'est ce que nous ferons désormais ; mais pour se rendre compte de leurs propriétés dans le calcul il faut toujours les regarder comme des binômes.

49. THÉORÈME XII. — *Les grandeurs directives à deux sens opposés peuvent être représentées par les symboles positifs et négatifs, dans les calculs d'addition et de soustraction.*

En effet :

$$1° \quad a_0 = 0 + a_0$$
$$= 0 + a$$
$$= \quad +a ;$$
$$2° \quad a_\pi = 0 + a_\pi$$
$$= 0 - a_0 \dots \dots \dots \quad (21)$$
$$= 0 - a$$
$$= \quad -a.$$

Il résulte de là que les *grandeurs directives à deux sens opposés peuvent être représentées par leurs modules précédés des signes* $+$ ou $-$, *ces symboles* $+a$, $-a$, *se traitant dans l'addition et la soustraction comme s'ils étaient des termes de polynômes.*

50. THÉORÈME XIII. — *Tout polynôme peut être regardé comme la* SOMME *de symboles positifs ou négatifs.*

En effet, tout polynôme tel que $a-b+c-d$ donne lieu aux équivalences suivantes :

$$a - b + c - d = 0 + a + 0 - b + 0 + c + 0 - d$$
$$= (0+a) + (0-b) + (0+c) + (0-d)$$
$$= (+a) + (-b) + (+c) + (-d),$$

en sous-entendant les zéros.

Remarque. — On déduit de ce théorème que la règle d'addition d'un polynôme peut s'énoncer comme il suit :

Pour ajouter un polynôme, regardé comme la SOMME *de termes positifs ou négatifs, il suffit d'ajouter successivement tous ses termes.*

On peut aussi énoncer la règle de la soustraction de la manière suivante :

Pour soustraire un polynôme, regardé comme la SOMME *de termes positifs ou négatifs, il suffit de soustraire successivement tous ses termes.*

CHAPITRE III.

MULTIPLICATION.

§ I. — DÉFINITIONS. — NOTIONS PRÉLIMINAIRES.

51. Définitions. — Nous avons donné dans le premier chapitre la définition du produit,

pour les nombres entiers ou fractionnaires,
pour les grandeurs absolues,
pour les grandeurs directives à deux sens contraires,
pour les grandeurs complexes planes.

La définition la plus générale comprend toujours les définitions particulières.

Dans tous les cas, le produit s'indique par l'une des trois notations

$$a \times b \quad , \quad a.b \quad , \quad ab.$$

a et b se nomment les *facteurs* de la multiplication; a est le *multiplicande*, b le *multiplicateur*.

On peut avoir à multiplier plus de deux grandeurs; le produit s'indique par la notation

$$abcde,$$

a, b, c, d, e étant les symboles représentatifs des grandeurs. Rappelons que ce produit équivaut aux suivants :

$$(ab)cde \quad , \quad (abc)de \quad , \quad (abcd)e,$$

en vertu du sens des notations et de la parenthèse.

52. Propriétés fondamentales des produits. — Nous

avons vu dans le premier chapitre que les grandeurs dont s'occupe l'algèbre jouissent dans la multiplication des six propriétés suivantes :

1° Le produit de deux grandeurs est *commutatif;* en d'autres termes, $ab = ba$.

2° Le produit des grandeurs est *associatif;* en d'autres termes,

$$a(bc) = abc.$$

3° Le produit des grandeurs est *distributif;* en d'autres termes,

$$a(b + c) = ab + ac.$$

4° Le produit de deux grandeurs s'annule quand l'un des facteurs est nul et seulement alors ; en d'autres termes,

$$a \times 0 = 0 \times a = 0.$$

5° Une grandeur ne change pas quand on la multiplie par l'unité absolue ; en d'autres termes,

$$a . 1 = 1 . a = a.$$

6° Le produit de deux ou plusieurs grandeurs est une nouvelle grandeur de même espèce, jouissant des mêmes propriétés générales.

53. PUISSANCES, CARRÉ, CUBE, RACINES. — Si dans un produit

$$abcde$$

tous les facteurs sont égaux à *a,* il porte le nom de puissance et s'écrit :

$$a^5.$$

Le chiffre 5 s'appelle *exposant.*

a^m se nomme la m^e puissance de a ; a^2 est la seconde puissance ou le *carré;* a^3 est la troisième puissance ou le *cube.*

Réciproquement, a se nomme la racine m^e de a^m et s'écrit :

$$a = \sqrt[m]{a^m}.$$

a est la racine carrée de a^2; a est la racine cubique de a^3.

La racine carrée de a^2 s'écrit aussi :

$$\sqrt{a^2},$$

en supprimant l'indice 2 que l'on devrait mettre entre les branches du *radical* $\sqrt{}$. C'est la seule racine pour laquelle on fasse cette suppression.

L'exposant est un nombre entier au moins égal à *un*, par sa définition même. Il peut être regardé comme indiquant le nombre de fois qu'une grandeur est prise comme facteur de l'unité ; car, par exemple,

$$a^5 = 1 \cdot a^5 = 1 \cdot aaaaa.$$

Tout symbole isolé, sans exposant, tel que a, peut être regardé comme ayant *un* pour exposant; car, d'après la remarque précédente,

$$a^1 = 1 \cdot a = a.$$

54. EXPOSANT ZÉRO. — Cette nouvelle définition de l'exposant nous conduit encore à faire la convention suivante :

$$a^0 = 1,$$

car, d'après le sens de la notation exponentielle, a^0 indique que l'unité est isolée et n'est pas multipliée par a. Nous verrons que cette convention est utile.

55. DIVISION. — **QUOTIENT.** — La division est toujours définie comme opération inverse de la multiplication. Quel que soit le sens concret attaché au mot produit .

La division est l'opération par laquelle, étant donné un produit de deux facteurs et l'un de ces facteurs, on trouve l'autr facteur.

Le produit donné prend le nom de *dividende*, le facteur donné s'appelle *diviseur*, le facteur inconnu se nomme *quotient*.

Désignons par a le dividende, par b le diviseur, par q le quotient. Le quotient s'indique par l'une des deux notations

$$\frac{a}{b} \quad , \quad a:b.$$

Nous avons donc, par définition des notations :

$$\frac{a}{b}=q \quad . \quad a:b=q;$$

et *par définition du quotient :*

$$a = bq = qb = \frac{a}{b}b.$$

Le quotient $\frac{a}{b}$ porte aussi quelquefois le nom de *rapport*, de *fraction;* a est le *numérateur*, b le *dénominateur*. On a vu en arithmétique que toute fraction peut être regardée comme le quotient du numérateur divisé par le dénominateur; voilà pourquoi la notation des fractions est la même que celle des quotients.

Tout symbole isolé peut être regardé comme un quotient. En effet, on a :

$$a = 1 . a,$$

donc :

$$a = \frac{a}{1}.$$

56. Grandeurs inverses. — On appelle *inverses* deux grandeurs dont le produit est égal à l'unité.

Soit a une grandeur, son inverse sera $\frac{1}{a}$, car

$$\frac{1}{a} \cdot a = 1,$$

d'après la définition même du quotient.

L'inverse du symbole zéro est :

$$\frac{1}{0}.$$

Il ne représente aucune grandeur, car il n'y a pas de grandeur qui multipliée par zéro donne l'*unité*. — Si l'on considère le produit

$$a \cdot \frac{1}{a},$$

on voit que le produit reste constamment égal à l'unité, quel que soit a; donc, si le module de a tend vers zéro, le module de $\frac{1}{a}$ croîtra indéfiniment. C'est pourquoi $\frac{1}{0}$ se nomme le symbole de *l'infini*.

57. Monomes. — On appelle ainsi une expression algébrique dans laquelle les symboles en évidence ne sont soumis qu'à des signes de multiplication ou de division. La formule générale d'un monôme est donc :

$$\frac{a^{\alpha}b^{\beta}c^{\gamma}}{m^{\mu}n^{\nu}p^{\pi}}.$$

On dit qu'un monôme est *entier*, lorsqu'il n'a pas de dénominateur littéral, ainsi

$$\frac{2}{3}a^3 b^4 c^2 \quad , \quad 5a^2 b^4$$

sont des monômes entiers.

On nomme *coefficient* d'un monôme le facteur numérique qui le précède. On peut regarder un monôme sans coefficient comme ayant pour coefficient l'unité, car

$$a = 1 \cdot a.$$

Les monômes peuvent être dépourvus de signes; ils peuvent aussi être précédés des signes $+$ ou $-$; mais alors ils doivent être considérés comme des binômes de la forme $0 + a$, $0 - a$, dans lesquels on sous-entend le zéro.

§ II. — MULTIPLICATION DES MONOMES.

58. THÉORÈME I. — *Dans un produit, on peut intervertir à volonté l'ordre des facteurs.*

1° Le théorème est vrai pour deux facteurs, quelle que soit la nature des grandeurs représentées par les symboles (**52**).

2° Dans un produit de trois facteurs, on peut intervertir l'ordre des deux derniers, car

$$
\begin{aligned}
abc &= a(bc) \qquad \text{(ASSOCIATIVITÉ)}\\
&= a(cb) \qquad \text{(1°)}\\
&= acb \qquad \text{(ASSOCIATIVITÉ)}.
\end{aligned}
$$

3° Dans un produit d'un nombre quelconque de facteurs, on peut intervertir l'ordre des deux derniers; car un produit de plusieurs facteurs peut être considéré comme un produit de trois facteurs (**51**).

4° Dans un produit de facteurs, on peut intervertir l'ordre de deux facteurs consécutifs, car

$$abcd = abdc \ldots \ldots \ldots (3°);$$

donc

$$abcdef = abdcef.$$

5° Dans un produit, on peut intervertir à volonté l'ordre des facteurs ; en effet, en intervertissant plusieurs fois de suite l'ordre de deux facteurs consécutifs, on peut amener un facteur quelconque à un rang désigné quelconque.

59. Corollaire I. — *Pour multiplier par un produit, il suffit de multiplier successivement par les facteurs de ce produit.*

En effet :

$$m(abc) = (abc)m \qquad \text{(COMMUTATIVITÉ)}$$
$$= abcm \qquad \text{(sens de la parent.)}$$
$$= mabc \ldots\ldots\ldots\ldots\ldots \text{(58)}$$

C. Q. F, D.

60. Corollaire II. — *Pour multiplier un produit, il suffit de multiplier l'un des facteurs.*

En effet :

$$(abcd)m = abcdm \qquad \text{(sens de la parent.)}$$
$$= cmabd \ldots\ldots\ldots\ldots \text{(58)}$$
$$= (cm)abd \qquad \text{(sens de la parent.)}$$
$$= ab(cm)d \ldots\ldots\ldots\ldots \text{(58)}.$$

C. Q. F. D.

61. Corollaire III. — *Dans un produit de facteurs, on peut remplacer plusieurs facteurs par leur produit effectué et réciproquement remplacer un facteur par d'autres dont il serait le produit.*

1° On peut amener aux premiers rangs les facteurs qu'on veut grouper. On effectuera alors leur produit suivant le sens de la notation. On pourra ensuite placer ce produit où l'on voudra, comme facteur.

2° On peut amener au premier rang le facteur à décomposer. On peut alors le remplacer par les facteurs dont il est le produit. On dispersera ensuite ces facteurs comme on l'entendra.

Les deux corollaires précédents sont des cas particuliers de ce troisième corollaire.

62. Corollaire IV. — Dans un monôme, on place aux premiers rangs les facteurs numériques qui peuvent alors se réduire à un seul. Ce facteur numérique placé au premier rang se nomme coefficient, et quoique au premier rang on le regarde comme le *multiplicateur* du produit des autres facteurs. Ainsi

$5a^2bc$ veut dire 5 fois a^2bc,

$\dfrac{2}{3}a^3b^4c^2$ —   les $\dfrac{2}{3}$ de la grandeur $a^3b^4c^2$.

63. Théorème II. — *Pour multiplier deux puissances d'une même grandeur, il suffit d'ajouter les exposants.*

Car

$$a^5 . a^3 = (aaaaa)(aaa), \qquad \text{(sens de l'exposant)}$$
$$= aaaaaaaa \ldots \ldots \ldots \ldots \text{(54-59)}$$
$$= a^{5+3} = a^8 \quad \text{(définition de l'exposant).}$$
$$\text{C. Q. F. D.}$$

64. Théorème III. — Multiplication des monomes entiers.

Pour multiplier deux monômes l'un par l'autre, il suffit :

1° *De multiplier les coefficients (règle des coefficients);*

2° *D'écrire une fois chacun des symboles différents (règle des lettres) ;*

3° *D'affecter chacun de ces symboles de la somme des expo-*

sants qu'ils ont dans chacun des monômes (règle des exposants).

En effet, on peut poser successivement :

$$(3a^5b^4d^2)\left(\frac{4}{5}a^3b^2c^5d^4\right) = 3a^5b^4d^2\left(\frac{4}{5}a^3b^2c^5d^4\right) \ldots \ldots (54)$$

$$= 3a^5b^4d^2\frac{4}{5}a^3b^2c^5d^4 \ldots \ldots (59)$$

$$= 3.\frac{4}{5}a^5a^3b^4b^2c^5d^2d^4 \ldots \ldots (58)$$

$$= \frac{12}{5}a^8b^6c^5d^6 \ldots \ldots \ldots (61).$$

C. Q. F. D.

§ III. — MULTIPLICATION DES POLYNOMES.

65. THÉORÈME IV. — *Pour multiplier par une somme, il suffit de multiplier successivement par les divers termes de la somme et de faire ensuite la somme des produits partiels.*

En effet, on peut poser successivement :

$$\begin{aligned}
m(a + b + c + d) &= m[(a + b + c) + d] \text{ (sens de la parent.)}\\
&= m(a + b + c) + md \quad \text{(DISTRIBUTIVITÉ)}\\
&= m[(a + b) + c] + md \text{ (sens de la parent.)}\\
&= m(a + b) + mc + md \quad \text{(DISTRIBUTIVITÉ)}\\
&= ma + mb + mc + md \quad \text{(DISTRIBUTIVITÉ)}
\end{aligned}$$

C. Q. F. D.

66. COROLLAIRE. — *Pour multiplier une somme, il suffit de multiplier successivement tous les termes de la somme et d'ajouter les produits partiels.*

En effet, on peut écrire successivement :

$$(a+b+c+d)\,m = m\,(a+b+c+d) \quad \text{(COMMUTATIVITÉ)}$$
$$= ma+mb+mc+md \ldots \ldots \text{(65)}$$
$$= am+bm+cm+dm \,\text{(COMMUTATIVITÉ)}.$$

C. Q. F. D.

67. THÉORÈME V. — *Pour multiplier par une différence, il suffit de multiplier successivement par les deux termes et de faire la différence des produits partiels.*

En effet, soit :
$$a-b = \delta :$$
d'où
$$a = \delta + b \quad \text{(définition de la soustr.)};$$

nous en déduirons successivement :

$$ma = m(\delta + b)$$
$$= m\delta + mb \ldots \ldots \ldots \ldots \text{(65)};$$

par suite :

$$ma - mb = m\delta \quad \text{(définition de la soust.)}$$
$$= m\,(a-b).$$

C. Q. F. D.

68. COROLLAIRE. — *Pour multiplier une différence, il suffit de multiplier les deux termes, et de faire la différence des produits partiels.*

En effet, on peut écrire successivement :

$$(a-b)\,m = m\,(a-b) \quad \text{(COMMUTATIVITÉ)}$$
$$= ma-mb \ldots \ldots \ldots \ldots \text{(67)}$$
$$= am-bm \quad \text{(COMMUTATIVITÉ)}.$$

C. Q. F. D.

69. THÉORÈME VI. — **Multiplication d'un polynôme par un monôme.** — *Pour multiplier un polynôme par un monôme, il*

*suffit de multiplier chacun des termes du polynôme en lui con-
servant son signe.*

En effet, un polynôme peut toujours être regardé
comme la somme ou la différence de deux termes; on peut
donc écrire successivement :

$$(a - b + c - d) m = [(a - b + c) - d] m \quad \text{(sens de la parent.)}$$
$$= (a - b + c) m - dm \ldots \ldots (68)$$
$$= [(a - b) + c] m - dm \quad \text{(sens de la parent.)}$$
$$= (a - b) m + cm - dm \ldots \ldots (66)$$
$$= am - bm + cm - dm \ldots \ldots (68).$$

C. Q. F. D.

70. COROLLAIRE. — *Pour multiplier un monôme par un
polynôme, on multiplie le monôme par chacun des termes du
polynôme, en donnant à chaque produit partiel le signe du terme
du polynôme.*

En effet, on peut écrire successivement :

$$m(a - b + c - d) = (a - b + c - d)m \quad \text{(COMMUTATIVITÉ)}$$
$$= am - bm + cm - dm \ldots \ldots (69)$$
$$= ma - mb + mc - md \quad \text{(COMMUTATIVITÉ)}.$$

C. Q. F. D.

71. THÉORÈME VII. — **Multiplication des polynômes.** —
*Pour multiplier deux polynômes l'un par l'autre, il suffit de
multiplier tous les termes du multiplicande successivement par
tous les termes du multiplicateur, en ayant soin de placer le signe
+ devant le produit de deux termes de mêmes signes et le signe
— devant le produit de deux termes de signes contraires.*

En effet, on peut écrire successivement :

$$(a+b-c)(m-p+r)$$
$$=(a+b-c)m-(a+b-c)p+(a+b-c)r \quad \dots \quad (70)$$

$$\left.\begin{array}{l} =am+bm-cm \\ -(ap+bp-cp) \\ +(ar+br-cr) \end{array}\right\} \quad \dots \dots \dots \quad (69)$$

$$\left.\begin{array}{l} =am+bm-cm \\ -ap-bp+cp \\ +ar+br-cr \end{array}\right\} \quad \dots \dots \dots \quad (50).$$

C. Q. F. D.

72. COROLLAIRE I. — Les symboles positifs et négatifs sont des binômes; on peut donc déduire du théorème précédent la multiplication de ces symboles et l'on obtient :

1° $(+a)(+b)=(o+a)(o+b)=o+ab=+ab;$
2° $(-a)(-b)=(o-a)(o-b)=o+ab=+ab;$
3° $(+a)(-b)=(o+a)(o-b)=o-ab=-ab;$
4° $(-a)(+b)=(o-a)(o+b)=o-ab=-ab;$

d'où l'on voit que ces symboles isolés se comportent toujours comme s'ils faisaient partie de polynômes.

73. COROLLAIRE II. — Tout polynôme peut être regardé comme une somme de symboles positifs ou négatifs; donc on peut formuler comme il suit la règle de la multiplication des polynômes :

On multiplie deux polynômes en multipliant tous les termes du premier, considéré comme une somme, successivement par tous les termes du second considéré comme une somme et en ajoutant ensuite les produits obtenus.

74. THÉORÈME VIII. — *Les grandeurs directives à deux*

sens contraires peuvent être représentées par les. symboles posi-tifs et négatifs dans la multiplication et par suite dans la divi-sion.

En effet, faisons usage successivement des deux sortes de symboles, nous verrons qu'ils conduisent au même résultat, à la condition, bien entendu, de traiter les symboles positifs et négatifs comme s'ils étaient des termes de polynômes.

$$1^o \qquad a_0 b_0 = (ab)_0,$$
$$a_0 b_\pi = (ab)_\pi,$$
$$a_\pi b_0 = (ab)_\pi,$$
$$a_\pi b_\pi = (ab)_\pi = (ab)_0.$$

$$2^o \qquad (+a)(+b) = +ab,$$
$$(+a)(-b) = -ab,$$
$$(-a)(+b) = -ab,$$
$$(-a)(-b) = +ab.$$

Or, d'après le théorème (**49**),

$$(ab)_0 = +ab,$$
$$(ab)_\pi = -ab.$$

Donc le théorème est démontré.

L'usage des symboles positifs et négatifs *dispense* donc de l'usage des symboles complexes a_0, a_π, dans toutes les opérations algébriques qui dérivent des quatre opérations fondamentales.

75. THÉORÈME IX. — *Les grandeurs directives planes peu-vent être représentées par le symbole*

$$a + ib,$$

a *et* b *désignant des nombres positifs ou négatifs et* i *l'unité dir-*

gée perpendiculairement à l'axe des grandeurs positives, c'est-à-dire $I_{\frac{\pi}{2}}$.

En effet, nous avons vu déjà que cette somme représente toute grandeur directive plane, si *a* et *b* sont les symboles représentant des grandeurs directives à deux sens contraires. Or ces dernières sont représentées par des nombres positifs ou négatifs; donc le théorème est démontré.

Donc le symbole général qui représente les grandeurs sur lesquelles nous opérons en algèbre est $a + bi$. Les nombres positifs ou négatifs en sont un cas particulier ; ils répondent au cas où $b = 0$; les nombres absolus en sont aussi un cas particulier, puisque tout nombre absolu peut être regardé comme un nombre positif. Les grandeurs directives de l'espace n'étant pas soumises aux mêmes règles de calcul, parce qu'elles ne jouissent pas des propriétés fondamentales d'où nous les déduisons toutes, nous ne trouverons jamais d'autres symboles dans les recherches qui dépendent du calcul algébrique.

76. RÉDUCTION DES TERMES SEMBLABLES D'UN POLYNOME. — Deux termes sont appelés *semblables* quand ils renferment les mêmes lettres affectées des mêmes exposants ; les coefficients et les signes peuvent être différents.

THÉORÈME X. — *Plusieurs termes semblables peuvent être réduits à un seul ayant pour coefficient la somme algébrique positive ou négative des coefficients des divers termes.*

En effet, désignons par A l'ensemble des lettres communes aux divers termes semblables, par *m*, *n*, *p*... les coefficients positifs ou négatifs de ces termes semblables dans le polynôme considéré comme une somme, par S l'ensemble des autres termes du polynôme, supposés placés au premier rang. On peut écrire le polynôme donné sous la forme :

$$S + mA + nA + pA + \ldots;$$

par suite, sous la forme

$$S + (m + n + p + \ldots)A \ldots \ldots (69).$$

Or le polynôme numérique $m + n + p\ldots$ se réduira à un nombre positif ou négatif K; par suite, le polynôme donné prendra la forme

$$S + KA. \qquad C. Q. F. D.$$

REMARQUE. — La somme algébrique K des coefficients s'obtiendra évidemment en faisant la différence entre la somme des coefficients positifs et celle des coefficients négatifs, puis en mettant devant le signe de la plus grande ; c'est ce que l'on trouverait directement en présentant la théorie de la réduction des termes semblables de la manière suivante :

Désignons par $p, p', p''\ldots$ les coefficients des termes précédés de $+$ et par $n, n', n''\ldots$ les coefficients des termes précédés de $-$; conservons les notations précédentes ; nous pourrons écrire le polynôme sous la forme

$$S + pA + p'A + p''A + \ldots - nA - n'A - n''A\ldots,$$

ou bien encore sous la forme

$$S + (p + p' + p'' + \ldots)A - (n + n' + n''\ldots)A,$$

ou bien encore sous la forme

$$S + PA - NA,$$

en nommant P et N les sommes faites des coefficients positifs et négatifs. Supposons $P > N$, on pourra écrire le résultat précédent sous la forme

$$S + KA,$$

K désignant la différence $P - N$. Si au contraire $N > P$, on pourra écrire le résultat précédent sous la forme

$$S - (N - P) A,$$
$$S - KA.$$

K désignant la différence $N - P$.

Donc la règle ci-dessus est justifiée.

L'opération de la réduction des termes semblables doit toujours être faite dans le courant des calculs, afin que les polynômes soient aussi simples que possible.

§. IV. — PRODUIT DE POLYNOMES ORDONNÉS.

77. DÉFINITION. — On dit qu'un polynôme est *ordonné par rapport aux puissances d'une lettre*, quand les termes sont rangés dans un ordre tel que les puissances de cette lettre aillent en croissant ou en décroissant. On ordonne ordinairement par rapport aux puissances décroissantes.

Le polynôme

$$5x^4 - 3x^3 - 4x + 5$$

est ordonné par rapport aux puissances décroissantes de x. Le polynôme

$$a^4 - 3a^3b + 5a^2b^2 - 6ab^3 + 5b^4$$

est ordonné par rapport aux puissances décroissantes de a et par rapport aux puissances croissantes de b.

On appelle *degré* d'un polynôme par rapport à une lettre l'exposant le plus élevé de cette lettre dans le polynôme ordonné par rapport à elle.

78. THÉORÈME. — *Si deux polynômes sont ordonnés par rapport aux puissances d'une même lettre, le premier terme et le dernier terme du produit, ordonné de la même manière, sont respectivement le produit des deux premiers et des deux derniers termes des facteurs.*

En effet, si nous supposons, pour fixer les idées, que les puissances de la lettre ordonnatrice soient décroissantes, le produit des deux premiers termes des facteurs renfermera la lettre ordonnatrice avec un exposant égal à la somme des deux plus forts exposants ; donc dans le cours des calculs on ne retrouvera pas un *terme semblable* à ce produit. De même, le produit des deux derniers termes des facteurs renfermera la lettre ordonnatrice avec un exposant égal à la somme des exposants les plus faibles; donc on n'a pas pu trouver dans les calculs précédents de *terme semblable* à ce produit.   C. Q. F. D.

79. REMARQUE I. — Le calcul du produit de deux polynômes ordonnés s'exécute facilement, si l'on a soin, dans l'écriture des produits partiels, de mettre les termes semblables les uns au-dessous des autres.

Voici deux exemples montrant la manière dont on doit disposer les calculs :

1er EXEMPLE.

Multiplicande. $5a^3 - 4a^2b + 5ab^2 - 3b^3$
Multiplicat^r. $-4a^2 + 5ab - 2b^2$
1^{er}Prod. part. $\overline{-20a^5 + 16a^4b - 20a^3b^2 + 12a^2b^3}$
2e Prod. part . . . . $+25a^4b - 20a^3b^2 + 25a^2b^3 - 15ab^4$
3e Prod. part. . . . . $-10a^3b^3 + 8a^2b^3 - 10ab^4 + 6b^5$
Produit final. $\overline{-20a^5 + 41a^4b - 50a^3b^3 + 45a^2b^3 - 25ab^4 + 6b^5}$

2^e EXEMPLE.

Multiplicande. $x^4 - 3x^2 + 2x + 1$
Multiplicat^r. $x^3 - 2x - 2$
1^{er}Prod. part. $\overline{x^7 - 3x^5 + 2x^4 + x^3}$
2^e Prod. part. . $-2x^5 \qquad +6x^3 - 4x^2 - 2x$
3^e Prod. part. . . . . . $-2x^4 \qquad +6x^2 - 4x - 2$
Produit final. $x^7 - 5x^5 \qquad +7x^3 + 2x^2 - 6x - 2$

80. REMARQUE II. — Les coefficients des diverses puissances de la lettre ordonnatrice peuvent être des polynômes, comme dans l'exemple suivant :

$$(2b - 1)a^2 - (4b^2 - 2b + 1)a + (8b^3 - 4b^2).$$

La multiplication de deux polynômes pareils, plus laborieuse que celle de deux polynômes simples, s'exécute suivant les mêmes règles. Il convient d'*indiquer* d'abord les multiplications des coefficients et de les exécuter ensuite successivement. On donne aussi au calcul une forme commode en disposant sur une ligne verticale les termes des polynômes coefficients, comme il suit :

$$\begin{array}{c|c|c} 2b & a^2 - 4b^2 & a + 8b^3 \\ -1 & +2b & -4b^2 \;. \\ & -1 & \end{array}$$

Voici un exemple d'un pareil calcul, exécuté successivement de deux manières :

Première méthode de calcul.

$$(2b-1)a^2 - (4b^2 - 2b + 1)a + (8b^3 - 4b^2)$$
$$\frac{(2b+1)a - (4b^2 - 1)}{}$$
$$(2b-1)(2b+1)a^3 - (4b^2 - 2b + 1)(2b+1)a^2$$
$$+ (8b^3 - 4b^2)(2b+1)a$$

$$-(2b-1)(4b^2-1)a^2 + (4b^2-2b+1)(4b^2-1)a - (8b^3-4b^3)(4b^2-1)$$
$$(2b-1)(2b+1)a^3 - [(4b^2-2b+1)(2b+1) + (2b-1)(4b^2-1)]a^2$$
$$+ [(8b^3-4b^2)(2b+1) + (4b^2-2b+1)(4b^2-1)]a - (8b^3-4b^2)(4b^2-1)$$

$$
\begin{array}{lll}
(2b-1) & 4b^2 - 2b + 1 & 2b - 1 \\
\underline{2b + 1} & \underline{2b + 1} & \underline{4b^2 - 1} \\
4b^2 - 2b & 8b^3 - 4b^2 + 2b & 8b^3 - 4b^2 \\
\underline{+ 2b - 1} & \underline{+ 4b^2 - 2b + 1} & \underline{- 2b + 1} \\
4b^2 - 1 & 8b^3 + 1 & 8b^3 - 4b^2 - 2b + 1
\end{array}
$$

$$
\begin{array}{ll}
8b^3 - 4b^2 & 4b^2 - 2b + 1 \\
\underline{2b + 1} & \underline{4b^2 - 1} \\
16b^4 - 8b^3 & 16b^4 - 8b^3 + 4b^2 \\
\underline{+ 8b^3 - 4b^2} & \underline{- 4b^2 + 2b - 1} \\
16b^4 - 4b^2 & 16b^4 - 8b^3 + 2b - 1
\end{array}
$$

$$
\begin{array}{l}
8b^3 - 4b^2 \\
\underline{4b^2 - 1} \\
32b^5 - 16b^4 \\
\underline{- 8b^3 + 4b^2} \\
32b^5 - 16b^4 - 8b^3 + 4b^2
\end{array}
$$

$$\text{Produit} = (4b^2 - 1)a^3 - (16b^3 - 4b^2 - 2b + 2)a^2$$
$$+ (32b^4 - 8b^3 - 4b^2 + 2b - 1)a - 32b^5 + 16b^4 + 8b^3 - 4b^2.$$

Deuxième méthode de calcul.

$$
\begin{array}{c|c|c}
\begin{array}{r} 2b \\ -1 \end{array} &
\begin{array}{r} a^2 - 4b^2 \\ + 2b \\ - 1 \end{array} &
\begin{array}{r} a + 8b^3 \\ - 4b^2 \end{array}
\end{array}
$$

$$
\begin{array}{c|c}
\begin{array}{r} 2b \\ +1 \end{array} &
\begin{array}{r} a - 4b^2 \\ + 1 \end{array}
\end{array}
$$

$$
\begin{array}{c|c|c|c}
\begin{array}{r} 4b^2 \\ -2b \\ +2b \\ -1 \end{array} &
\begin{array}{r} a^3 - 8b^3 \\ + 4b^2 \\ - 2b \\ - 4b^2 \\ + 2b \\ - 1 \\ - 8b^3 \\ + 4b^3 \\ + 2b \\ - 1 \end{array} &
\begin{array}{r} a^2 + 16b^4 \\ - 8b^3 \\ + 8b^3 \\ - 4b^2 \\ + 16b^2 \\ - 8b^3 \\ + 4b^2 \\ - 4b^2 \\ + 2b \\ - 1 \end{array} &
\begin{array}{r} a - 32b^5 \\ + 16b^4 \\ + 8b^3 \\ - 4b^2 \end{array}
\end{array}
$$

$$
\text{Produit} = \left\{
\begin{array}{c|c|c|c}
\begin{array}{r} 4b^2 \\ -1 \end{array} &
\begin{array}{r} a^3 - 16b^3 \\ + 4b^2 \\ + 2b \\ - 2 \end{array} &
\begin{array}{r} a^2 + 32b^4 \\ - 8b^3 \\ - 4b^2 \\ + 2b \\ - 1 \end{array} &
\begin{array}{r} a - 32b^5 \\ + 16b^4 \\ + 8b^3 \\ - 4b^2 \end{array}
\end{array}
\right.
$$

Cette dernière méthode de calcul est préférable.

CHAPITRE IV

DIVISION DES MONOMES ET DES POLYNOMES.

§ I. — PROPRIÉTÉS DES QUOTIENTS.

81. THÉORÈME I. — *Le quotient de deux grandeurs* a *et* b *existe toujours.* — *Dans le cas le plus général, c'est une grandeur de même espèce dont le module est le quotient des modules des grandeurs données et dont l'argument est la différence entre l'argument du dividende et l'argument du diviseur.*

1° Considérons deux grandeurs absolues ou les nombres qui les représentent, a et b. Le quotient de ces grandeurs existe toujours ; c'est la grandeur représentée par le nombre entier ou fractionnaire $\dfrac{a}{b}$.

Ce quotient n'existe pas, dans le seul cas où $b = 0$.

2° Considérons maintenant deux grandeurs complexes

$$A = a_\alpha \quad , \quad B = b_\beta,$$

et soit une troisième grandeur

$$Q = \left(\frac{a}{b}\right)_{\alpha-\beta} ;$$

si nous multiplions B par Q, nous aurons :

$$BQ = b_\beta . \left(\frac{a}{b}\right)_{\alpha-\beta} = a_\alpha = A.$$

Donc Q est bien le quotient de A par B.

C. Q. F. D.

82. THÉORÈME I. — *On ne change pas un quotient en multipliant ou en divisant ses deux termes par une même quantité.*

Soient a et b les deux termes d'un quotient q; nous avons

$$\frac{a}{b} = q \quad \text{et} \quad a = bq \quad \ldots \ldots \ldots \text{(55)}.$$

Nous en déduisons, en multipliant les deux membres de la dernière égalité par m,

$$am = bqm = (bm).q \quad \ldots \ldots \text{(60)};$$

par suite,

$$\frac{am}{bm} = q = \frac{a}{b} \quad \ldots \ldots \ldots \ldots \text{(55)}.$$

$$\text{C. Q. F. D.}$$

REMARQUE. — Un *quotient* $\frac{a}{b}$ s'appelle encore le *rapport* de a à b; on lui donne aussi le nom de *fraction algébrique.* Le théorème précédent peut donc s'énoncer aussi :

Un rapport, une fraction algébrique ne change pas quand on multiplie ou qu'on divise le numérateur et le dénominateur par une même quantité.

83. COROLLAIRE. — *Plusieurs rapports étant donnés, on peut les réduire au même dénominateur d'une infinité de manières.*

Soient les rapports

$$\frac{a}{b}, \quad \frac{a'}{b'}, \quad \frac{a''}{b''},$$

et soit M une quantité quelconque. Divisons M successivement par les dénominateurs b, b', b'', et soient

$$\frac{M}{b} = q, \quad \frac{M}{b'} = q', \quad \frac{M}{b''} = q''.$$

Multiplions maintenant les deux termes de chaque fraction par le quotient correspondant; il viendra

$$\frac{aq}{bq}, \frac{a'q'}{b'q'}, \frac{a''q''}{b''q''},$$

ou bien

$$\frac{aq}{M}, \frac{a'q'}{M}, \frac{a''q''}{M}.$$

C. Q. F. D,

On prend généralement pour M une quantité telle que les quotients q, q', q'' n'aient pas de dénominateur, telle par conséquent que ces divisions donnent des monômes ou des polynômes *entiers*.

Si l'on pose $M = bb'b''$, les fractions réduites deviennent

$$\frac{ab'b''}{bb'b''}, \frac{a'b''b}{bb'b''}, \frac{a''bb'}{bb'b''},$$

d'où l'on voit que *l'on peut réduire plusieurs fractions au même dénominateur en multipliant les deux termes de chacune d'elles par le produit des dénominateurs des autres.*

84. THÉORÈME II. — *Pour ajouter ou retrancher des rapports de même dénominateur, il suffit d'ajouter ou de retrancher les numérateurs et de donner au résultat le dénominateur commun.*

Soient à exécuter l'opération

$$\frac{a}{m} + \frac{b}{m} - \frac{c}{m}.$$

D'après la définition du quotient, on a

$$a = \frac{a}{m} \cdot m, \quad b = \frac{b}{m} \cdot m, \quad c = \frac{c}{m} \cdot m;$$

donc

$$a + b - c = \frac{a}{m} m + \frac{b}{m} m - \frac{c}{m} m$$

$$= \left(\frac{a}{m} + \frac{b}{m} - \frac{c}{m} \right) m \dots$$

Par suite,

$$a + b - c = \frac{a}{m} + \frac{b}{m} - \frac{c}{m} \dots \quad \text{(définition du quotient).}$$

$$\text{C. Q. F. D.}$$

REMARQUE. — L'égalité précédente, lue en sens inverse, démontre que *pour diviser un polynôme par un monôme il suffit de diviser par le monôme chacun des termes du polynôme.*

85. THÉORÈME III. — *Pour multiplier deux quotients ou deux rapports, il suffit de multiplier entre eux les numérateurs et les dénominateurs.*

Soient les deux rapports $\frac{a}{b}$, $\frac{a'}{b'}$.

Nous avons, par définition du quotient,

$$\frac{a}{b} \cdot b = a, \quad \frac{a'}{b'} \cdot b' = a',$$

Multiplions membre à membre, il viendra

$$\frac{a}{b} \cdot b \left(\frac{a'}{b'} \cdot b' \right) = aa',$$

ou bien successivement

$$\frac{a}{b} \cdot b \cdot \frac{a'}{b'} \cdot b' = aa' \quad \dots \dots \dots \quad (59),$$

$$\left(\frac{a}{b} \frac{a'}{b'} \right) (bb') = aa' \quad \dots \dots \dots \quad (61);$$

par suite, en vertu de la définition du quotient,

$$\frac{a}{b} \cdot \frac{a'}{b'} = \frac{aa'}{bb'}.$$

$$\text{C. Q. F. D.}$$

86. Corollaire I. — *Pour élever un rapport au carré, il suffit d'élever chaque terme au carré.*

87. Corollaire II. — *Le théorème s'étend à un nombre quelconque de fractions.*

$$\frac{a}{b} \cdot \frac{a'}{b'} \cdot \frac{a''}{b''} \cdots = \frac{aa'a''\ldots}{bb'b''\ldots};$$

donc

$$\left(\frac{a}{b}\right)^m = \frac{a^m}{b^m}.$$

88. Corollaire III. — *Pour multiplier un quotient par une quantité quelconque, il suffit de multiplier le numérateur.*

En effet, nous avons successivement

$$\frac{a}{b} \cdot m = \frac{a}{b} \cdot \frac{m}{\imath}$$

$$= \frac{am}{b \cdot \imath}$$

$$= \frac{am}{b}.$$

89. Théorème IV. — *Pour diviser deux rapports l'un par l'autre, il suffit de multiplier le rapport dividende par l'inverse du rapport diviseur.*

Soit à diviser le rapport $\dfrac{a}{b}$ par le rapport $\dfrac{a'}{b'}$.

Le quotient est

$$\frac{a}{b} \cdot \frac{b'}{a'} \quad \text{ou} \quad \frac{ab'}{ba'},$$

car

$$\frac{ab'}{ba'} \cdot \frac{a'}{b'} = \frac{ab'a'}{ba'b'} = \frac{aa'b'}{ba'b'} = \frac{a}{b}.$$

90. COROLLAIRE I. — *Pour diviser un rapport par une quantité quelconque, il suffit de multiplier son dénominateur par cette quantité.*

En effet, nous avons successivement

$$\frac{a}{b} : m = \frac{a}{b} : \frac{m}{1}$$

$$= \frac{a}{b} \times \frac{1}{m}$$

$$= \frac{a}{bm}.$$

91. COROLLAIRE II. — *Pour diviser une grandeur par une autre, il suffit de multiplier le dividende par l'inverse du diviseur.*

Nous avons en effet successivement

$$m : a = \frac{m}{1} : \frac{a}{1} = \frac{m}{1} \times \frac{1}{a} = m \times \frac{1}{a}.$$

§ II. — RAPPORTS ÉGAUX, PROPORTIONS.

92. DÉFINITIONS. — On nomme *proportion* l'expression de l'égalité de deux rapports ou de deux quotients; l'égalité suivante :

$$\frac{a}{b} = \frac{a'}{b'},$$

est une proportion.

Les deux termes *a* et *b'* sont les *extrêmes* et les deux termes *b* et *a'* sont les *moyens* de la proportion.

Si dans une proportion les moyens sont égaux, si, par exemple,

$$\frac{a}{m} = \frac{m}{b},$$

le nombre *m,* qui se reproduit aux moyens, est appelé *moyen proportionnel* ou *géométrique entre les deux termes extrêmes* a *et* b.

Dans une proportion quelconque, le dernier terme est dit *quatrième proportionnel aux trois premiers.*

93. THÉORÈME V. — *Dans toute proportion, le produit des extrêmes est égal au produit des moyens.*

Soit la proportion

$$\frac{a}{b} = \frac{a'}{b'};$$

réduisons les deux rapports au même dénominateur, nous aurons :

$$\frac{ab'}{bb'} = \frac{ba'}{bb'};$$

par suite,

$$ab' = ba'. \qquad \text{C. Q. F. D.}$$

94. COROLLAIRE I. — *On peut déduire le quatrième terme d'une proportion dont on connaît trois termes; car de l'égalité*

$ab' = ba'$ *on déduit* $b' = \dfrac{ba'}{a}$.

95. COROLLAIRE II. — *La moyenne proportionnelle entre deux grandeurs s'obtient en prenant la racine carrée de leur produit.*

En effet, de la proportion

$$\frac{a}{m} = \frac{m}{b},$$

nous déduisons

$$m^2 = ab,$$

par suite,

$$m = \sqrt{ab}. \qquad \text{C. Q. F. D.}$$

96. THÉORÈME VI. — *Réciproquement, si quatre grandeurs sont telles que le produit des extrêmes soit égal à celui des moyens, elles forment une proportion.*

En effet, soient quatre grandeurs a, b, a', b', telles que que $ab' = ba'$; nous en déduisons

$$\frac{ab'}{bb'} = \frac{ba'}{bb'};$$

par suite,

$$\frac{a}{b} = \frac{a'}{b'}.$$ C. Q. F. D.

97. COROLLAIRE I. — *On peut changer l'ordre des termes d'une proportion, pourvu que le produit des extrêmes reste égal à celui des moyens.*

98. THÉORÈME VII. — *Dans une suite de rapports égaux, si l'on fait la somme des numérateurs et la somme des dénominateurs, on obtient un nouveau rapport égal aux premiers.*

En effet, soit la suite de rapports égaux

$$\frac{a}{b} = \frac{a'}{b'} = \frac{a''}{b''}.$$

Désignons par q leur valeur commune. Nous avons, en vertu de la définition du quotient,

$$a = bq,$$
$$a' = b'q,$$
$$a'' = b''q;$$

donc

$$a + a' + a'' = (b + b' + b'')q;$$

par suite, en vertu de la définition du quotient,

$$\frac{a + a' + a''}{b + b' + b''} = q = \frac{a}{b} = \frac{a'}{b'} = \frac{a''}{b''}.$$ C. Q. F. D.

99. Corollaire I. — *Le cas de la soustraction est compris dans celui de l'addition, car on peut supposer les termes des rapports négatifs;* donc

$$\frac{a}{b} = \frac{a'}{b'} = \frac{a''}{b''} = \frac{a + a' - a''}{b + b' - b''}.$$

100. Corollaire II. — *On déduit aussi de la proposition précédente et du théorème* (**82**) *les identités suivantes :*

$$\frac{a}{b} = \frac{a'}{b'} = \frac{a''}{b''} = \frac{am}{bm} = \frac{a'm'}{b'm'} = \frac{a''m''}{b''m''} = \frac{am + a'm' + a''m''}{bm + b'm' + b''m''}.$$

101. Corollaire III. — On peut encore écrire

$$\frac{a^2}{b^2} = \frac{a'^2}{b'^2} = \frac{a''^2}{b''^2} = \frac{a^2 + a'^2 + a''^2}{b^2 + b'^2 + b''^2};$$

par suite,

$$\frac{a}{b} = \frac{a'}{b'} = \frac{a''}{b''} = \frac{\sqrt{a^2 + a'^2 + a''^2}}{\sqrt{b^2 + b'^2 + b''^2}}.$$

Ces identités sont d'un usage fréquent.

§ III. — DIVISION DES MONOMES.

102. Théorème VIII. — *Pour diviser deux monômes l'un par l'autre :* 1° *on met le quotient sous la forme d'une fraction, que l'on simplifie ensuite autant que l'on peut;* 2° *on place devant le résultat le signe* + *si les deux termes ont le même signe, et le signe* — *dans le cas contraire.*

En effet : 1° si A et B désignent les monômes donnés,

abstraction faite de leurs signes, nous savons qu'on peut écrire le quotient sous la forme

$$\frac{A}{B}.$$

On simplifiera ensuite cette fraction en supprimant au numérateur et au dénominateur les facteurs communs, conformément au théorème (**82**).

2° D'après les règles de la multiplication des monômes affectés de signes (**72**), on a évidemment

$$\frac{+A}{+B} = +\frac{A}{B}, \qquad\qquad \frac{-A}{-B} = +\frac{A}{B},$$

$$\frac{+A}{-B} = -\frac{A}{B}, \qquad\qquad \frac{-A}{+B} = -\frac{A}{B}.$$

C. Q. F. D.

103. Corollaire I. — De la règle précédente, on déduit

$$\frac{a^{m+p}}{a^{p}} = \frac{a^{m}}{1} = a^{m},$$

$$\frac{a^{p}}{a^{m+p}} = \frac{1}{a^{m}},$$

$$\frac{a^{m}}{a^{m}} = 1.$$

Ces égalités donnent les règles de la division des puissances d'une même lettre; on voit qu'il y a trois cas à distinguer.

104. Corollaire II. — Si à la convention de l'exposant zéro (**54**) nous ajoutons la convention suivante, qui définit l'exposant négatif, savoir,

$$a^{-p} = \frac{1}{a^p},$$

nous pouvons dire que *la division de deux puissances d'un même symbole se fait en retranchant l'exposant du diviseur de celui du dividende.*

En effet,

$$\frac{a^p}{a^{m+p}} = a^{p-(m+p)} = a^{-m} = \frac{1}{a^m},$$

$$\frac{a^m}{a^m} = a^{m-m} = a^0 = 1.$$

On voit aussi que l'introduction de l'exposant négatif ramène à une seule les trois règles du corollaire précédent.

105. THÉORÈME. — *Les exposants négatifs et l'exposant zéro suivent dans la multiplication et dans la division les mêmes règles que les exposants positifs.*

1° MULTIPLICATION. — Nous avons successivement

$$a^5 . a^{-2} = a^5 . \frac{1}{a^2} = \frac{a^5}{a^2} = a^{5-2} = a^{5+(-2)},$$

$$a^{-5} . a^2 = \frac{1}{a^5} . a^2 = \frac{a^2}{a^5} = a^{2-5} = a^{(-5)+2},$$

$$a^{-5} . a^{-2} = \frac{1}{a^5} . \frac{1}{a^2} = \frac{1}{a^{5+2}} = a^{-5-2} = a^{(-5)+(-2)}.$$

2° DIVISION. — Les raisonnements de la division sont fondés sur les *règles* de la multiplication. Or les règles de la multiplication sont les mêmes pour les exposants positifs et les exposants négatifs; donc les règles de la division sont nécessairement les mêmes. On peut d'ailleurs les démontrer directement comme il suit :

$$a^5 : a^{-2} = a^5 : \frac{1}{a^2} = a^5 . a^2 = a^{5+2} = a^{5-(-2)},$$

$$a^{-5} : a^2 = \frac{1}{a^5} : a^2 = \frac{1}{a^5 . a^2} = \frac{1}{a^{5+2}} = a^{-5-2},$$

$$a^{-3} : a^{-2} = \frac{1}{a^5} : \frac{1}{a^2} = \frac{a^2}{a^5} = a^{2-5} = a^{-5-(-2)}.$$

106. REMARQUE. — On peut faire des raisonnements semblables pour l'exposant zéro combiné avec d'autres exposants positifs ou négatifs. En résumé, quels que soient les exposants entiers m et p, on a

$$a^m . a^p = a^{m+p},$$
$$a^m : a^p = a^{m-p}.$$

§ IV. — DIVISION DES POLYNOMES.

107. PROBLÈME. — *Diviser l'un par l'autre deux polynômes entiers.*

Nous appellerons polynômes entiers ceux qui ne contiennent que des puissances entières de la lettre ordonnatrice ; ces puissances peuvent d'ailleurs être positives, nulles ou négatives.

Le problème proposé doit être ainsi compris : *Étant donnés deux polynômes entiers* A *et* B, *il s'agit d'en trouver un troisième* Q, *qui multiplié par* B *donne* A.

Ce problème n'est évidemment pas toujours possible, car le dividende A n'est pas toujours le produit du diviseur B par un polynôme, et c'est ce qui arrive en général si l'on prend au hasard deux polynômes quelconques A et B ; il y a donc à distinguer trois cas.

1er CAS. — *Il existe un polynôme quotient.*

Nous pouvons ordonner les deux polynômes A et B suivant les puissances décroissantes de la lettre ordonnatrice et imaginer que le polynôme Q soit ordonné de la même manière ; les trois polynômes seront :

$$A = \alpha + \alpha' + \alpha''. \ . \ .$$
$$B = \beta + \beta' + \beta''. \ . \ .$$
$$Q = \varkappa + \varkappa' + \varkappa''. \ . \ .$$

en mettant en évidence leurs termes positifs ou négatifs.

Cela posé, on sait (**78**) que α est le produit de β par $\varkappa$; donc on *trouvera le premier terme du quotient ordonné en divisant le premier terme du dividende ordonné par le premier terme du diviseur ordonné de la même manière.*

Multiplions maintenant par x tout le diviseur et retranchons le produit du dividende, nous aurons un reste

$$A_1 = \alpha_1 + \alpha'_1 + \alpha''_1 \ldots$$

que nous pouvons ordonner de la même manière que A, et qui représente le produit du diviseur B par l'ensemble $x' + x'' + \ldots$ des termes inconnus du quotient. Nous opérerons donc, pour trouver ces termes, comme précédemment.

Quand nous aurons déterminé le dernier terme du quotient, en multipliant B par ce terme et retranchant le produit du reste, nous obtiendrons zéro, car ce reste n'est autre chose que le produit du diviseur par le dernier terme du quotient.

REMARQUE I. — Le raisonnement et la marche de l'opération resteraient les mêmes si, au lieu d'ordonner suivant les puissances décroissantes, on ordonnait suivant les puissances croissantes.

REMARQUE II. — A chaque opération nouvelle, on pourrait ordonner autrement le reste obtenu et le diviseur B.

Exemple et disposition de l'opération.

$$
\begin{array}{l|l}
16a^6 + 4a^4b^2 + 49a^2b^4 - 4b^6 & 4a^3 - 6a^2b + 5ab^2 + 2b^3 \\
- 16a^6 + 24a^5b - 20a^4b^2 - 8a^3b^3 & \overline{4a^3 + 6a^2b + 5ab^2 - 2b^3}
\end{array}
$$

$$+ 24a^5b - 16a^4b^2 - 8a^3b^3 + 49a^2b^4 - 4b^6$$
$$- 24a^5b + 36a^4b^2 - 30a^3b^3 - 12a^2b^4$$

$$+ 20a^4b^2 - 38a^3b^3 + 37a^2b^4 - 4b^6$$
$$- 20a^4b^2 + 30a^3b^3 - 25a^2b^4 - 10ab^5$$

$$- 8a^3b^3 + 12a^2b^4 - 10ab^5 - 4b^6$$
$$+ 8a^3b^3 - 12a^2b^4 + 10ab^5 + 4b^6$$

REMARQUE III. — Les coefficients des puissances de la lettre d'ordre pourraient être des polynômes ; on opérerait comme précédemment. Les calculs seraient plus laborieux, mais les raisonnements et les règles resteraient les mêmes.

EXEMPLE.

$$(a^3 - b^3)x^4 + (a^3b + a^2b^2 + ab^3)x^3 + (2a^4b - 2ab^4)x^2 + (a^5b$$
$$+a^4b^2+2a^3b^3+a^2b^4+ab^5)x-a^7+a^4b^3-a^3b^4+b^7$$

à diviser par
$$(a^2 + ab + b^2)x - a^3 + b^3.$$

Disposition du calcul.

2ᵉ Cᴀs. — *Il n'existe pas de polynôme quotient.*

Admettons que le dividende et le diviseur soient ordonnés par rapport aux puissances décroissantes de la même lettre, et soient, comme ci-dessus,

$$A = \alpha + \alpha' + \alpha'' + \ldots$$
$$B = \beta + \beta' + \beta'' + \ldots$$

Nous pouvons appliquer la règle du cas précédent. En nommant $\varkappa$ le quotient $\dfrac{\alpha}{\beta}$, et A_1 le reste qu'on obtient en retranchant $B\varkappa$ de A, nous aurons l'identité

(1) $$A = B\varkappa + A_1.$$

Ordonnons A_1 comme nous avions ordonné A; soit

$$A_1 = \alpha_1 + \alpha_1' + \alpha_1'' \ldots$$

Soit $\varkappa'$ le quotient $\dfrac{\alpha_1}{\beta}$ et A_2 le reste qu'on obtient en retranchant $B\varkappa'$ de A_1, nous aurons la nouvelle identité

(2) $$A_1 = B\varkappa' + A_2.$$

Agissons sur A_2 comme sur A_1, et continuons ainsi ; nous obtiendrons d'autres identités semblables,

(3) $$A_2 = B\varkappa'' + A_3,$$
(4) $$A_3 = B\varkappa''' + A_4,$$

. . . .

Nous remarquerons d'abord que l'on n'obtiendra jamais un reste nul ; car si l'on parvenait à un reste nul, le dividende serait le produit exact du diviseur B par un polynôme entier, ce qui est contraire à l'hypothèse.

Supposons que l'on arrête la série des opérations à A_4, on déduira des identités précédentes la nouvelle identité suivante :

$$A = B(\varkappa + \varkappa' + \varkappa'' + \varkappa''') + A_4.$$

On voit donc que le quotient A : B peut prendre, par l'application de la règle du premier cas, une forme nouvelle, car

$$\frac{A}{B} = x + x' + x'' + x''' + \frac{A_4}{B} .$$

Cette transformation est très-utile.

3° CAS. — *On ignore la nature du quotient.*

C'est le cas le plus ordinaire quand on fait la division de deux polynômes ordonnés.

On agira comme dans le second cas.

Si l'on arrive à un reste nul dans le cours des opérations, la division est finie et le quotient des deux polynômes est un polynôme entier.

Tant que le reste n'est pas nul, on peut continuer la division en faisant usage des exposants négatifs, si cela est nécessaire. A quel caractère reconnaîtra-t-on que le quotient n'est pas un polynôme entier? Et à quel moment conviendra-t-il de s'arrêter? — On remarquera que le dernier terme du dividende ordonné est le produit du dernier terme du diviseur par le dernier terme du quotient; donc on peut connaître d'avance l'exposant de la lettre d'ordre dans le dernier terme du quotient, s'il existe. Cela posé, quand on a ordonné par rapport aux puissances décroissantes, la division est impossible si l'on est amené à placer au quotient un terme de degré inférieur à la différence entre les degrés des deux derniers termes des facteurs; quand on a ordonné par rapport aux puissances croissantes, la division est impossible si l'on est amené à placer au quotient un terme de degré supérieur à la différence des degrés des deux derniers termes des facteurs.

On s'arrêtera évidemment, en général, aussitôt qu'on aura reconnu l'impossibilité de trouver un quotient entier.

EXEMPLE I.

$$x^4-3x^3+9x^2-16x+22-13x^{-1}+7x^{-2}+4x^{-3}-3x^{-4} \enspace \big| \enspace x^2-3x+5-4x^{-1}+3x^{-2}$$
$$4x^2-12x+19-13x^{-1}+7x^{-2}+4x^{-3}-3x^{-4} \enspace \big| \enspace \overline{x^2+4-x^{-2}}$$
$$-1 + 3x^{-1}-5x^{-2}+4x^{-3}-3x^{-4}$$
$$0$$

EXEMPLE II.

$$x^2 - 16x + 4 - 3x^{-1} \enspace \big| \enspace \underline{x-4}$$
$$-12x + 4 - 3x^{-1} \enspace \big| \enspace x - 12 - 44x^{-1}$$
$$-44 - 3x^{-1}$$
$$- 179x^{-1}$$

Arrivés au reste $- 179\,x^{-1}$, nous serions amenés à placer au quotient un terme de degré (-2); or le dernier terme du quotient aurait le degré (-1), s'il existait; donc le quotient n'est pas un polynôme entier et l'on a l'identité

$$x^2 - 16x + 4 - 3x^{-1} = (x - 4)(x - 12 - 44x^{-1}) - 179x^{-1}.$$

108. REMARQUE. — L'usage des exposants négatifs est fort restreint et l'on appelle ordinairement *polynôme entier* celui dont la lettre ordonnatrice n'est affectée que d'exposants entiers, positifs ou nuls. Nous adopterons cette définition restreinte et nous supposerons que les polynômes soient ordonnés par rapport aux puissances décroissantes de la lettre d'ordre. — Dans cette hypothèse, la division sera impossible aussitôt que le degré du reste sera inférieur à celui du diviseur.

EXEMPLE.

$$5x^5 - 3x^3 + 2x^2 - 4x \, \lfloor\, 5x^2 + 3x + 4$$
$$+ 12x^3 - 18x^2 - 4x \, \lfloor\, x^2 - 12x + 18$$
$$+ 18x^2 - 52x$$
$$2x - 72 \ldots\text{ dernier reste.}$$

109. THÉORÈME X. — *Si l'on désigne par* A *et* B *deux polynômes entiers* (**108**) *par rapport à une lettre,* B *étant de degré inférieur à* A, *on peut poser*

$$A = BQ + R,$$

Q *et* R *étant des polynômes entiers et* R *étant de degré inférieur à* B, *et cette décomposition de* A *est unique.*

En effet : 1° on peut diviser A par B, après avoir ordonné par rapport aux puissances décroissantes de la lettre d'ordre, et pousser l'opération jusqu'à ce que l'on obtienne un reste de degré inférieur à B; la décomposition annoncée sera faite.

2° Elle n'est possible que d'une seule manière; car si l'on pouvait avoir en même temps les identités

$$A = BQ + R,$$
$$A = BQ' + R',$$

on en déduirait l'identité

$$O = B(Q - Q') + R - R',$$

ou bien cette autre :

$$B(Q - Q') = R' - R.$$

Or Q et Q' sont différents par hypothèse et d'un degré au moins égal à zéro; donc le premier membre est au moins d'un degré égal à celui de B et le second membre est d'un degré inférieur, ce qui est contradictoire.

Pour échapper à cette contradiction, il faut admettre que Q et Q' sont identiques, mais alors on a aussi identiquement R = R'. C. Q. F. D.

110. THÉORÈME XI. — *Soit* F (x) *un polynôme entier par rapport à* x. *Le reste de la division d'un pareil polynôme par* x—a *s'obtient en remplaçant* x *par* a *dans le dividende.*

En effet, nous avons vu (**109**) que l'on peut au moyen de l'opération de la division mettre F (*x*) sous la forme identique

$$F(x) = (x-a)Q + R,$$

Q étant un polynôme entier en *x* et R un reste indépendant de *x*.

Dans les deux membres de cette identité, remplaçons *x* par *a*, le premier membre deviendra F (*a*). Le second se réduira à R, car Q se change en un certain polynôme entier en *a* et le premier facteur *x—a* devient nul. Donc

$$R = F(a).$$ C. Q. F. D.

111. REMARQUE. — Si l'on ordonnait les deux polynômes par rapport aux puissances croissantes d'une lettre, on pourrait continuer la division indéfiniment, car le degré du premier terme du reste irait en croissant; donc, en désignant par Q le quotient arrêté à un certain moment et R le reste correspondant, ou aurait aussi identiquement

$$A = BQ + R;$$

mais cette décomposition du dividende est *indéterminée*, puisqu'on est libre de s'arrêter où l'on veut dans le cours de la division.

On peut aussi voir facilement que la décomposition n'est possible que d'une manière, quand on s'arrête à un reste renfermant en facteur la même puissance de la lettre ordonnatrice.

Remarquons d'abord que nous pouvons supposer les premiers termes de A et B indépendants de x; car si cela n'était pas et que

$$A = x^m A', \qquad B = x^{m-r} B',$$

le quotient serait

$$x^r \frac{A'}{B'}$$

et l'on serait ramené à diviser A' par B', que l'on suppose commencer par des termes indépendants de x.

Cela posé, en faisant la division, le premier terme de chaque reste donne successivement les termes du quotient, ayant même degré que lui; donc le premier terme du reste est d'un degré supérieur au dernier terme obtenu du quotient. Donc, si nous appelons x^α la puissance de x dans le premier terme du reste, et R le quotient, nous aurons, au bout d'un certain nombre de divisions,

$$A = BQ + x^\alpha R,$$

B ne renfermant pas x en facteur et Q étant d'un degré inférieur à α.

Je dis qu'il est impossible de faire cette décomposition de deux manières; en effet, posons

$$A = BQ' + x^\alpha R',$$

Q' étant d'un degré inférieur à α, R' étant un polynôme ne renfermant pas x en facteur. Nous aurions l'identité

$$0 = B(Q - Q') + x^\alpha (R - R'),$$

ou bien

$$x^\alpha (R - R') = B(Q' - Q).$$

Or le premier membre renferme x^α en facteur; donc il ne peut pas être identique au second qui ne peut renfermer en facteur qu'une puissance inférieure.

Pour échapper à cette absurdité, il faut nécessairement admettre que $R = R'$ et alors $Q = Q'$.

Il résulte de là que, réciproquement, si l'on a l'identité

$$A = BQ + x^\alpha R,$$

A et B étant ordonnés suivant les puissances croissantes de x, Q étant d'un degré inférieur à α, on obtiendra, en faisant la division de A par B, Q comme quotient, et pour reste $x^\alpha R$, en s'arrêtant au reste qui a x^α en facteur.

112. COROLLAIRE. — La condition nécessaire et suffisante pour qu'un polynôme entier en x soit divisible par $x - a$, c'est que a substitué à x annule le polynôme.

113. PROBLÈME. — *Trouver la forme du quotient d'un polynôme entier* F (x) *par* (x — a).

Soit

$$F(x) = Ax^m + Bx^{m-1} + Cx^{m-2} + Dx^{m-3} + \ldots$$

Q est un polynôme entier, le premier terme est évidemment Ax^{m-1}; posons

$$Q = Ax^{m-1} + \beta x^{m-2} + \gamma x^{m-3} + \delta x^{m-4} + \ldots$$

nous aurons identiquement

$$Ax^m + Bx^{m-1} + Cx^{m-2} + Dx^{m-3} + \ldots$$
$$= (x - a)(Ax^{m-1} + \beta x^{m-2} + \gamma x^{m-3} + \delta x^{m-4} + \ldots) + F(a)$$
$$= Ax^m + \left| \begin{matrix} \beta \\ -Aa \end{matrix} \right| x^{m-1} + \left| \begin{matrix} \gamma \\ -\beta a \end{matrix} \right| x^{m-2} + \left| \begin{matrix} \delta \\ -\gamma a \end{matrix} \right| x^{m-3} + \text{etc.} \quad + F(a).$$

Donc

$$\beta - Aa = B \qquad \text{ou bien} \qquad \beta = Aa + B,$$
$$\gamma - \beta a = C \qquad\qquad - \qquad\qquad \gamma = \beta a + C,$$
$$\delta - \gamma a = D \qquad\qquad - \qquad\qquad \delta = \gamma a + D.$$
$$\cdots\cdots\cdots \qquad\qquad\qquad \cdots\cdots\cdots$$

Donc *on obtient chacun des coefficients du quotient, à partir du second, en multipliant le précédent par* a *et ajoutant le coefficient de même rang dans le dividende.*

Cette règle simple dispense d'effectuer directement la division.

114. REMARQUE. — On voit par les égalités précédentes que

$$\gamma = Aa^2 + Ba + C,$$
$$\delta = Aa^3 + Ba^2 + Ca + D.$$

Le degré de chacun de ces coefficients en a augmente et la somme de ce degré et de l'exposant de x est toujours $m - 1$; donc le coefficient du terme indépendant de x dans le quotient sera

$$Aa^{m-1} + Ba^{m-2} + Ca^{m-3} + \cdots$$

en suivant la règle énoncée ci-dessus encore une fois, on trouvera précisément le reste

$$R = Aa^m + Ba^{m-1} + Ca^{m-2} + \cdots$$

Cette règle sert donc à former en même temps le quotient et le reste d'une manière simple.

EXEMPLE.

115. *Trouver le quotient et le reste de la division*

$$\frac{x^3 + 4x^2 - 5x + 8}{x - 2}.$$

En appliquant la règle ci-dessus, nous avons immédiatement :

$$Q = x^2 + 6x + 7,$$
$$R = 22.$$

116. Théorème XII. — *La différence de deux puissances semblables est exactement divisible par la différence des racines.*

Soit à diviser

$$x^m - a^m \quad \text{par} \quad x - a.$$

Le reste de la division sera, d'après le théorème précédent,

$$a^m - a^m = 0;$$

donc la division s'effectuera exactement.

117. Corollaire. — Le quotient sera
$$Q = x^{m-1} + ax^{m-2} + a^2 x^{m-3} + \ldots + a^{m-1}.$$

118. Remarque I. — On arriverait aux mêmes conclusions pour le reste et le quotient en effectuant la division et en observant la loi des restes et des quotients successifs.

119. Remarque II. — *La somme de deux puissances semblables n'est jamais divisible par la différence des racines.*

En effet, $x^m + a^m$ divisé par $x - a$ donne $a^m + a^m = 2a^m$ pour reste et non zéro.

120. Remarque III. — *La différence de deux puissances semblables est divisible par la somme des racines, quand la puissance est paire.*

En effet, on peut écrire $x + a$ sous la forme $x - (- a)$; donc le reste de la division de $x^m - a^m$ par $x + a$ est

$$(- a)^m - a^m.$$

Ce reste est nul si m est pair; il n'est pas nul si m est impair.

On peut arriver à la même conclusion en faisant la division et en observant la loi des restes et des quotients successifs.

121. REMARQUE IV. — *La somme de deux puissances semblables est divisible par la somme des racines, quand la puissance est impaire.*

En effet, si l'on divise $x^m + a^m$ par $x + a$, on obtiendra pour reste

$$(- a)^m + a^m.$$

Ce reste est nul si m est impair et seulement alors.

On arriverait à la même conclusion en étudiant la loi des restes et des quotients successifs, après avoir effectué la division directement.

122. REMARQUE V. — Si l'on pose l'identité

$$\frac{F(x)}{x - a} = \frac{F(x) - F(a)}{x - a} + \frac{F(a)}{x - a},$$

on voit que le quotient d'un polynôme par $x - a$ peut se déduire immédiatement de la connaissance du quotient de $x^m - a^m$ par $x - a$.

123. THÉORÈME XIII. — *Si une fonction entière de la variable* x *s'évanouit pour chacune des valeurs de* x *comprises dans la suite*

$$a\, b\, c\, .\, .\, .\, .\, .\, k\, l$$

et supposées inégales, elle sera nécessairement divisible par

$$(x-a)(x-b)(x-c)\ldots(x-k)(x-l).$$

Soit $F(x)$ la fonction entière donnée.

Puisque $F(a)=0$, on peut poser l'identité

(1). . . . . . $F(x)=(x-a)F_1(x)$.

Faisons dans les deux membres $x=b$, il viendra :

$$F(b)=(b-a)F_1(b);$$

mais, par hypothèse, le premier membre est nul ; donc le second l'est aussi et comme $b-a$ est différent de zéro, il faut que la fonction entière $F_1(x)$ s'annule pour $x=b$; donc

(2) . . . . . . $F_1(x)=(x-b)F_2(x)$,

$F_2(x)$ étant aussi une fonction entière de la variable x. Faisons maintenant $x=c$, la relation (1) nous montrera que $F_1(c)=0$, et la relation (2) nous montrera ensuite que $F_2(c)=0$. Donc

(3) . . . . . . $F_2(x)=(x-c)F_3(x)$.

On ferait voir de la même manière que

$$F_3(x)=(x-d)F_4(x).$$

. . . .

En multipliant membre à membre toutes ces identités, on en déduira la suivante :

$$F(x)=(x-a)(x-b)(x-c)\ldots(x-l)\,\varphi(x),$$

$\varphi(x)$ désignant une fonction entière qui peut se réduire à une constante.

124. THÉORÈME XIV. — *Deux fonctions entières de* x *qui deviennent égales pour* n $+$ 1 *valeurs particulières de la variable* *sont identiques, si* n *désigne le degré le plus élevé de ces fonctions.*

En effet, soient $F \cdot (x)$ et $f(x)$ deux fonctions entières, et soit n le plus élevé des deux degrés s'ils sont inégaux.

Considérons la fonction

$$\varphi(x) = F(x) - f(x).$$

Si elle n'est pas identiquement nulle, elle sera du degré n et s'annulera pour $n + 1$ valeurs de la variable $a, b, c\dots, l$; donc on pourra poser l'identité

$$F(x) - f(x) = (x - a)(x - b) \dots (x - l) \varphi(x).$$

Or cette identité est impossible, puisque le second membre est au moins du degré $(n + 1)$, tandis que le premier n'est au plus que du degré n.

Donc $F(x) - f(x)$ est identiquement nul; par suite, $F(x)$ et $f(x)$ sont identiques.   C. Q. F. D.

125. PROBLÈME. — *Trouver la forme générale d'un polynôme du degré* n *ayant la propriété de prendre les valeurs*

$$v_0, u_1, u_2 \dots \dots u_n,$$

respectivement pour les valeurs de x *de la suite*

$$x_0, x_1, x_2 \dots \dots x_n.$$

Considérons le polynôme de degré n

$$u_0 \frac{(x - x_1)(x - x_2)\dots(x - x_n)}{(x_0 - x_1)(x_0 - x_2)\dots(x_0 - x_n)}.$$

Il jouit des propriétés suivantes : 1° il s'annule quand x est égal à l'une des valeurs de la suite

$$x_1, x_2 \dots \dots x_n.$$

2° Il devient u_0 pour $x = x_0$.

Cela posé, si nous écrivons

$$F(x) = u_0 \frac{(x-x_0)(x-x_2)\dots(x-x_n)}{(x_0-x_1)(x_0-x_2)\dots(x_0-x_n)}$$

$$+ u_1 \frac{(x-x_0)(x-x_2)\dots(x-x_n)}{(x_1-x_0)(x_1-x_2)\dots(x_1-x_n)}$$

$$+ u_2 \frac{(x-x_0)(x-x_1)\dots(x-x_n)}{(x_2-x_0)(x_2-x_1)\dots(x_2-x_n)}$$

$$+ \dots\dots$$

$$+ u_n \frac{(x-x_0)(x-x_1)\dots(x-x_{n-1})}{(x_n-x_0)(x_n-x_1)\dots(x_n-x_{n-1})},$$

nous obtiendrons une fonction du degré n qui pour les valeurs de x comprises dans la suite

$$x_0 \ , \ x_1 \ , \ x_2 \dots\dots x_n$$

se réduira respectivement à

$$u_0 \ , \ u_1 \ , \ u_2 \dots\dots u_n. \qquad \text{C. Q. F. D.}$$

126. Corollaire. — On peut déduire du problème précédent la décomposition d'une fraction rationnelle en fractions simples, dans un cas particulier.

Posons

$$\varphi(x) = (x-x_0)(x-x_1)(x-x_2)\dots\dots(x-x_n).$$

Soit $F(x)$ une fonction, au plus du degré n et prenant pour les valeurs de x

$$x_0 \ , \ x_1 \ , \ x_2 \dots x_k \dots x_n$$

respectivement les valeurs

$$u_0 \ , \ u_1 \ , \ u_2 \dots u_k \dots u_n,$$

nous aurons d'abord, d'après ce qui précède,

$$F(x) = \sum_k u_k \frac{(x-x_0)(x-x_1)\dots(x-x_n)}{(x_k-x_0)(x_k-x_1)\dots(x_k-x_n)},$$

Σ désignant une somme de termes analogues ne différant que par les valeurs de k, cette variable passant par toutes les valeurs depuis zéro jusqu'à n.

De là nous tirerons

$$\frac{F(x)}{\varphi(x)} = \sum_{0}^{n} {}_{k} \frac{1}{x-x_k} \frac{u_k}{(x_k-x_0)(x_k-x_1)\ldots(x_k-x_n)}.$$

Par conséquent, la fraction $\dfrac{F(x)}{\varphi(x)}$ se trouvera décomposée en fractions simples suivant la formule

$$\frac{F(x)}{\varphi(x)} = \frac{A_0}{x-x_0} + \frac{A_1}{x-x_1} + \frac{A_2}{x-x_2} + \ldots$$
$$+ \frac{A_k}{x-x_k} + \ldots + \frac{A_n}{x-x_n},$$

et la valeur du coefficient A_k sera donnée par la formule

$$A_k = \frac{F(x_k)}{\left[\dfrac{\varphi(x)}{x-x_k}\right]_{x_k}},$$

l'indice du crochet indiquant qu'il faut substituer x_k à la place de la variable x.

CHAPITRE V.

VARIABLES, FONCTIONS. — MÉTHODE DES LIMITES.
GRANDEURS INCOMMENSURABLES.

§ I. — VARIABLES. — FONCTIONS.

127. DÉFINITIONS. — On nomme *variable* toute grandeur susceptible de changer de valeur dans une question,
ou dans une expression algébrique. Les grandeurs variables se désignent ordinairement par les dernières lettres
de l'alphabet, x, y, z...

Si une grandeur est telle que sa valeur dépende d'une
ou de plusieurs variables, elle se nomme une *fonction* de
cette variable ou de ces variables. Ainsi l'expression

$$ax^2 + bx + c$$

est une fonction de x; l'expression

$$x^2 + 2y^2 - 3xy + 2x - 3y - 4$$

est une fonction des deux variables x et y. Dans la première,
x est une *variable indépendante*, parce qu'on peut lui donner
une valeur arbitraire; l'expression elle-même, la fonction,
est une *variable dépendante*. Dans la seconde, il y a deux
variables indépendantes, x et y.

On exprime que y est fonction de x, en écrivant l'une
des égalités suivantes :

$$y = f(x) \quad, \quad y = F(x) \quad, \quad y = \varphi(x) \quad, \quad y = \pi(x), \text{ etc.}$$

Si z est fonction de deux variables x et y, on écrit

$$z = f(x, y), \text{ ou } z = F(x, y), \text{ ou } z = \varphi(x, y), \text{ etc.}$$

128. FONCTIONS UNIFORMES, CONTINUES. — On dit qu'une fonction est *uniforme* quand elle ne prend qu'une valeur pour une valeur de la variable ou un système de valeurs des variables dont elle dépend. Les fonctions

$$y = 3x^2 + 4x - 1 \quad , \quad z = 2xy + 3x - y + 1$$

sont des fonctions uniformes.

Une fonction est *continue* lorsqu'un accroissement très petit de la variable ou des variables donne une variation très-petite de la fonction, et que cette variation devient aussi petite que l'on veut, en faisant tendre vers zéro l'accroissement de chacune des variables indépendantes.

Nous ne considérerons que de pareilles fonctions.

129. THÉORÈME. — *La fonction du premier degré*

$$y = ax + b$$

est uniforme et continue.

1° Il est évident qu'elle est uniforme.

2° Considérons deux valeurs différentes de la variable, x et x'. Soient y et y' les valeurs correspondantes de la fonction, nous aurons

$$y = ax + b,$$
$$y' = ax' + b.$$

De là nous déduisons

$$y' - y = a\,(x' - x).$$

On voit que, si l'accroissement $(x' - x)$ de la variable tend vers zéro, l'accroissement $y' - y$ de la fonction tendra aussi vers zéro. Donc la fonction est continue.

On voit de plus que

$$\frac{y' - y}{x' - x} = a = \text{const.},$$

c'est-à-dire que l'accroissement de la fonction est proportionnel à celui de la variable.

130. THÉORÈME. — *La fonction entière du second degré*

$$y = ax^2 + bx + c$$

est uniforme et continue.

Il est évident qu'elle est uniforme. Il reste à démontrer qu'elle est continue. — Soient x et x' deux valeurs de la variable, y et y' les valeurs correspondantes de la fonction, nous aurons

$$y = ax^2 + bx + c \quad , \quad y' = ax'^2 + bx' + c;$$

par conséquent

$$y' - y = a(x'^2 - x^2) + b(x' - x),$$

ou bien

$$y' - y = [a(x' + x) + b](x' - x);$$

d'où l'on voit que si x' tend vers x, ou si $x' - x$ tend vers zéro, $y' - y$ tendra aussi vers zéro.   C. Q. F. D.

131. THÉORÈME. — *Plus généralement, toute fonction entière de* x *est une fonction uniforme et continue.*

On appelle fonction entière de x toute expression de la forme

$$y = ax^m + bx^{m-1} + cx^{m-2} + \ldots + rx + s,$$

m étant entier et positif.

Une pareille fonction est évidemment uniforme. Il reste à démontrer qu'elle est continue. — Soient x et x' deux valeurs de la variable, y et y' les valeurs correspondantes de la fonction, nous aurons :

$$y = ax^m + bx^{m-1} + cx^{m-2} + \ldots + rx + s,$$
$$y' = ax'^m + bx'^{m-1} + cx'^{m-2} + \ldots + rx' + s.$$

De là nous tirons :

$$y' - y = a(x'^m - x^m) + b(x'^{m-1} - x^{m-1})$$
$$+ c(x'^{m-2} - x^{m-2}) + \ldots + r(x' - x).$$

Tous les termes du second membre sont divisibles par $x' - x$ et l'on peut écrire par conséquent

$$y' - y = Q\,(x' - x),$$

Q étant une fonction *entière* de x et x'. On voit par là que si x' tend vers x, ou si $x' - x$ tend vers zéro, la variation $y' - y$ de la fonction tendra aussi vers zéro.   C. Q. F. D.

132. THÉORÈME. — *Le rapport*

$$y = \frac{ax + b}{a'x + b'},$$

des deux fonctions entières du premier degré est une fonction uniforme et continue.

Il est évident que cette fonction est uniforme. Il reste à démontrer qu'elle est continue. En procédant comme ci-dessus, on en tire

$$y' - y = \frac{(ab' - ba')\,(x' - x)}{(a'x + b')\,(a'x' + b')};$$

d'où l'on voit que $y' - y$ tend vers zéro, quand $x' - x$ tend vers zéro.

REMARQUE. — On voit que l'accroissement de la fonction serait constamment nul, quelles que fussent les variables x' et x, si $ab' - ba'$ était nul. Donc dans ce cas y ne varierait pas avec x.

Il est facile de s'en rendre compte. Dire que $ab' - ba' = 0$, c'est dire que

$$\frac{a}{a'} = \frac{b}{b'};$$

mais de l'égalité de ces deux rapports on déduit

$$\frac{a}{a'} = \frac{b}{b'} = \frac{ax + b}{a'x + b'},$$

quel que soit x. Donc le rapport, dans ce cas, est indépendant de x et constamment égal à $\dfrac{a}{a'}$ ou à $\dfrac{b}{b'}$.

133. Théorème. — *Le rapport*

$$y = \frac{ax^2 + bx + c}{a'x^2 + b'x + c'}$$

des deux fonctions entières du second degré est une fonction uniforme et continue.

Il est évident qu'elle est uniforme. Pour démontrer qu'elle est continue, nous prenons la différence $y' - y$ des valeurs de la fonction pour deux valeurs x' et x de la variable ; nous obtenons, après quelques réductions,

$$y' - y = \frac{[(ab'-ba')ax'+(ac'-ca')(x+x')+(bc'-cb')](x'-x)}{(a'x'^2+b'x'+c')(a'x^2+b'x+c')}.$$

Cette expression montre que $y' - y$ tend vers zéro, quand $x' - x$ tend lui-même vers zéro.   C. Q. F. D.

Remarque I. — La différence $y' - y$ serait identiquement nulle, et, par suite, la fonction y invariable, si l'on avait

$$\frac{a}{a'} = \frac{b}{b'} = \frac{c}{c'}.$$

On peut le voir directement par un raisonnement analogue à celui que nous avons fait ci-dessus.

Remarque II. — On démontrerait facilement que le rapport de deux fonctions entières d'un degré quelconque est aussi une fonction uniforme continue.

134. Représentation graphique d'une fonction continue. — Supposons que y soit une fonction uniforme et continue d'une seule variable y, donnée par l'égalité

$$y = F(x),$$

et supposons, en outre, qu'on ne donne à la variable que des valeurs positives ou négatives, et non complexes de la

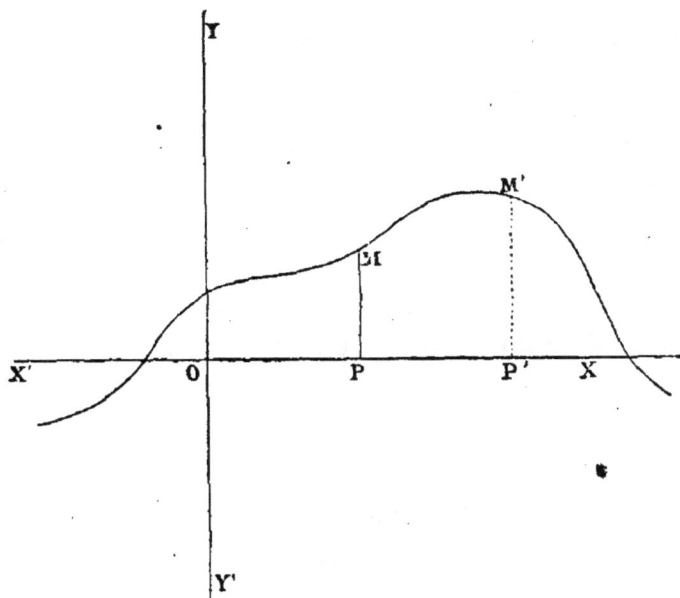

forme $a + a'i$. Traçons sur un plan deux axes rectangulaires X′X, Y′Y qui se coupent au point O. Convenons de porter les valeurs de la variable x sur OX à partir du point O si elles sont positives, sur OX′ si elles sont négatives. Soit OP une valeur de x. A cette valeur correspondra une valeur de la variable que nous porterons sur une parallèle à OY ou à son prolongement (suivant le signe), à partir du point P. Nous nommerons *abscisse* la ligne OP qui représente la variable et *ordonnée* la ligne PM qui représente la valeur de la fonction. Si x varie, y variera et l'extrémité M se déplacera sur le plan en traçant une courbe dont la forme dépendra de celle de la fonction F. L'ordonnée de cette courbe fera connaître la valeur de la fonction pour chaque valeur de la variable; de plus, la forme de la courbe, vue dans son ensemble, indiquera nettement la marche de la fonction quand x variera.

135. Théorème. — *La fonction du premier degré*

$$y = ax + b$$

est représentée par l'ordonnée d'une droite.

1° Supposons $b = o$. Soit la fonction

$$y = ax.$$

Pour $x = 1$, on a $y = a$. Soit $OA = 1$ et soit $AB = a$, en supposant a positif. Menons la ligne indéfinie OB.

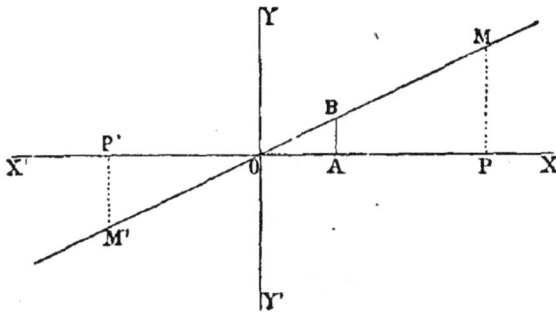

Prenons un point M quelconque de cette droite dans la région YOX, nous aurons

$$\frac{MP}{OP} = \frac{BA}{OA} = \frac{a}{1} = a;$$

mais $MP = y$, $OP = x;$ donc pour ce point

$$\frac{y}{x} = a; \quad \text{d'où} \quad y = ax.$$

Pour un point quelconque de la région Y'OX', nous aurons

$$\frac{M'P'}{OP'} = \frac{BA}{OA} = \frac{a}{1} = a;$$

mais $M'P' = -y$, $OP' = -x;$ donc

$$\frac{-y}{-x} = a; \quad \text{d'où} \quad y = ax.$$

Si a est négatif pour $OA = 1$, l'ordonnée a devra être portée parallèlement à OY', suivant AB.

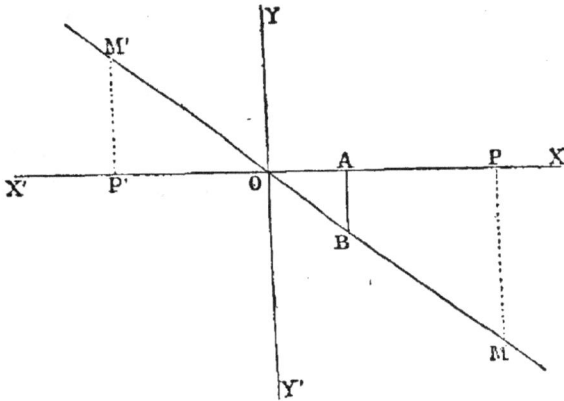

Tirons encore la droite indéfinie OB. Prenons maintenant un point quelconque M dans la région XOY', nous aurons

$$\frac{MP}{OP} = \frac{BA}{OA} = -a;$$

mais $MP = -y$, $OP = x;$ donc

$$\frac{-y}{x} = -a; \quad \text{d'où} \quad y = ax.$$

Prenons maintenant un point quelconque de la droite OB dans la région X'OY, nous aurons :

$$\frac{M'P'}{OP'} = \frac{BA}{OA} = -a;$$

mais $M'P' = y$, $OP' = -x$; donc

$$\frac{y}{-x} = -a; \quad \text{d'où} \quad y = ax.$$

Ajoutons que tout point en dehors de la droite OB ne satisferait pas à la même condition; donc *la fonction* y = ax *est représentée par l'ordonnée d'une droite partant de l'origine*

Dans ce système de représentation,

$$a = \frac{BA}{OA} = \frac{MP}{OP} = \text{tang } \alpha,$$

en nommant α l'angle que la droite fait avec OX, cet angle étant considéré comme positif quand il est compté dans le sens XY et comme négatif quand il est compté en sens contraire, dans le sens XY', comme en trigonométrie.

a se nomme le *coefficient d'inclinaison* de la droite.

2° Supposons b différent de zéro. — Construisons la

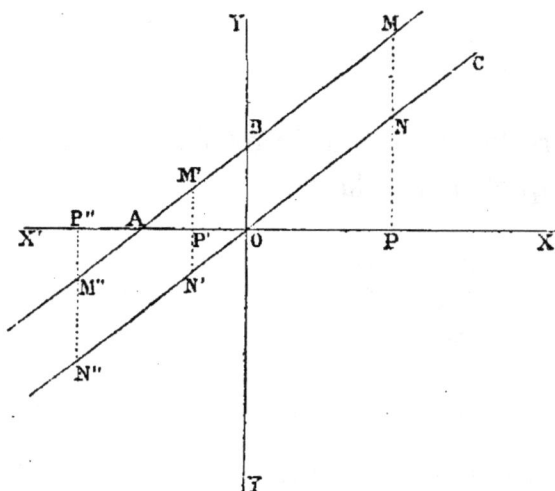

droite OC dont l'ordonnée représente la fonction ax. Prenons ensuite $OB = b$ sur OY ou sur OY' (suivant le signe de b). Par le point B, menons une parallèle à OC. Je dis que l'ordonnée de cette droite représente la fonction $y = ax + b$.

En effet, un point de la région YOX donne

$$MP = NP + MO;$$

mais $MP = y$, $NP = ax$, $MN = b$; donc

$$y = ax + b.$$

Un point de la région YOX' donne

$$M'P' = M'N' - N'P';$$

mais $M'P' = y$, $M'N' = b$, $N'P' = -ax$; donc

$$y = b - (-ax) = ax + b.$$

Un point de la région X'OY' donne :

$$M''P'' = N''P'' - M''N'';$$

mais $M''P'' = -y$, $N''P'' = -ax$, $M''N'' = b$; donc

$$-y = -ax - b \text{ ou bien } y = ax + b.$$

Donc tout point de la droite AB a une ordonnée représentée par la fonction $ax + b$, tout point en dehors aurait une ordonnée plus grande ou plus petite ; donc enfin *la fonction* y = ax + b *est représentée par l'ordonné d'une droite telle que* AB.

La ligne $OB = b$ est nommée l'*ordonnée à l'origine*.

On peut écrire la fonction sous la forme

$$y = a\left(x + \frac{b}{a}\right);$$

d'où l'on voit que y s'annule quand $x = -\dfrac{b}{a}$; la ligne OA doit donc être égale à $-\dfrac{a}{b}$. On peut tracer la droite AB quand on connaît les deux points A et B ; cela dispense de construire la droite $y = ax$, c'est-à-dire de faire intervenir directement l'angle α que la droite fait avec l'axe des x.

REMARQUE. — Si $a = o$, l'équation se réduit à :

$$y = b.$$

y n'est plus, à proprement parler, une fonction de x, puisque x a disparu du second membre. On dit que la fonction se réduit à une constante. Cette fonction est représentée par l'ordonnée d'une parallèle à l'axe des x, menée à la distance b.

Si a croît indéfiniment, $tg\alpha$ croît indéfiniment et α s'approche de plus en plus de 90°; donc la droite tend à devenir parallèle à l'axe des y.

136. THÉORÈME. — *Réciproquement, l'ordonnée de toute droite non parallèle à l'axe des* y *est une fonction de l'abscisse de la forme* ax + b.

1° Toute parallèle à l'axe des x a évidemment une ordonnée *constante*, donnée par une équation de la forme

$$y = b.$$

2° Toute droite passant par l'origine jouit de cette propriété que

$$\frac{y}{x} = tg\alpha,$$

α étant l'angle de la droite avec l'axe des x; donc l'ordonnée est donnée par l'équation

$$y = x tg\alpha,$$

de la forme $y = ax$.

3° Toute droite AB est parallèle à une droite passant par l'origine; son ordonnée est donc égale à ax (ordonnée de la droite passant par l'origine), augmentée d'une quantité constante positive ou négative; donc elle est donnée par une équation de la forme

$$y = ax + b.$$

C. Q. F. D.

REMARQUE. — Nous ne représentons que les valeurs *réelles* des fonctions pour des valeurs *réelles* de la variable. — Une fonction peut devenir imaginaire pour des valeurs réelles ou imaginaires de la variable. Ainsi, soit

$$y = \sqrt{a^2 - x^2}\,.$$

Si $x^2 = a + \varepsilon^2$, nous aurons

$$y = \sqrt{-2a\varepsilon^2 - \varepsilon^4}\,,$$

et si a est positif cette expression est *imaginaire* ou *complexe* de la forme

$$y = i\sqrt{2a\varepsilon^2 + \varepsilon^4}\,.$$

Peut-on représenter sur la même épure les solutions réelles et les solutions imaginaires d'une même équation? — M. Maximilien Marie a résolu le problème et montré que par une convention convenable on peut tracer sur une même feuille des courbes donnant toutes les solutions imaginaires d'une même équation, classées suivant une certaine méthode, à côté de la courbe qui fait connaître les solutions réelles.

137. QUANTITÉS INFINIMENT PETITES. — Nous appellerons ainsi des *grandeurs variables tendant vers zéro* et pouvant s'en approcher d'aussi près qu'on voudra.

Il ne faut pas regarder les quantités infiniment petites comme des grandeurs très-petites, imperceptibles. Ce

sont des *variables* ayant pour limite zéro et c'est ce caractère qui, dans une question, leur fait donner le nom d'infiniment petites.

Considérons, par exemple, l'expression

$$1 + \frac{1}{m},$$

Si m croît indéfiniment, la fraction $\frac{1}{m}$ décroît et tend vers

zéro; donc, dans cette hypothèse, $\frac{1}{m}$ est une quantité infiniment petite.

Supposons qu'un arc inférieur à 90° tende vers zéro,
on l'appellera un arc infiniment petit. On sait que la différence entre l'arc et le sinus tend aussi vers zéro; donc
cette différence pourra être appelée un *infiniment petit*.

On appelle, par opposition, *infiniment grande* une quantité variable qui croît et peut dépasser toute grandeur
assignée.

§ II. — MÉTHODE DES LIMITES.

138. DÉFINITION. — On nomme *limite* une grandeur
fixe dont une grandeur variable peut s'approcher autant
que l'on veut, de telle sorte que leur différence puisse être
rendue aussi petite qu'on voudra.

Pour employer le langage infinitésimal, la différence
entre une grandeur variable et sa limite est une quantité
infiniment petite.

Le cercle, par exemple, est la limite de la surface d'un
polygone régulier inscrit dont le nombre des côtés aug-

mente indéfiniment. La différence entre l'aire du cercle et celle du polygone est infiniment petite.

139. GRANDEURS CONCRÈTES VARIABLES. — Quand il s'agit de grandeurs concrètes variables, les limites que l'on considère sont des grandeurs concrètes de même nature et sur lesquelles on opère matériellement suivant les mêmes règles que sur les grandeurs variables ; donc on sait ce qu'il faut entendre par somme, différence, produit, puissance, quotient. On peut alors facilement démontrer les théorèmes suivants :

140. THÉORÈME. — *La limite d'une somme de grandeurs concrètes variables est égale à la somme des limites, pourvu que le nombre des grandeurs soit fini et déterminé.*

Soient A, B, C, D..., n grandeurs variables ; a, b, c, d... leurs limites respectives, α, β, γ, δ... les différences entre les variables et leurs limites. Nous aurons :

$$A = a + \alpha \ , \ B = b + \beta \ , \ C = c + \gamma \ldots$$

Donc

$$A + B - C + D\ldots = a + b - c + d\ldots + \alpha + \beta - \gamma + \delta + \ldots$$

α, β, γ, δ... sont des quantités infiniment petites. Désignons par μ la valeur absolue de la plus grande, nous aurons :

$$\alpha + \beta - \gamma + \delta \ldots \ \leq n\mu ;$$

donc cette somme tend vers zéro, puisque μ tend vers zéro. Donc

$$\lim (A + B - C + D\ldots) = a + b - c + d + \ldots$$

C. Q. F. D.

141. THÉORÈME. — *La limite du produit de deux grandeurs concrètes est égale au produit des limites.*

En employant les notations du théorème précédent, nous avons

$$AB = (a + \alpha)(b + \beta)$$
$$= ab + \alpha b + \beta a + \alpha\beta.$$

La somme des trois derniers termes tend vers zéro; donc

$$\lim (AB) = ab. \qquad \text{C. Q. F. D.}$$

COROLLAIRE I. — Le théorème est vrai pour un nombre quelconque de facteurs, car

$$\lim (ABCD) = \lim (ABC). \lim D = \lim (AB). \lim C. \lim D$$
$$= \lim A. \lim B. \lim C. \lim D.$$

COROLLAIRE II. — **La limite d'une puissance entière et positive est égale à la même puissance de la limite. En d'autres termes,**

$$\lim (A)^m = a^m.$$

C'est une conséquence du corollaire précédent.

142. THÉORÈME. — *La limite du quotient de deux grandeurs concrètes variables est égale au quotient des limites.*

Désignons par Q le quotient de deux grandeurs concrètes variables, nous aurons

$$\frac{A}{B} = Q;$$

donc, par définition du quotient,

$$A = BQ;$$

nous en déduisons

$$\lim A = \lim B. \lim Q;$$

donc

$$\lim Q = \frac{\lim A}{\lim B}. \qquad \text{C. Q. F. D.}$$

143. GRANDEURS ABSTRAITES VARIABLES, NOMBRES VA-
RIABLES. — Nous avons dit que l'on remplace les opérations sur les grandeurs concrètes par d'autres sur les
nombres qui les représentent. On remplace pour cela dans
les calculs les grandeurs concrètes par leurs mesures relativement à une grandeur unité de même espèce ; ces
mesures, que l'on appelle des nombres, sont ce que nous
nommons des *grandeurs abstraites.*

On a souvent à considérer des grandeurs abstraites
variables, des nombres variables ; ces nombres indiquent
chacun une succession d'opérations à faire sur l'unité,
quelle qu'elle soit, pour former une grandeur. Cette succession est indéfinie dans les grandeurs abstraites variables et forme ce qu'on nomme une *série.*

Ainsi les nombres

$0,45454545\ldots$

$$\frac{1.1.3.3.5.5.7.7 \ldots}{2.4.4.6.6.8.8.10\ldots}$$

$$1 + \frac{1}{2} + \frac{1}{2^2} + \frac{1}{2^3} + \ldots$$

$$\sqrt{2 + \sqrt{2 + \sqrt{2 + \sqrt{2 \ldots}}}}$$

$$1 - \frac{1}{3} + \frac{1}{5} - \frac{1}{7} \ldots$$

$$1 + \frac{1}{1} + \frac{1}{1.2} + \frac{1}{1.2.3} \ldots$$

$3,1415926535\ldots$

sont des grandeurs variables abstraites.

Quand on obtient dans une question une grandeur
variable abstraite, c'est-à-dire une succession indéfinie
d'opérations, *il faut d'abord démontrer que la série est convergente,* c'est-à-dire que la grandeur variable formée a

une *limite* déterminée. Dans le cas contraire, en effet, la série indéfinie ne représente rien.

Ainsi

$$1 + 2 + 3 + 4 + \cdots$$

est une série indéfinie, une grandeur variable abstraite qui peut dépasser toute limite assignée; c'est une série divergente dont nous ne nous occuperons pas. Au contraire, le nombre indéfini

$$3,1415926535\ldots$$

a une limite déterminée, que l'on représente par π et vers laquelle elle tend quand on suppose la suite des décimales indéfiniment prolongée.

Il peut arriver que deux nombres indéfinis différents aient la même limite ; ainsi

$$0,9999\cdots$$

$$\frac{1}{2} + \frac{1}{4} + \frac{1}{8} + \cdots$$

$$\frac{2}{3} + \frac{2}{9} + \frac{2}{27} + \cdots$$

ont la même limite, savoir *l'unité*. Si on extrait la racine carrée d'un nombre tel que 2 dans des systèmes différents de numération, on obtient des séries différentes, qui ont toutes la même limite.

Il peut arriver qu'une série indéfinie d'opérations ait pour limite un nombre entier ou fractionnaire. Ainsi toute fraction périodique simple ou mixte dans un système de numération quelconque a pour limite un nombre fractionnaire. Dans le plus grand nombre des cas, les nombres indéfinis convergents expriment des grandeurs n'ayant aucune commune mesure avec l'unité, ne pouvant pas se trouver par un nombre fini d'opérations sur l'unité, ne pouvant pas, par conséquent, s'exprimer par un nombre entier ou fractionnaire. De pareilles grandeurs sont *incommensurables* avec l'unité ; on les représente par une lettre, ou bien par un signe convenablement choisi, rappelant leur propriété principale ou la série indéfinie d'opérations qui y conduit. — La longueur d'une circonférence de diamètre unité est représentée par π ; la diagonale d'un carré construit sur l'unité est représentée par $\sqrt{2}$.

144. Opérations sur les nombres indéfinis convergents. — Représentons par $a, b, c...$ les limites respectives des nombres indéfinis convergents $A, B, C...$; $a, b, c...$ seront parfois des nombres fractionnaires ; en général, ce sont des symboles indicateurs de limites.

Si l'on exécute des opérations sur ces symboles, il faut *les définir*, car on ne sait le sens précis des opérations que pour les nombres entiers ou fractionnaires. Il suffit de définir l'*addition* et la *multiplication,* car nous conservons aux opérations inverses leurs définitions générales. Les définitions que nous allons donner doivent remplir deux conditions :

1° Elles doivent conduire aux résultats connus, quand les nombres indéfinis ont pour limites des nombres fractionnaires.

2° Elles doivent donner pour *sommes* et pour *produits* des séries ayant pour limites les sommes et les produits des grandeurs concrètes représentées par les facteurs, afin que les opérations sur les grandeurs concrètes puissent être remplacées par les opérations de même nom sur les symboles qui les représentent.

145. SOMME DE DEUX SÉRIES. — Nous appelons *somme de deux séries convergentes* la limite de la somme des nombres variables indéfinis, que l'on obtient en prenant un nombre de termes de plus en plus grand dans chaque série.

1° *Cette limite existe.* En effet, quand on s'arrête dans la série d'opérations A, on obtient une approximation A′ par défaut de la limite *a* et on peut en déduire une approximation par excès A″, correspondante. Les deux nombres A′ et A″ convergent simultanément vers la limite *a* qu'ils comprennent toujours, de telle sorte que A′ augmente et A″ diminue, quand le nombre des opérations que l'on considère dans A augmente. Nous raisonnerions de la même manière sur B. — Cela posé, considérons les deux sommes

$$A' + B', \qquad A'' + B'',$$

dont la différence est

$$A'' - A' + B'' - B' = \alpha + \beta.$$

Si le nombre des opérations augmente, nous aurons deux nouvelles sommes correspondantes

$$A'_1 + B'_1 \quad , \quad A''_1 + B''_1,$$

dont la différence $\alpha_1 + \beta_1$ sera moindre et qui seront comprises entre les deux premières sommes. Donc, quand le nombre des opérations de A et de B augmente indéfiniment, les deux sommes

$$A' + B' \quad , \quad A'' + B''$$

varient en restant finies, puisqu'elles restent dans l'intervalle de leurs premières valeurs; et comme leur différence $\alpha + \beta$ tend vers zéro elles ont une limite commune λ.

2° *Cette limite ne dépend pas du mode de variation des nombres* A *et* B.

A une approximation A′ de la limite a, on peut associer une infinité d'approximations B′ de la limite b; donc on peut avoir une infinité de lois dans la variation des sommes A′ + B′, A″ + B″; il faut faire voir qu'on tend toujours vers la même limite.

Considérons une autre loi de variation qui donne les sommes

$$A'_1 + B'_1 \qquad , \qquad A''_1 + B''_1$$

tendant vers une limite λ_1. Par hypothèse, A′, B′ sont inférieurs respectivement à a et b; donc ils sont inférieurs non-seulement à A″, B″, mais aussi à A''_1, B''_1. Donc A′ + B′ est non-seulement inférieur à A″ + B″, mais encore à $A''_1 + B''_1$. De même A″ + B″ est non-seulement supérieur à A′ + B′, mais encore à $A'_1 + B'_1$.

Cela posé, λ_1 étant la limite de $A'_1 + B'_1$ ne peut pas surpasser λ qui est la limite de A″ + B″. A son tour, λ étant la limite de A′ + B′ ne peut pas surpasser λ_1 qui est la limite de $A''_1 + B''_1$. Donc $\lambda = \lambda_1$.

3° *Cette limite est la somme* $a + b$, *quand* a *et* b *sont des nombres entiers ou fractionnaires.*

En effet
$$(a + b) - (A' + B') = (a - A') + (b - B');$$
mais $a - A'$ tend vers zéro, $b - B'$ tend vers zéro; donc
$$(a + b) - (A' + B')$$
tend vers zéro; donc
$$\lim (A' + B') = a + b$$
dans ce cas.

4° *La limite de* A′ + B′ *ou de* A″ + B″ *est la somme des grandeurs concrètes représentées par* a *et* b.

En effet, A′ et B′ sont des nombres fractionnaires mesurant chacune des grandeurs concrètes aussi voisines qu'on le voudra de celles que représentent *a* et *b*. De plus, la somme de ces nombres représente, par hypothèse, la somme des grandeurs concrètes représentées respectivement par A′ et B′ (**18**), et comme la somme de ces grandeurs concrètes variables tend vers celle des limites, on voit que A′ + B′ représente une grandeur concrète variable qui a pour limite la somme des grandeurs concrètes représentées par les limites *a* et *b*.

Notre définition de la somme des séries indéfinies est donc complétement justifiée.

146. PRODUIT DE DEUX SÉRIES, DE DEUX NOMBRES INDÉFINIS. — Nous appelons *produit de deux séries convergentes* la limite du produit des nombres variables indéfinis que l'on obtient en prenant un nombre de termes de plus en plus grand dans chaque série.

1° *Cette limite existe.* En effet, conservons les notations précédentes et considérons les deux produits

$$A'B' \quad , \quad A''B''.$$

A une approximation nouvelle plus grande correspondront deux nouveaux produits

$$A'_1 B'_1 \quad , \quad A''_1 B''_1$$

compris entre les deux premiers; donc ces produits restent finis, quand on continue indéfiniment les séries.

D'ailleurs leur différence

$$A''B'' - A'B' = (A' + \alpha)(B' + \beta) - A'B'$$
$$= \alpha B' + \beta A' + \alpha\beta$$

tend vers zéro, quand on continue indéfiniment les séries : donc les produits $A'B'$, $A''B''$ ont une limite commune λ.

2° *Cette limite est indépendante du mode de variation des nombres* A *et* B.

Soient en effet λ la limite obtenue par les produits $A'B'$, $A''B''$ procédant suivant une certaine loi de variation des nombres indéfinis A, B ; et λ_1 une seconde limite obtenue par la considération des produits variables $A'_1B'_1$, $A''_1B''_1$. — λ_1 étant la limite des produits $A'_1B'_1$, tous inférieurs aux produits $A''B''$, ne veut pas surpasser λ, qui est la limite des produits $A''B''$. De même, λ étant la limite des $A'B'$, tous inférieurs aux $A''_1B''_1$, ne peut pas surpasser λ_1 qui est la limite des produits $A''_1B''_1$. Donc $\lambda = \lambda_1$.

3° *Cette limite est le produit* ab *quand* a *et* b *sont des nombres fractionnaires.*

En effet,

$$ab - A'B' = ab - (a - \alpha)(b - \beta)$$
$$= \alpha b + \beta a - \alpha\beta;$$

donc cette différence tend vers zéro, quand A' et B' tendent vers a et b ; donc $A'B'$ a pour limite ab..

4° *Cette limite représente le produit des grandeurs concrètes qui sont représentées par les symboles* a *et* b.

En effet, A' et B' sont des nombres fractionnaires qui représentent des grandeurs concrètes aussi voisines qu'on le voudra de celles que représentent a et b. De plus, le produit A′B′ représente une grandeur concrète qui est le produit de celles que A′ et B′ représentent (**18**); et comme le produit de deux grandeurs concrètes variables tend vers le produit des limites, on voit que le produit variable A′B′ représente une grandeur concrète qui a pour limite le produit des grandeurs concrètes représentées respectivement par a et b.

147. Théorème. — *Les symboles* a, b, c .., *qui représentent les limites de séries indéfinies convergentes, se traitent dans les calculs suivant les mêmes règles que les nombres entiers ou fractionnaires.*

Il suffit d'étendre à ces symboles les propriétés fondamentales des sommes et des produits dont toutes les autres dérivent (**8,11**).

Propriétés des sommes.

1° *La somme de deux nombres incommensurables ne change pas, quand on change l'ordre des termes.*

En vertu des théorèmes précédents et des définitions données ,

$$\pi + \sqrt{2} = \lim (A′ + B′),$$

en nommant A′ une approximation de π et B′ une approximation de $\sqrt{2}$; mais on a aussi

$$\sqrt{2} + \pi = \lim (B′ + A′),$$

et puisque A′ + B′ est toujours égal à B′ + A′, il s'ensuit que les limites de ces sommes sont égales; donc enfin

$$\pi + \sqrt{2} = \sqrt{2} + \pi.$$

2º *Pour ajouter la somme de deux nombres incommensu-rables, il suffit d'ajouter successivement chacun d'eux.*

En effet,

$$\sqrt{5} + (\pi + \sqrt{2}) = \lim [A' + (B' + C')],$$

en employant des notations semblables à celles du théo-rème précédent.

D'un autre côté,

$$\sqrt{5} + \pi + \sqrt{2} = \lim [A' + B' + C'],$$

et comme on a toujours

$$A' + (B' + C') = A' + B' + C',$$

les limites de ces variables égales sont égales; donc

$$\sqrt{5} + (\pi + \sqrt{2}) = \sqrt{5} + \pi + \sqrt{2}.$$

C. Q. F. D.

Propriétés des produits.

1º *Le produit de deux facteurs ne change pas quand on in-tervertit l'ordre des facteurs.*

En effet, en vertu des définitions ci-dessus,

$$\pi . \sqrt{2} = \lim (A'B'),$$

et

$$\sqrt{2} . \pi = \lim (B'A').$$

Mais on a toujours $A'B' = B'A'$; donc les limites de ces variables toujours égales sont égales; donc

$$\pi . \sqrt{2} = \sqrt{2} . \pi.$$

2º *Pour multiplier par un produit de deux facteurs, il suffit de multiplier successivement par chacun d'eux.*

En effet, en vertu des définitions et des théorèmes ci-dessus,

$$\sqrt{5}\,(\pi\,\sqrt{2}) = \lim\,[\mathrm{A}'\,(\mathrm{B}'\mathrm{C}')];$$

mais aussi

$$\sqrt{5}\,.\,\pi\,.\,\sqrt{2} = \lim\,[\mathrm{A}'\mathrm{B}'\mathrm{C}'];$$

les deux seconds membres sont égaux; donc

$$\sqrt{5}\,(\pi\,\sqrt{2}) = \sqrt{5}\,.\,\pi\,.\,\sqrt{2}.$$

C. Q. F. D.

3° *Pour multiplier par une somme de deux nombres incom-mensurables, il suffit de faire la somme des produits partiels.*

En effet, d'une part,

$$\sqrt{5}\,(\pi + \sqrt{2}) = \lim\,[\mathrm{A}'(\mathrm{B}' + \mathrm{C}')];$$

de l'autre,

$$\sqrt{5}\,.\,\pi + \sqrt{5}\,.\,\sqrt{2} = \lim\,[\mathrm{A}'\mathrm{B}' + \mathrm{A}'\mathrm{C}'] = \lim\,[\mathrm{A}'(\mathrm{B}' + \mathrm{C}')].$$

Donc

$$\sqrt{5}\,(\pi + \sqrt{2}) = \sqrt{5}\,.\,\pi + \sqrt{5}\,.\,\sqrt{2}.$$

C. Q. F. D.

Donc, en résumé, les nombres incommensurables se traitent dans les calculs suivant les mêmes règles que les nombres entiers ou fractionnaires, suivant les mêmes règles que les symboles complexes de la forme $a + bi$.

148. REMARQUE. — Il est essentiel de remarquer ici que *l'on ne peut pas démontrer* que la limite du produit de deux nombres indéfinis A′ et B′ est égale au produit des limites, si ces limites sont incommensurables, comme

π et $\sqrt{2}$. En effet, pour que ce théorème eût un sens, il faudrait qu'on attachât un sens au produit $\pi\sqrt{2}$. Ce sens est celui que nous avons indiqué; on nomme $\pi\sqrt{2}$ la limite du produit A′B′. Donc, c'est *par définition* et non *par démonstration* que la limite du produit A′B′ est égale au produit $\pi\sqrt{2}$ des limites.

Quand il s'agit au contraire de limites entières ou fractionnaires, ou bien encore de grandeurs concrètes, on *démontre* que la limite d'une somme ou d'un produit est égale à la somme ou au produit des limites.

§ III. — RAPPORT DE DEUX GRANDEURS INCOMMENSURABLES.

149. Définition. — Si deux grandeurs A et B ont une commune mesure ω contenue α fois dans A, β fois dans B, on peut écrire :

$$A = \omega . \alpha \ , \ B = \omega . \beta.$$

On nomme *rapport de* A à B *la fraction* $\dfrac{\alpha}{\beta}$ *indiquant combien de fois* A *contient* B *ou une partie aliquote de* B.

La fraction $\dfrac{\beta}{\alpha}$ indique le rapport de B à A; c'est l'inverse de la fraction $\dfrac{\alpha}{\beta}$.

150. Problème. — *Trouver le rapport de deux grandeurs* A *et* B *qui ont une commune mesure.*

Première méthode.

Supposons que B soit la plus petite. Cherchons combien de fois B est contenu dans A. — Si B était contenu exactement cinq fois dans A, comme il se contient lui-même une fois, B serait la plus grande commune mesure entre A et B, et l'on aurait

$$A = B.5 \qquad B = B.1;$$

le rapport des deux grandeurs serait 5.

Supposons que A ne contienne pas B un nombre exact de fois et que l'on ait

(1) $$A = B.5 + R.$$

Il est facile de démontrer, en raisonnant comme on le fait en arithmétique, que *la plus grande commune mesure entre A et B est la même qu'entre B et R* ; on est donc ramené à chercher combien de fois B contient R.

Supposons que

(2) $$B = R.5 + R'.$$

On sera ramené à chercher la plus grande commune mesure entre R et R' et, par suite, à chercher combien de fois R contient R'.

Supposons que

(3) $$R = R'.2 + R'',$$

puis que

(4) $$R' = R''.4.$$

Je dis que R'', le premier des restes successifs contenus un nombre exact de fois dans le précédent, sera la plus grande commune mesure entre A et B. En effet, R'' est la plus grande commune mesure entre R'' et R', par suite entre R' et R, par suite entre R et B, par suite entre B et A, d'après le théorème invoqué. On déduit des égalités précédentes

$$A = R''.164 \quad , \quad B = R''.51.$$

Donc

$$\frac{A}{B} = \frac{164}{51}.$$

Le rapport $\frac{164}{31}$ est irréductible, car, si ces deux nombres avaient un facteur commun, R″ ne serait pas la plus grande commune mesure entre A et B.

S'il y a, comme nous le supposons, une commune mesure entre les deux grandeurs données, *on la trouvera nécessairement par ce procédé*. En effet, chaque reste R_n est moindre que la moitié du reste antéprécédent R_{n-2}; donc les restes tendent vers zéro. Cela posé, soit Δ la plus grande commune mesure entre A et B ; supposons qu'en faisant les opérations successives indiquées on arrive à un reste R_n moindre que Δ. Comme Δ est contenu un nombre exact de fois dans A , B et tous les restes successifs R_1, R_2,... on en conclurait que Δ est contenu un nombre exact de fois dans $R_n < \Delta$, ce qui est absurde.

Deuxième méthode.

Divisons B en un nombre quelconque β de parties égales à ω et portons cette partie aliquote ω de B sur A autant de fois que nous pourrons. La grandeur A contiendra α fois ω, mais ne la contiendra pas $(\alpha + 1)$ fois ; posons

$$A' = \omega . \alpha \quad , \quad A'' = \omega (\alpha + 1).$$

Le rapport $\frac{\alpha}{\beta}$ de A′ à B sera inférieur au rapport $\frac{m}{n}$ de A à B et le rapport $\frac{\alpha + 1}{\beta}$ de A″ à A sera supérieur à $\frac{m}{n}$.

Faisons maintenant décroître ω suivant une loi quelconque, A′ et A″ tendront vers A, les deux rapports $\frac{\alpha}{\beta}$, $\frac{\alpha + 1}{\beta}$

tendront l'un vers l'autre, tout en comprenant $\frac{m}{n}$, car leur différence $\frac{1}{\beta}$ tendra vers zéro; donc

$$\lim \frac{\alpha}{\beta} = \lim \frac{\alpha + 1}{\beta} = \frac{m}{n}.$$

Donc le *rapport des deux grandeurs* A *et* B *est la limite du rapport à* B *d'une grandeur variable* A' *ayant* A *pour limite et commensurable avec* B.

Ce procédé nous montre comment on peut évaluer par une série indéfinie d'opérations une grandeur relativement à son unité, dans le cas même où cette évaluation peut se faire par une série limitée, exprimée par un nombre fractionnaire.

Troisième méthode.

Prenons une grandeur ω de même espèce que les grandeurs A et B; cherchons combien de fois elle est contenue dans chacune des grandeurs. Nous trouverons, par exemple :

$$A' = \omega . \alpha \quad , \quad A'' = \omega . (\alpha + 1) \quad \text{et} \quad A' < A < A'',$$
$$B' = \omega . \beta \quad , \quad B'' = \omega . (\beta + 1) \quad \text{et} \quad B' < B < B''.$$

Prenons maintenant le rapport de A' à B'', puis celui de A'' à B', nous trouverons les deux nombres

$$\frac{\alpha}{\beta + 1} \qquad , \qquad \frac{\alpha + 1}{\beta} ;$$

ces deux rapports comprennent évidemment le rapport inconnu $\frac{m}{n}$ que nous supposons exister. Or le quotient de ces deux rapports est

$$\frac{\alpha + 1}{\beta} : \frac{\alpha}{\beta + 1} = \left(1 + \frac{1}{\alpha}\right)\left(1 + \frac{1}{\beta}\right),$$

et quand ω tend vers zéro, α et β croissent indéfiniment; par suite, ce quotient tend vers l'unité; par suite, les deux rapports ci-dessus ont une limite commune. Le rapport $\dfrac{m}{n}$ constamment compris entre eux est cette limite commune. D'ailleurs

$$\lim \frac{A'}{B'} = \lim \frac{\alpha}{\beta} = \lim \left[\frac{\alpha}{\beta + 1} \cdot \frac{\beta + 1}{\beta} \right]$$

$$= \lim \frac{\alpha}{\beta + 1} \cdot \lim \frac{\beta + 1}{\beta} = \frac{m}{n};$$

de même,

$$\lim \frac{A''}{B''} = \lim \frac{\alpha + 1}{\beta + 1} = \lim \left(\frac{\alpha + 1}{\beta} \cdot \frac{\beta}{\beta + 1} \right)$$

$$= \lim \frac{\alpha + 1}{\beta} \cdot \lim \frac{\beta}{\beta + 1} = \frac{m}{n}.$$

Donc nous pouvons dire que *le rapport $\dfrac{m}{n}$ de deux grandeurs est la limite du rapport de deux grandeurs variables quelconques commensurables, ayant respectivement A et B pour limites.*

151. GRANDEURS INCOMMENSURABLES. — Quand deux grandeurs n'ont pas de commune mesure, comme la diagonale et le côté d'un carré, on s'en aperçoit en appliquant le premier des procédés indiqués ci-dessus pour trouver la commune mesure de deux grandeurs. La série des opérations se continue indéfiniment; les reste successifs tendent vers zéro, sans jamais s'annuler.

On dit dans ce cas que les grandeurs sont *incommensurables* entre elles. En réalité, l'incommensurabilité est une conception purement théorique; car dans la pratique on arrivera toujours à un reste *nul* pour nos sens et nos moyens de mesure.

Lorsque deux grandeurs sont incommensurables entre elles, ou bien il faut dire qu'elles n'ont pas de *rapport*, ou bien il faut donner de ce mot une nouvelle définition.

Nous appellerons RAPPORT *de deux grandeurs* A *et* B *incommensurables la limite du rapport de deux grandeurs commensurables variables* A′ *et* B′ *ayant respectivement* A *et* B *pour limites.*

Pour que cette définition soit acceptable, il faut prouver :

1° Que cette limite existe;

2° Qu'elle est indépendante du mode de variation des grandeurs A′ et B′;

3° Que cette limite est le rapport $\dfrac{m}{n}$ des grandeurs A et B, quand elles sont commensurables.

1° CETTE LIMITE EXISTE.

Soit ω une grandeur de même nature que A et B, et soient

$$A' = \omega.\alpha \ , \ A'' = \omega.(\alpha + 1) \ \text{et} \ A' < A < A'',$$
$$B' = \omega.\beta \ , \ B'' = \omega.(\beta + 1) \ \text{et} \ B' < B < B''.$$

Considérons les deux rapports de A′ à B″, de A″ à B′.

$$\frac{\alpha}{\beta + 1} \qquad , \qquad \frac{\alpha + 1}{\beta},$$

α et β étant des nombres entiers.

Si ω tend vers zéro suivant une certaine loi, il arrivera un moment où les valeurs nouvelles de A′ et A″ se trouveront toutes deux comprises entre les anciennes valeurs, et les valeurs nouvelles de B′ et de B″ entre les anciennes valeurs de ces quantités. Les valeurs nouvelles des rapports ci-dessus seront donc comprises entre les valeurs primitives. Donc, quand ω tend vers zéro suivant une loi quelconque, les rapports ci-dessus restent finis.

Leur quotient est

$$\frac{\alpha+1}{\alpha} \cdot \frac{\beta+1}{\beta} = \left(1 + \frac{1}{\alpha}\right)\left(1 + \frac{1}{\beta}\right);$$

donc il tend vers l'unité quand ω tend vers zéro, car alors α et β croissent au delà de toute limite. Donc ces deux rapports ont une limite commune λ.   C. Q. F. D.

$2°$ Cette limite est indépendante du mode de variation de A′ et B′.

Considérons une nouvelle grandeur ω_1 donnant lieu à deux nouveaux rapports

$$\frac{\alpha_1}{\beta_1+1} \qquad , \qquad \frac{\alpha_1+1}{\beta_1}$$

variables suivant une loi nouvelle, et soit λ_1 la limite vers laquelle ils tendent.

Les diverses fractions $\frac{\alpha}{\beta+1}$ sont toutes inférieures non-seulement aux fractions $\frac{\alpha+1}{\beta}$, mais aux fractions $\frac{\alpha_1+1}{\beta_1}$. De même, les fractions $\frac{\alpha_1}{\beta_1+1}$ sont inférieures non-seulement aux fractions $\frac{\alpha_1+1}{\beta_1}$, mais encore aux fractions $\frac{\alpha+1}{\beta}$.

Cela posé, λ étant la limite des fractions $\frac{\alpha}{\beta+1}$ ne peut pas surpasser λ_1 qui est la limite des fractions supérieures $\dfrac{\alpha_1 + 1}{\beta_1}$. De même λ_1 étant la limite des fractions $\dfrac{\alpha_1}{\beta_1 + 1}$ ne peut pas surpasser λ qui est la limite des fractions supérieures $\dfrac{\alpha + 1}{\beta}$.

Donc $\lambda = \lambda_1$.   C. Q. F. D.

Nous voyons aussi que

$$\lim \frac{A'}{B'} = \lim \left(\frac{\alpha}{\beta}\right) = \lim \left[\frac{\alpha}{\beta + 1} \cdot \frac{\beta + 1}{\beta}\right] = \lim \frac{\alpha}{\beta + 1} \cdot \lim \frac{\beta + 1}{\beta}$$
$$= \lambda$$

$$\lim \frac{A''}{B''} = \lim \left(\frac{\alpha + 1}{\beta + 1}\right) = \lim \left[\frac{\alpha + 1}{\beta} \cdot \frac{\beta}{\beta + 1}\right] = \lim \frac{\alpha + 1}{\beta} \cdot \lim \frac{\beta}{\beta + 1}$$
$$= \lambda.$$

Nous n'avons donc pas besoin, dans la pratique, de prendre approximativement A et B l'un par défaut, l'autre par excès.

REMARQUE. — On pourrait prendre pour ω une partie aliquote de B et alors $B' = B'' = B$. Le raisonnement général que nous venons de faire subsiste et même il se simplifie.

3° CETTE LIMITE EST LE RAPPORT $\dfrac{m}{n}$ DES GRANDEURS, QUAND ELLES SONT COMMENSURABLES.

C'est ce que nous avons démontré dans le paragraphe précédent.

Notre définition est donc complétement justifiée.

152. THÉORÈME. — *Si une grandeur est fonction d'une autre et si l'on a démontré que deux valeurs A et B commensu-*

rables de la première sont dans le même rapport que les valeurs correspondantes a et b de la seconde, on peut affirmer que la proportion subsiste si A et B ne sont pas commensurables.

Si A et B ne sont pas commensurables, prenons la n^e partie aliquote de B et portons-la sur A, nous aurons, je suppose,

$$A' = \Omega.m \; , \; A'' = \Omega.(m+1) \text{ et } A' < A < A''.$$

Par hypothèse, quand B se réduit à sa n^e partie Ω, b se réduit aussi à sa n^e partie ω et a contiendra m fois ω, mais ne le contiendra pas $(m+1)$ fois; donc on aura aussi

$$a' = \omega.m \; , \; a'' = \omega(m+1) \text{ et } a' < a < a''.$$

On a donc

$$\frac{A'}{B} = \frac{a'}{b} = \frac{m}{n}.$$

Si Ω tend vers zéro, ω tendra aussi vers zéro et les deux rapports variables ne cesseront pas d'être égaux; donc

$$\lim \frac{A'}{B} = \lim \frac{a'}{b}.$$

Mais, *par définition,*

$$\lim \frac{A'}{B} = \frac{A}{B}; \; \lim \frac{a'}{b} = \frac{a}{b};$$

donc enfin

$$\frac{A}{B} = \frac{a}{b}.$$

C. Q. F. D.

CHAPITRE VI

DÉTERMINANTS. — PROPRIÉTÉS ÉLÉMENTAIRES.

§ I. — DÉTERMINANT DU SECOND ORDRE.

153. DÉFINITION. — Soit le tableau

$$\begin{vmatrix} a & b \\ a' & b' \end{vmatrix}$$

des quatre quantités a, b, a', b'. Prenons les deux lettres a, b; formons les deux permutations ab, — ba, en mettant le signe — devant la seconde; accentuons les dernières lettres de chaque permutation et faisons la somme algébrique des résultats; nous obtiendrons le binôme

$$ab' - ba'.$$

C'est ce binôme qu'on nomme *déterminant* des quatre éléments a, b, a', b'. On le désigne aussi par le tableau ci-dessus; donc, par définition :

$$\begin{vmatrix} a & b \\ a' & b' \end{vmatrix} = ab' - ba'.$$

On voit donc que *le déterminant de quatre nombres s'obtient en faisant la différence des produits des nombres en diagonales sur le tableau des quatre éléments.*

EXEMPLE : $\begin{vmatrix} 5 & 7 \\ 2 & 6 \end{vmatrix} = 5.6 - 7.2 = 30 - 14 = 16.$

154. PROPRIÉTÉS. — De la définition que nous venons

de donner du déterminant du second ordre résultent immédiatement diverses propriétés très-utiles dans les applications :

$$1° \qquad \begin{vmatrix} a & b \\ a' & b' \end{vmatrix} = ab' - ba' = \begin{vmatrix} a & a' \\ b & b' \end{vmatrix} ;$$

donc *le déterminant ne change pas quand on change les
lignes en colonnes et réciproquement ;*

$$2° \qquad \begin{vmatrix} am & b \\ a'm & b' \end{vmatrix} = m \begin{vmatrix} a & b \\ a' & b' \end{vmatrix} = \begin{vmatrix} am & bm \\ a' & b' \end{vmatrix} ;$$

donc *on multiplie un déterminant par* m *en multipliant par*
m *tous les nombres d'une colonne ou d'une ligne ;*

$$3° \qquad \begin{vmatrix} a & b \\ a' & b' \end{vmatrix} = ab' - ba' = -(ba' - ab') = - \begin{vmatrix} b & a \\ b' & a' \end{vmatrix}$$
$$= - \begin{vmatrix} a' & b' \\ a & b \end{vmatrix} ;$$

donc *un déterminant change de signe quand on intervertit
deux colonnes ou deux lignes ;*

$$4° \quad \begin{vmatrix} a + \alpha & b \\ a' + \alpha' & b' \end{vmatrix} = ab' - ba' + \alpha b' - b\alpha' = \begin{vmatrix} a & b \\ a' & b' \end{vmatrix} + \begin{vmatrix} \alpha & b \\ \alpha' & b' \end{vmatrix} .$$

De même,

$$\begin{vmatrix} a + \alpha & b + \beta \\ a' & b' \end{vmatrix} = ab' - ba' + \alpha b' - \beta a' = \begin{vmatrix} a & b \\ a' & b' \end{vmatrix} + \begin{vmatrix} \alpha & \beta \\ a' & b' \end{vmatrix} ;$$

donc, *si les termes d'une colonne ou d'une ligne sont les sommes
de deux nombres, le déterminant est la somme de deux autres
faciles à former ;*

$$5° \qquad \begin{vmatrix} a & a \\ b & b \end{vmatrix} = 0 = \begin{vmatrix} a & b \\ a & b \end{vmatrix} ;$$

donc *le déterminant s'annule quand deux colonnes ou deux*

lignes deviennent identiques;

6° $\qquad \begin{vmatrix} 0 & b \\ 0 & b' \end{vmatrix} = 0 = \begin{vmatrix} 0 & 0 \\ a' & b' \end{vmatrix};$

donc *le déterminant s'annule si les éléments d'une colonne ou d'une ligne se réduisent tous à zéro;*

7° $\qquad \begin{vmatrix} a & b+k \\ a & b'+k \end{vmatrix} = \begin{vmatrix} a & b \\ a & b' \end{vmatrix} + \begin{vmatrix} a & k \\ a & k \end{vmatrix} = \begin{vmatrix} a & b \\ a & b' \end{vmatrix}.$

Et aussi

$$\begin{vmatrix} a & a \\ a'+k & b'+k \end{vmatrix} = \begin{vmatrix} a & a \\ a' & b' \end{vmatrix} + \begin{vmatrix} a & a \\ k & k \end{vmatrix} = \begin{vmatrix} a & a \\ a' & b' \end{vmatrix};$$

donc, *si les éléments d'une colonne ou d'une ligne sont identiques, on peut augmenter d'une quantité arbitraire les éléments de la ligne parallèle;*

8° $\quad \begin{vmatrix} a+b & b \\ a'+b' & b' \end{vmatrix} = \begin{vmatrix} a & b \\ a' & b' \end{vmatrix} + \begin{vmatrix} b & b \\ b' & b' \end{vmatrix} = \begin{vmatrix} a & b \\ a' & b' \end{vmatrix};$

et aussi

$$\begin{vmatrix} a+a' & b+b' \\ a' & b' \end{vmatrix} = \begin{vmatrix} a & b \\ a' & b' \end{vmatrix} + \begin{vmatrix} a' & b' \\ a' & b' \end{vmatrix} = \begin{vmatrix} a & b \\ a' & b' \end{vmatrix};$$

donc *un déterminant ne change pas quand on ajoute ou qu'on retranche aux éléments d'une colonne ou d'une ligne les éléments correspondants de la ligne parallèle.*

155. TRANSFORMATIONS D'UN DÉTERMINANT. — Les propriétés précédentes permettent de simplifier le calcul des déterminants et de les transformer en d'autres équivalents.

EXEMPLE I.

$$\begin{vmatrix} 25 & 26 \\ 27 & 28 \end{vmatrix} = \begin{vmatrix} 25 & 1 \\ 27 & 1 \end{vmatrix} \quad \ldots \quad 8^e \text{ propriété.}$$

$$= \begin{vmatrix} 0 & 1 \\ 2 & 1 \end{vmatrix} \quad \ldots \quad 7^e \text{ propriété.}$$

$$= -2.$$

EXEMPLE II.

$$\begin{vmatrix} a & a+r \\ a' & a'+r \end{vmatrix} = \begin{vmatrix} a & r \\ a' & r \end{vmatrix} \quad \ldots \quad 8^e \text{ propriété.}$$

$$= r \begin{vmatrix} a & 1 \\ a' & 1 \end{vmatrix} \quad \ldots \quad 2^e \text{ propriété.}$$

$$= r(a-a').$$

§ II. — DÉTERMINANT DU TROISIÈME ORDRE.

156. DÉFINITION. — Soit le tableau de neuf éléments

$$\begin{vmatrix} a & b & c \\ a' & b' & c' \\ a'' & b'' & c'' \end{vmatrix}$$

1° Écrivons avec leurs signes les deux permutations relatives aux deux lettres a, b, nous aurons :

$$ab - ba.$$

2° Introduisons la troisième lettre c à toutes les places possibles, en ayant soin de changer de signe chaque fois que c avance d'un rang vers la gauche, nous aurons les six résultats suivants :

$$+abc \quad -acb \quad +cab \qquad \text{venant de } ab,$$
$$-bac \quad +bca \quad -cba \qquad \text{venant de } ba.$$

5° Accentuons une fois la seconde lettre, deux fois la troisième; faisons la somme algébrique des résultats, nous aurons :

$$ab'c'' - ac'b'' + ca'b'' - ba'c'' + bc'a'' - cb'a''.$$

C'est ce polynôme qu'on nomme *déterminant* des neuf éléments du tableau ci-dessus. On le désigne aussi par ce tableau ; donc, par définition,

$$\begin{vmatrix} a & b & c \\ a' & b' & c' \\ a'' & b'' & c'' \end{vmatrix} = ab'c'' - ac'b'' + ca'b'' - ba'c'' + bc'a'' - cb'a''.$$

157. CALCUL DU DÉTERMINANT DU TROISIÈME ORDRE. — Quand les éléments d'un déterminant sont numériques, ou qu'ils ne présentent pas la disposition symétrique précédente, on en fait le calcul facilement par la règle suivante, due à Sarrus, professeur à la faculté de Strasbourg.

A la suite des trois colonnes du déterminant, écrivons de nouveau les deux premières, nous formerons le tableau suivant :

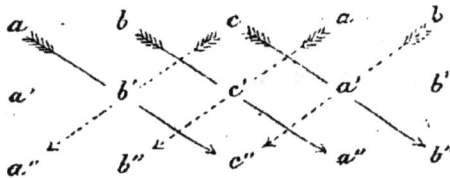

Les trois diagonales marquées par les flèches qui vont de gauche à droite donnent les termes positifs, les trois diagonales marquées par les flèches qui vont de droite à gauche donnent les termes négatifs.

On peut se dispenser d'écrire les colonnes supplémentaires en suivant les flèches courbes des tableaux suivants :

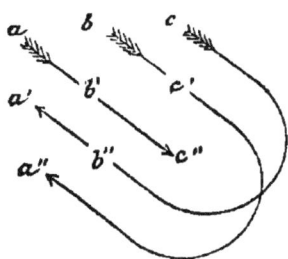

Termes positifs.

$ab'c'' + bc'a'' + ca'b''$

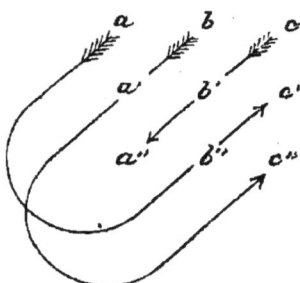

Termes négatifs.

$- ac'b'' - ba'c'' - cb'a''.$

La règle de Sarrus est d'un emploi fréquent dans les applications numériques ; c'est la plus commode pour le calcul direct d'un déterminant.

EXEMPLE.

$$\begin{vmatrix} 1 & 2 & 3 \\ 4 & 5 & 6 \\ 7 & 8 & 9 \end{vmatrix} = 5.9 + 2.6.7 + 3.8.4 - 8.6 - 2.4.9 - 3.5.7$$
$$= 225 - 225 = 0.$$

158. Propriétés du déterminant du 3ᵉ ordre. — La définition donnée du déterminant du troisième ordre va nous permettre de généraliser les propriétés du déterminant du second ordre.

Théorème I. — *Un déterminant du 3ᵉ ordre est la somme algébrique de trois termes proportionnels aux trois éléments d'une colonne ou d'une ligne ; et les multiplicateurs de ces éléments sont les déterminants du 2ᵉ ordre qu'on obtient en barrant la ligne et la colonne qui se croisent sur l'élément considéré.*

En effet, on a identiquement :

$$ab'c'' - ac'b'' + ca'b'' - ba'c'' + bc'a'' - cb'a''$$
$$= \quad a\,(b'c'' - c'b'') - b\,(a'c'' - c'a'') + c\,(a'b'' - b'a'')$$
$$= -a'\,(b\,c'' - c\,b'') + b'\,(a\,c'' - c\,a'') - c'\,(a\,b'' - b\,a'')$$
$$= \quad a''(bc' - c\,b') - b''(a\,c' - c\,a') + c''(a\,b' - b\,a')$$
$$= \quad a\,(b'c'' - c'b'') - a'\,(b\,c'' - c\,b'') + a''(b\,c' - c\,b')$$
$$= -b\,(a'c'' - c'a'') + b'\,(a\,c'' - c\,a'') - b''(a\,c' - c\,a')$$
$$= \quad c\,(a'b'' - b'a'') - c'\,(a\,b'' - b\,a'') + c''(a\,b' - b\,a')\,;$$

la proposition est donc démontrée.

REMARQUE. — Les déterminants du 2° ordre sont appelés *mineurs* relativement aux déterminants du 3° ordre.

Les signes des coefficients placés devant les déterminants mineurs sont donnés par le tableau suivant, facile à former :

$$\begin{vmatrix} + & a & - & b & + & c \\ - & a' & + & b' & - & c' \\ + & a'' & - & b'' & + & c'' \end{vmatrix};$$

les termes des diagonales sont positifs; ceux des lignes et des colonnes sont alternativement positifs et négatifs.

THÉORÈME II. — *Un déterminant ne change pas quand on change les lignes en colonnes et réciproquement.*

En effet,

$$\begin{vmatrix} a & b & c \\ a' & b' & c' \\ a'' & b'' & c'' \end{vmatrix} = a\begin{vmatrix} b' & c' \\ b'' & c'' \end{vmatrix} - b\begin{vmatrix} a' & c' \\ a'' & c'' \end{vmatrix} + c\begin{vmatrix} a' & b' \\ a'' & b'' \end{vmatrix}. \quad \text{(Théor. I.)}$$

Mais, en vertu des propriétés du déterminant du second ordre, on peut écrire

$$\begin{vmatrix} a & b & c \\ a' & b' & c' \\ a'' & b'' & c'' \end{vmatrix} = a\begin{vmatrix} b' & b'' \\ c' & c'' \end{vmatrix} - b\begin{vmatrix} a' & a'' \\ c' & c'' \end{vmatrix} + c\begin{vmatrix} a' & a'' \\ b' & b'' \end{vmatrix}.$$

D'un autre côté,

$$\begin{vmatrix} a & a' & a'' \\ b & b' & b'' \\ c & c' & c'' \end{vmatrix} = a \begin{vmatrix} b' & b'' \\ c' & c'' \end{vmatrix} - b \begin{vmatrix} a' & a'' \\ c' & c'' \end{vmatrix} + c \begin{vmatrix} a' & a'' \\ b' & b'' \end{vmatrix} \quad \text{(Théor. I.)}$$

Donc le théorème est démontré.

THÉORÈME III. — *On multiplie un déterminant par* m *en multipliant par* m *tous les éléments d'une ligne ou d'une colonne.*

Le théorème devient évident si l'on développe le déterminant suivant les termes de la ligne ou de la colonne où l'on a introduit le facteur *m*.

THÉORÈME IV. — *Le déterminant change de signe quand on intervertit deux lignes ou deux colonnes.*

En effet, si l'on développe le déterminant suivant les termes de l'une des lignes ou des colonnes interverties, on voit qu'après l'inversion les termes du développement ont gardé les mêmes valeurs, mais ont changé de signes. (Voir la remarque relative aux signes dans ce développement.)

THÉORÈME V. — *Si les termes d'une ligne ou d'une colonne sont chacun somme de deux éléments, le déterminant peut être regardé comme la somme de deux autres.*

En effet,

$$\begin{vmatrix} a+\alpha & b & c \\ a'+\alpha' & b' & c' \\ a''+\alpha'' & b'' & c'' \end{vmatrix} = (a+\alpha)\begin{vmatrix} b' & c' \\ b'' & c'' \end{vmatrix} - (a'+\alpha')\begin{vmatrix} b & c \\ b'' & c'' \end{vmatrix}$$

$$+ (a''+\alpha'')\begin{vmatrix} b & c \\ b' & c' \end{vmatrix}$$

$$= a\begin{vmatrix} b' & c' \\ b'' & c'' \end{vmatrix} - a'\begin{vmatrix} b & c \\ b'' & c'' \end{vmatrix} + a''\begin{vmatrix} b & c \\ b' & c' \end{vmatrix}$$

$$+ \alpha \begin{vmatrix} b' & c' \\ b'' & c'' \end{vmatrix} - \alpha' \begin{vmatrix} b & c \\ b'' & c'' \end{vmatrix} + \alpha'' \begin{vmatrix} b & c \\ b' & c' \end{vmatrix}$$

$$= \begin{vmatrix} a & b & c \\ a' & b' & c' \\ a'' & b'' & c'' \end{vmatrix} + \begin{vmatrix} \alpha & b & c \\ \alpha' & b' & c' \\ \alpha'' & b'' & c'' \end{vmatrix}.$$

C. Q. F. D.

On démontrerait semblablement le théorème, si les éléments d'une ligne étaient chacun la somme de deux éléments.

THÉORÈME VI. — *Un déterminant est nul si deux colonnes ou deux lignes sont identiques.*

En effet,

$$\begin{vmatrix} a & b & a \\ a' & b' & a' \\ a'' & b'' & a'' \end{vmatrix} = - b \begin{vmatrix} a' & a' \\ a'' & a'' \end{vmatrix} + b' \begin{vmatrix} a & a \\ a'' & a'' \end{vmatrix} - b'' \begin{vmatrix} a & a \\ a' & a' \end{vmatrix}.$$

$$= 0. \qquad (154) \qquad \text{C. Q. F. D.}$$

THÉORÈME VII. — *Un déterminant est nul, si les éléments d'une colonne ou d'une ligne sont nuls.*

La proposition devient évidente si l'on ordonne le déterminant par rapport aux éléments de cette colonne ou de cette ligne.

THÉORÈME VIII. — *Si un déterminant renferme une ligne ou une colonne à éléments identiques, on peut ajouter une quantité arbitraire aux éléments d'une parallèle, sans changer le déterminant.*

En effet,

$$\begin{vmatrix} a + k & b & c \\ a' + k & b' & c \\ a'' + k & b'' & c \end{vmatrix} = \begin{vmatrix} a & b & c \\ a' & b' & c \\ a'' & b'' & c \end{vmatrix} + \begin{vmatrix} k & b & c \\ k & b' & c \\ k & b'' & c \end{vmatrix}.$$

Or, en ordonnant le dernier déterminant par rapport aux éléments $b\,b'\,b''$, on voit qu'il est identiquement nul; donc

$$\begin{vmatrix} a+k & b & c \\ a'+k & b' & c \\ a''+k & b'' & c \end{vmatrix} = \begin{vmatrix} a & b & c \\ a' & b' & c \\ a'' & b'' & c \end{vmatrix}.$$

Théorème IX. — *Un déterminant ne change pas quand on ajoute aux éléments d'une colonne ou d'une ligne les éléments d'une parallèle, multipliés respectivement par une même quantité.*

En effet:

$$\begin{vmatrix} a+mc & b & c \\ a'+mc' & b' & c' \\ a''+mc'' & b'' & c'' \end{vmatrix} = \begin{vmatrix} a & b & c \\ a' & b' & c' \\ a'' & b'' & c'' \end{vmatrix} + m\begin{vmatrix} c & b & c \\ c' & b' & c' \\ c'' & b'' & c'' \end{vmatrix}.$$

Or le dernier déterminant est nul, puis qu'il a deux colonnes identiques.

Théorème X. — *Un déterminant est nul s'il renferme deux colonnes ou deux lignes à éléments identiques dans chacune, ces éléments pouvant être différents pour les deux colonnes ou les deux lignes.*

En effet :

$$\begin{vmatrix} a & b & c \\ a & b' & c \\ a & b'' & c \end{vmatrix} = ac\begin{vmatrix} 1 & b & 1 \\ 1 & b' & 1 \\ 1 & b'' & 1 \end{vmatrix} = 0. \quad \text{(Théorème VI.)}$$

159. Application. — Les propriétés précédentes permettent de transformer un déterminant en d'autres équivalents et facilitent aussi le calcul de leur valeur.

EXEMPLE I.

$$\begin{vmatrix} 2 & 3 & 4 \\ 5 & 6 & 7 \\ 8 & 9 & 10 \end{vmatrix} = \begin{vmatrix} 2 & 3 & 4 \\ 3 & 3 & 3 \\ 3 & 3 & 3 \end{vmatrix} = 0. \quad \text{(Théorème IX.)}$$

EXEMPLE II.

$$\begin{vmatrix} x & y & 1 \\ x' & y' & 1 \\ x'' & y'' & 1 \end{vmatrix} = \begin{vmatrix} x & y & 1 \\ x'-x & y'-y & 0 \\ x''-x & y''-y & 0 \end{vmatrix}. \quad \text{(Théorème IX.)}$$

$$= \begin{vmatrix} x'-x & y'-y \\ x''-x & y''-y \end{vmatrix}.$$

EXEMPLE III.

$$\begin{vmatrix} 1 & a & a^2 \\ 1 & b & b^2 \\ 1 & c & c^2 \end{vmatrix} = \begin{vmatrix} 0 & a-b & a^2-b^2 \\ 0 & b-c & b^2-c^2 \\ 1 & c & c^2 \end{vmatrix} = \begin{vmatrix} a-b & a^2-b^2 \\ b-c & b^2-c^2 \end{vmatrix}$$

$$= (a-b)(b-c) \begin{vmatrix} 1 & a+b \\ 1 & b+c \end{vmatrix} = (a-b)(b-c)(c-a).$$

160. Il faut remarquer que les propriétés du déterminant du 3ᵉ ordre sont des corollaires dé sa décomposition
en mineurs du 2ᵉ ordre.

§ III. — DÉTERMINANT DU QUATRIÈME ORDRE.

161. DÉFINITION. — Écrivons avec leurs signes les
diverses permutations des trois lettres a, b, c dont nous
avons tiré le déterminant du 3ᵉ ordre, nous aurons :

$$+ abc - acb + cab - bac + bca - cba.$$

Introduisons la lettre d à toutes les places possibles dans

chacune de ces permutations, en ayant soin de changer de
signe, chaque fois que d avance d'un rang vers la gauché;
nous aurons les 24 résultats suivants :

$$+ \; abcd \; - \; acbd \; + \; cabd \; - \; bacd \; + \; bcad \; - \; cbad,$$
$$- \; abdc \; + \; acdb \; - \; cadb \; + \; badc \; - \; bcda \; + \; cbda,$$
$$+ \; adbc \; - \; adcb \; + \; cdab \; - \; bdac \; + \; bdca \; - \; cdba,$$
$$- \; dabc \; + \; dacb \; - \; dcab \; + \; dbac \; - \; dbca \; + \; dcba,$$

chacune des *colonnes* dérivant de la permutation correspondante ci-dessus.

Mettons maintenant un accent à la seconde lettre, deux
accents à la troisième, trois accents à la quatrième; faisons la somme algébrique des résultats, nous aurons le
déterminant des 16 quantités renfermées dans le tableau
suivant :

$$\begin{vmatrix} a & b & c & d \\ a' & b' & c' & d' \\ a'' & b'' & c'' & d'' \\ a''' & b''' & c''' & d''' \end{vmatrix}.$$

Ce tableau sert aussi à le désigner; on a donc, par définition,

$$\begin{vmatrix} a & b & c & d \\ a' & b' & c' & d' \\ a'' & b'' & c'' & d'' \\ a''' & b''' & c''' & d''' \end{vmatrix} =$$

$$ab'c''d''' - ac'b''a''' + ca'b''d''' - ba'c''d''' + bc'a''d''' - cb'a''d'''$$
$$- ab'd''c''' + ac'd''b''' - ca'd''b''' + ba'd''c''' - bc'd''a''' + cb'd''a'''$$
$$+ ad'b''c''' - ad'c''b''' + cd'a''b''' - bd'a''c''' + bd'c''a''' - cd'b''a'''$$
$$- da'b''c''' + da'c''b''' - dc'a''b''' + db'a''c''' - db'c''a''' + dc'b''a'''.$$

On voit que le développement d'un déterminant du

4° ordre est une opération laborieuse ; mais les propriétés dont il jouit permettent de simplifier cette opération ; il importe donc de les connaître.

162. PROPRIÉTÉS DU DÉTERMINANT DU QUATRIÈME ORDRE. — Nous avons vu que les propriétés du déterminant du troisième ordre sont des conséquences de sa décomposition en mineurs du 2e ordre. Nous allons montrer que le déterminant du 4e ordre est décomposable en mineurs du 3° ordre suivant la même règle. Il en résultera que toutes les propriétés du déterminant du 3° ordre s'étendent à celui du 4e ordre.

Or : 1° il est évident, d'après la loi de formation ci-dessus, que

$$\begin{vmatrix} a & b & c & d \\ a' & b' & c' & d' \\ a'' & b'' & c'' & d'' \\ a''' & b''' & c''' & d''' \end{vmatrix} =$$

$$d''' \begin{vmatrix} a & b & c \\ a' & b' & c' \\ a'' & b'' & c'' \end{vmatrix} - d'' \begin{vmatrix} a & b & c \\ a' & b' & c' \\ a''' & b''' & c''' \end{vmatrix} + d' \begin{vmatrix} a & b & c \\ a'' & b'' & c'' \\ a''' & b''' & c''' \end{vmatrix}$$

$$- d \begin{vmatrix} a' & b' & c' \\ a'' & b'' & c'' \\ a''' & b''' & c''' \end{vmatrix}.$$

2° Supposons maintenant que l'on veuille ordonner suivant les termes d'une ligne, par exemple la première $abcd$. Nous développerons les trois premiers mineurs du développement précédent suivant les termes a, b, c des premières lignes, et si, pour abréger, nous désignons les déterminants par leurs diagonales mises entre parenthèse, nous aurons

$$(ab'c''d''') = d'''[a(b'c'') - b(a'c'') + c(a'b'')];$$
$$- d''[a(b'c''') - b(a'c''') + c(a'b''')];$$
$$+ d'[a(b''c''') - b(a''c''') + c(a''b''')];$$
$$- d(a'b''c''');$$
$$= a[d'''(b'c'') - d''(b'c''') + d'(b''c''')];$$
$$- b[d'''(a'c'') - d''(a'c''') + d'(a''c''')];$$
$$+ c[d'''(a'b'') - d''(a'b''') + d'(a''b''')];$$
$$- d(a'b''d''');$$
$$= a(b'c''d''') - b(a'c''d''') + c(a'b''d''') - d(a'b''c''').$$

Donc *le déterminant du* 4° *ordre se développe en mineurs du* 3° *ordre suivant la même règle qui sert à développer ce dernier en mineurs du second ordre.*

On peut donc affirmer que le déterminant du 4° ordre jouit des propriétés du déterminant du 3° ordre et ces propriétés sont aussi celles d'un déterminant d'ordre quelconque.

163. Produit de deux déterminants. — Soient les trois déterminants

$$\Delta = \begin{vmatrix} a & b & c \\ a' & b' & c' \\ a'' & b'' & c'' \end{vmatrix} \qquad \Delta' = \begin{vmatrix} m & p & q \\ m' & p' & q' \\ m'' & p'' & q'' \end{vmatrix}.$$

$$D = \begin{vmatrix} am+bp+cq & am'+bp'+cq' & am''+bp''+cq'' \\ a'm+b'p+c'q & a'm'+b'p'+c'q' & a'm''+b'p''+c'b'' \\ a''m+b''p+c''q & a''m'+b''p'+c''q' & a''m''+b''p''+c''q'' \end{vmatrix}$$

Développons D en sommes de déterminants plus simples dont les colonnes seront chacune dans l'un des groupes différents qui composent D ; nous obtiendrons une somme de déterminants tels que

$$\begin{vmatrix} a\,m & b\,p' & a\,m'' \\ a'\,m & b'\,p' & a'\,m'' \\ a''m & b''p' & a''m'' \end{vmatrix} = mp'm'' \begin{vmatrix} a & b & a \\ a' & b' & a' \\ a'' & b'' & a'' \end{vmatrix} \; ;$$

plusieurs seront nuls, d'après les propriétés énoncées plus haut, et l'on aura enfin

$$D = M\Delta,$$

M étant un polynôme entier formé des éléments de Δ'.

Changeons maintenant dans D les lignes en colonnes et réciproquement, développons de nouveau comme précédemment, il viendra :

$$D = A\Delta',$$

A étant un polynôme entier formé des éléments de Δ seulement. Donc

$$M\Delta = A\Delta',$$

et cette égalité est une identité.

Il résulte de là que le polynôme Δ' doit diviser M ; donc

$$M = \lambda\Delta'.$$

λ étant un coefficient numérique indépendant des éléments de Δ et des éléments de Δ'. Donc

$$D = \lambda\Delta\Delta'.$$

Mais dans le déterminant D il y a l'élément $aa'a''\,mm'm''$ et dans le produit $\Delta\Delta'$ il y a aussi le même élément; donc l'identité précédente ne peut avoir lieu que si $\lambda = 1$; donc enfin

$$D = \Delta\Delta'.$$

RÈGLE. — *Si l'on nomme produit des deux lignes*

$$a \quad b \quad c,$$
$$m \quad p \quad q,$$

la somme $am + bp + cq$, *on peut dire que le produit de deux déterminants est un déterminant dont les colonnes s'obtiennent en multipliant les lignes du premier par chacune des lignes du second.*

EXERCICES SUR LES DÉTERMINANTS.

(1) $$\begin{vmatrix} a+r & a+2r & a+3r \\ a+4r & a+5r & a+6r \\ a+7r & a+8r & a+9r \end{vmatrix} = \begin{vmatrix} a+r & a+2r & a+3r \\ 3r & 3r & 3r \\ 6r & 6r & 6r \end{vmatrix}$$

(2) $$= 18r^2 \begin{vmatrix} a+r & a+2r & a+3r \\ 1 & 1 & 1 \\ 1 & 1 & 1 \end{vmatrix} = 0,$$

(3) $$\begin{vmatrix} 5 & 6 & 7 \\ 8 & 9 & 10 \\ 11 & 12 & 13 \end{vmatrix} = \begin{vmatrix} 5 & 6 & 7 \\ 3 & 3 & 3 \\ 6 & 6 & 6 \end{vmatrix} = 0,$$

(4) $$\begin{vmatrix} 1 & a & a^2 \\ a^3 & a^4 & a^5 \\ a^6 & a^7 & a^8 \end{vmatrix} = a^9 \begin{vmatrix} 1 & a & a^2 \\ 1 & a & a^2 \\ 1 & a & a^2 \end{vmatrix} = 0,$$

(5) $$\begin{vmatrix} a^m & a^{m+1} & a^{m+2} \\ b^m & b^{m+1} & b^{m+2} \\ c^m & c^{m+1} & c^{m+2} \end{vmatrix} = a^m b^m c^m \begin{vmatrix} 1 & a & a^2 \\ 1 & b & b^2 \\ 1 & c & c^2 \end{vmatrix}$$

$$= a^m b^m c^m (a-b)(b-c)(c-a),$$

(6) $$\begin{vmatrix} 1 & 0 & 0 & 0 \\ a & 1 & 0 & 0 \\ a^2 & a & 1 & 0 \\ a^3 & a^2 & a & 1 \end{vmatrix} = \begin{vmatrix} 1 & 0 & 0 \\ a & 1 & 0 \\ a^2 & a & 1 \end{vmatrix} = \begin{vmatrix} 1 & 0 \\ a & 1 \end{vmatrix} = 1,$$

(7) $$\begin{vmatrix} A & B & D \\ B & C & E \\ D & E & F \end{vmatrix} = ACF + 2BDE - AE^2 - FB^2 - CD^2.$$

CHAPITRE VII

ÉQUATIONS EN GÉNÉRAL. — ÉQUATIONS DU PREMIER DEGRÉ.

I. — DÉFINITIONS.

164. ÉGALITÉ. — On nomme *égalité* l'ensemble de deux expressions numériques ou algébriques séparées par le signe = (égal).

L'expression située à gauche du signe = se nomme le *premier membre* de l'égalité, l'autre est le *second membre*. Comme on peut lire et écrire une égalité en sens inverse, on peut considérer le second membre comme étant le premier et réciproquement.

165. IDENTITÉ. — On nomme *identité* une égalité évidente ou qui le devient à la suite d'opérations effectuées sur les symboles qui entrent dans les deux membres. Toute identité peut se mettre sous la forme $A = A$ après des transformations convenables. Nous avons vu dans les chapitres précédents un grand nombre d'identités, et le but principal des règles du calcul algébrique est d'établir une série d'identités fondamentales d'un usage fréquent.

Nous regarderons comme évidents les principes suivants, dont nous avons fait usage :

1° *Si l'on exécute la même opération sur chacun des membres d'une identité, on obtient une nouvelle identité;*

2° *Si l'on combine membre à membre deux ou plusieurs*

*identités par addition, soustraction, multiplication ou division,
on obtient une nouvelle identité.*

166. Équation. — On nomme *équation* une égalité renfermant une ou plusieurs inconnues, comme

$$3x = 12,$$
$$5x + 3y = 11.$$

Ces égalités sont les énoncés de problèmes abstraits,
car elles expriment, non pas que le premier membre est
identique au second, mais *qu'il s'agit de déterminer pour les
symboles x, y . . ., des valeurs telles qu'il y ait identité entre
les deux membres des égalités.*

Résoudre une équation, c'est déterminer la valeur de
l'inconnue, ou les valeurs des inconnues qui rendent le
premier membre identique au second.

On nomme *système d'équations* plusieurs équations qu'il
faut résoudre simultanément par les mêmes valeurs des
inconnues. Ainsi

$$3x + 5y = 55,$$
$$7x + y = 3$$

forment un système de deux équations à deux inconnues
que l'on résout en posant

$$x = 1 \quad , \quad y = 10.$$

On dit que deux équations sont *équivalentes* quand elles
sont satisfaites toutes deux par les mêmes valeurs des inconnues.

On dit qu'un système d'équations est *équivalent* à un
autre, quand ils admettent les mêmes solutions.

On dit qu'on *n'altère* pas une équation par une opération, quand on passe à une autre équivalente par cette opération.

On *n'altère* pas un système d'équations par une opération, quand on passe à un autre système équivalent, par cette opération.

§ II. — PRINCIPES GÉNÉRAUX SUR LES ÉQUATIONS.

167. Théorème. — *Si l'on ajoute ou si l'on retranche deux quantités identiques aux deux membres d'une équation, on obtient une nouvelle équation équivalente à la première.*

En effet, soient les équations

$$(1) \qquad A = B,$$
$$(2) \qquad A + m = B + m,$$

m étant une quantité positive ou négative.

1° Les valeurs des inconnues qui rendent A identique à B rendent évidemment $A + m$ identique à $B + m$.

2° Comme l'équation (1) se déduit de l'équation (2) par une opération semblable à celle qui fait passer de l'équation (1) à l'équation (2), les valeurs des inconnues qui rendent $A + m$ identique à $B + m$ rendent certainement A identique à B.

Donc les deux équations (1) et (2) sont équivalentes.

C. Q. F. D.

168. Corollaire I. — *On peut faire passer un terme d'un membre dans un autre en changeant son signe.*

En effet, de l'équation

$$A + B - C = D,$$

on déduit successivement, par l'application du théorème

précédent,

$$A + B = D + C,$$
$$A = D + C - B.$$

169. Corollaire II. — *On peut toujours réduire à zéro l'un des membres d'une équation.*

Il suffit en effet de faire passer tous les termes dans un même membre.

170. Théorème. — *Si l'on multiplie ou si l'on divise les deux membres d'une équation par une même quantité différente de zéro ou de l'infini, on obtient une nouvelle équation équivalente à la première.*

En effet, soient les deux équations

(1) $A = 0,$
(2) $Am = 0.$

1° Les valeurs des inconnues qui rendent A identique à zéro rendent évidemment Am identique à zéro, si m n'est pas infini.

2° L'équation (1) se déduit de l'équation (2) en multipliant les deux membres de cette dernière par $\dfrac{1}{m}$. Donc les valeurs des inconnues qui rendent Am identique à zéro rendent A identique à zéro, si $\dfrac{1}{m}$ n'est pas infini, c'est-à-dire si m n'est pas nul.

Donc les équations (1) et (2) sont bien équivalentes.

171. Remarque. — La restriction relative à m est très-importante.

On est souvent amené, dans le cours des calculs, à multiplier ou à diviser les deux membres d'une équation par une expression algébrique contenant les inconnues. La nouvelle équation ne sera pas, dans ce cas, *toujours* équivalente à la première. En effet, admettons que $x = \alpha$ satisfasse à l'équation

$$Am = 0,$$

et en même temps annule m, elle n'annulera pas nécessairement A, donc elle ne sera pas nécessairement solution de l'équation $A = 0$. — Inversement, supposons que $x = \beta$ annule A et qu'en même temps ce nombre rende m infini, on ne pourra pas affirmer qu'il annule Am.

Comme exemple, considérons l'équation

$$x - 1 = 0.$$

Multiplions les deux membres par $x + 1$, nous aurons l'équation

$$x^2 - 1 = 0.$$

Cette dernière est satisfaite par $x = -1$, qui ne satisfait pas à la première. Cela tient à ce que le multiplicateur $x + 1$ devient nul pour $x = -1$.

Considérons encore l'équation $x - 1 = 0$, et divisons les deux membres par $x^3 - 1$, nous aurons l'équation

$$\frac{1}{x^2 + x + 1} = 0.$$

Or la solution $x = 1$ de la première ne satisfait pas à la seconde. Cela tient à ce que le multiplicateur $\dfrac{1}{x^3 - 1}$ devient infini pour $x = 1$.

Il faudra donc, après la résolution d'une équation, voir

si les multiplicateurs dont on s'est servi deviennent nuls ou infinis, avant de conclure que les solutions trouvées sont les solutions de l'équation primitive.

172. THÉORÈME. — *Si une équation présente des dénominateurs, on peut la remplacer par une autre équivalente qui n'en renferme pas.*

En effet, on peut réduire tous les termes, sans exception, au même dénominateur. On choisira, bien entendu, le plus simple, dans les applications.

On multipliera ensuite les deux membres de l'équation par ce dénominateur commun, ce qui revient à le supprimer.

Si ce dénominateur commun est indépendant de l'inconnue, ou des inconnues, l'équation finale sera évidemment équivalente à la première, d'après les principes précédents.

Si le dénominateur commun contient l'inconnue ou les inconnues, voici les précautions à prendre pour avoir une équation équivalente, sans dénominateur : on fera passer tous les termes dans le premier membre et, en nommant V le dénominateur commun, l'équation prendra la forme

$$\frac{U}{V} = 0.$$

Admettons que les solutions de l'équation $V = 0$ soient toutes différentes des solutions de l'équation $U = 0$; dans ce cas, l'équation

$$U = 0$$

sera équivalente à l'équation ci-dessus et n'aura pas de dénominateurs.

EXEMPLE.

Soit l'équation

$$\frac{3+x}{3-x} - \frac{2+x}{2-x} - \frac{1+x}{1-x} = 1.$$

Réduisons tous les termes au même dénominateur, il viendra

$$0 = \frac{(3+x)(2-x)(1-x) - (2+x)(3-x)(1-x) - (1+x)(3-x)(2-x) - (1-x)(2-x)(3-x)}{(1-x)(2-x)(3-x)}$$

ou bien, en exécutant les calculs,

$$\frac{4(2x-3)}{(1-x)(2-x)(3-x)} = 0.$$

On voit que le dénominateur et le numérateur n'ont pas de facteur commun en x; donc on peut faire disparaître le dénominateur commun et l'équation

$$2x - 3 = 0$$

est équivalente à la première.

Si au contraire U et V avaient un commun diviseur φ, fonction entière des inconnues, l'équation $\dfrac{U}{V} = 0$ prendrait la forme

$$\frac{U'\varphi}{V'\varphi} = 0,$$

U' et V' étant les quotients de U et V par φ. On voit alors que l'équation

$$U'\varphi = 0$$

ne serait pas équivalente à

$$\frac{U'\varphi}{V'\varphi} = \frac{U'}{V'} = 0,$$

car les solutions de $\varphi = 0$ n'annulent pas cette dernière. On devra donc réduire $\dfrac{U}{V}$ à sa plus simple expression avant de supprimer le dénominateur.

173. Corollaire. — Si une équation à une inconnue ne renferme pas de radicaux sous lesquels cette inconnue se trouve, en d'autres termes si l'équation est *rationnelle* par rapport à l'inconnue, elle pourra, après l'évanouissement des dénominateurs, se mettre sous la forme suivante d'un polynôme en x égalé à zéro :

$$A x^m + B x^{m-1} + C x^{m-2} + \ldots + R x + S = 0,$$

$A, B, C \ldots R, S$ étant des expressions littérales ou numériques, positives ou négatives.

On nomme *degré* d'une équation à une inconnue le degré m du polynôme qui forme le premier membre, quand l'équation a été ramenée à cette forme.

Plus généralement, si une équation est rationnelle par rapport aux inconnues qu'elle renferme, on pourra la ramener, après l'évanouissement des dénominateurs, à un polynôme, entier par rapport à ces inconnues et égalé à zéro. Le degré d'un terme s'obtient en ajoutant les exposants des inconnues qu'il renferme; la somme la plus élevée est le degré du polynôme et aussi de l'équation.

D'après cela, on peut dire que

$$ax + b = 0$$

est la forme générale des équations du premier degré à une inconnue. L'équation

$$ax + by + c = 0$$

est de même la forme générale des équations du premier degré à deux inconnues.

L'équation

$$Ax^2 + 2Bxy + Cy^2 + 2Dx + 2Ey + F = 0$$

est du second degré.

L'équation

$$4x^2y + y^2 + xy - 1 = 0$$

est du 3ᵉ degré.

174. Théorème. — *Deux équations quelconques*

$$A = 0 \quad , \quad B = 0,$$

forment un système équivalent à celui des deux suivantes $A = 0$, $Am + Bp = 0$, *pourvu que le multiplicateur* p *de l'équation non conservée ne soit pas nul et qu'aucun des deux ne soit infini.*

En effet :

1° Les valeurs des inconnues qui satisfont au système (1)

$$(1) \qquad A = 0 \quad , \quad B = 0,$$

satisfont évidemment au système (2),

$$(2) \qquad A = 0 \quad , \quad Am + Bp = 0,$$

si m et p ne sont pas infinis ;

2° Les valeurs des inconnues qui satisfont au système (2) rendent Am nul, si m n'est pas infini ; donc elles annulent Bp ; donc elles annulent B si p n'est pas nul.

Donc les deux systèmes sont équivalents avec les restrictions énoncées.

175. Corollaire. — Le théorème s'étend à un nombre

quelconque d'équations. Les deux systèmes

$$(1) \begin{cases} A = o, \\ B = o, \\ C = o, \\ D = o, \end{cases} \qquad (2) \begin{cases} A = o, \\ B = o, \\ C = o, \\ Am + Bp + Cq + Dr = o, \end{cases}$$

sont équivalents, pourvu que le multiplicateur r ne soit pas nul et qu'aucun ne soit infini. La démonstration est la même que ci-dessus.

176. THÉORÈME. — *Deux équations* $A = o$, $B = o$ *forment un système équivalent aux deux suivantes :*

$$Am + Bp = o \quad , \quad Am' + Bp' = o,$$

pourvu que le déterminant $mp' - pm'$ *ne soit pas nul et qu'aucun des multiplicateurs ne soit infini.*

En effet : 1° les valeurs des inconnues qui satisfont aux premières équations satisfont évidemment aux secondes, si aucun des coefficients m p m' p' n'est infini;

2° Multiplions les secondes équations respectivement par p' et p, puis retranchons, nous aurons

$$(1) \qquad A\,(mp' - pm') = o.$$

Multiplions respectivement les mêmes équations par m et m, puis retranchons, nous aurons

$$(2) \qquad B\,(mp' - pm') = o.$$

Les valeurs des inconnues qui satisfont aux équations

$$Am + Bp = o \quad , \quad Am' + Bp' = o,$$

satisfont évidemment aux équations (1) et (2); donc, si

$mp' - pm'$ est différent de zéro, elles satisferont aux équations A $=$ o, B $=$ o.

Le théorème est donc démontré.

177. THÉORÈME. — *Deux équations de la forme*

$$(1) \qquad \begin{cases} x = \varphi(y, z, t...) = 0 \\ F(x, y, z, t...) \end{cases}$$

forment un système équivalent à celui des deux équations

$$(2) \qquad \begin{cases} x = \varphi(y, z, t....) \\ F(\varphi, y, z, t...). \end{cases}$$

Ce théorème forme ce qu'on nomme le PRINCIPE DE SUBSTITUTION.

On voit que le second système ne diffère du premier qu'en ce que x est remplacé, dans la seconde, par une expression algébrique $\varphi(y, z, t...)$ des autres inconnues.

En effet :

1° Soit une solution

$$x = \alpha \quad, \quad y = \beta \quad, \quad z = \gamma \quad, \quad t = \tau...$$

du système (1), nous aurons les deux identités

$$(3) \qquad \begin{cases} \alpha = \varphi(\beta, \gamma, \tau...) \\ F(\alpha, \beta, \gamma...) = 0, \end{cases}$$

et puisque α est identique à $\varphi(\beta, \gamma, \tau...)$, elles peuvent se mettre sous la forme

$$(4) \qquad \begin{cases} \alpha = \varphi(\beta, \gamma, \tau...) \\ F[\varphi(\beta, \gamma, \tau...), \beta, \gamma...] = 0; \end{cases}$$

donc les deux équations du système (2) sont satisfaites par la solution considérée du système (1).

2° Réciproquement, les identités (4) entraînent les identités (1); donc toute solution du système (2) est solution du système (1).

Donc les systèmes (1) et (2) sont équivalents.

C. Q. F. D.

178. Corollaire I. — Ce théorème permet de remplacer le système de deux équations à n inconnues par le système équivalent de deux autres équations, dont l'une ne renferme plus que $n-1$ inconnues. Quand on a ainsi substitué la *valeur algébrique* de x, dans l'équation $F(x, y, z, t \ldots) = 0$, on dit qu'on a *éliminé* x entre les deux équations.

§ III. — ÉQUATIONS DU PREMIER DEGRÉ A UNE INCONNUE.

179. Définition. — On nomme équation du premier degré à une inconnue celle qui, après l'évanouissement des dénominateurs, après la réduction des termes dans un même membre, peut se ramener à la forme $ax + b = 0$ **(173)**.

180. Théorème. — *Lorsqu'une équation du premier degré à une inconnue a été ramenée à la forme* $ax + b = 0$:

1° *Si* a *est différent de zéro, elle a une solution et une seule;*

2° *Si* $a = 0$ *et* b *différent de zéro, elle n'a pas de solution;*

3° *Si* $a = 0$ *et* $b = 0$, *elle a une infinité de solutions;*

4° *Les trois réciproques sont vraies.*

En effet, de l'équation $ax + b = 0$, on tire l'équation équivalente

$$ax = -b,$$

d'où l'on voit qu'il s'agit de trouver l'un des facteurs d'un produit — b, quand on connaît l'autre facteur a. Or :

1° Si a $\gtrless$ o, ce facteur existe et il est donné par l'opération appelée division ; la formule de l'inconnue est donc

$$x = -\frac{b}{a} ;$$

2° Si $a = $ o et $b \gtrless $ o, l'équation n'a pas de solution, car il n'y a pas de grandeur qui, multipliée par zéro, donne une grandeur différente de zéro. La formule précédente devient

$$x = -\frac{b}{o} = \frac{m}{o}$$

qui interprétée au point de vue de la définition de $\frac{A}{B}$ ne représente rien ; donc on peut appeler $\frac{m}{o}$ le *symbole de l'impossibilité;*

3° Si $a = $ o et $b = $ o, toute valeur de x satisfait à l'équation ; l'équation est *indéterminée*. — La formule de x devient

$$x = \frac{o}{o}$$

qui, interprétée au point de vue de la définition de $\frac{A}{B}$, représente une quantité arbitraire. On peut donc appeler $\frac{o}{o}$ le *symbole de l'indétermination.*

4° Les réciproques sont vraies et se démontrent par la réduction à l'absurde. — Par exemple, si l'équation n'a pas de solution, $a = $ o et $b \gtrless $ o, car, s'il n'en était pas ainsi, l'équation admettrait une solution, ou en admettrait une infinité, ce qui est contraire à l'hypothèse.

C. Q. F. D.

181. REMARQUE I. — Le problème formulé par l'équation

$$ax + b = 0$$

est abstrait; donc tout symbole qui traité d'après les règles établies rend les deux nombres identiques est une solution acceptable.

Il y aura lieu d'examiner, dans un problème particulier sur les grandeurs concrètes, si l'inconnue n'est pas assujettie à quelque condition non exprimée par l'équation, comme, par exemple, d'être un nombre positif, d'être un nombre entier, etc.

182. REMARQUE II. — Supposons que dans la formule

$$x = -\frac{b}{a}$$

a tende vers zéro et qu'en même temps b ne varie pas, ou tende vers une limite déterminée, x augmentera indéfiniment en valeur absolue et pourra dépasser toute limite; mais quand $a = 0$, b étant différent de zéro, x n'existe pas. C'est pour exprimer ce double fait que l'on appelle $\frac{m}{0}$ le *symbole* de *l'infini*, et que l'on dit que *x est infini*, quand $a = 0$. On écrit souvent alors

$$x = \infty.$$

Cette manière de parler signifie donc que x n'existe pas pour le cas particulier où $a = 0$, et que son module était très-grand et croissant sans limite, quand a s'approchait de zéro.

Quand a s'approche de zéro, x peut être positif ou négatif; on exprime ce fait en disant que pour $a = 0$, x est égal à $+$ ou à $-$ *l'infini*, et l'on écrit

$$x = +\infty \quad \text{ou} \quad x = -\infty$$

suivant les cas.

183. REMARQUE III. — Si dans la formule

$$x = -\frac{b}{a}$$

les expressions a et b sont des polynômes entiers d'une même lettre y, il peut arriver que, pour une valeur y' particulière de y, b et a s'annulent; alors x se présente sous la forme $\frac{0}{0}$.

Il ne faudrait pas en conclure que le problème dont x est la solution est indéterminé dans ce cas particulier. Cette indétermination n'est qu'apparente; elle tient à ce que l'on a introduit dans l'équation $ax + b = 0$ un facteur qui s'annule dans ce cas particulier et qui, par conséquent, fait que l'équation finale d'où l'on a tiré x *n'est pas équivalente* à *l'équation primitive* (**171**). Il faut donc revenir aux premiers calculs et supprimer le facteur qui se réduit à zéro, avant de se placer dans cette hypothèse.

On peut le faire sur la formule même. En effet, b devenant nul pour $y = y'$ est divisible par $y - y'$ et l'on a, par exemple,

$$b = (y - y')\, b$$

b' ne s'annulant plus pour $y = y'$; de même

$$a = (y - y') a',$$

a' ne contenant plus le facteur $y - y'$; donc

$$x = - \frac{(y - y') b'}{(y - y') a'} = - \frac{b'}{a'}.$$

Si maintenant on fait $y = y'$, x ne présente plus aucune indétermination.

Il pourrait arriver que a et b continssent $y - y'$ en facteur à une puissance plus élevée que la première; on mettrait alors en évidence cette puissance et la réduction se ferait ensuite comme précédemment.

Soit par exemple

$$x = \frac{a^3 - a^2 - a + 1}{a^4 - a^3 - 3a^2 + 5a - 2};$$

il est facile de voir que $a = 1$ donne à x la forme $\frac{0}{0}$; or

$$\frac{a^3 - a^2 - a + 1}{a^4 - a^3 - 3a^2 + 5a - 2} = \frac{(a - 1)^2 (a + 1)}{(a - 1)^3 (a + 2)};$$

donc

$$x = \frac{a + 1}{(a + 2)(a - 1)}$$

après la suppression du facteur commun $(a - 1)$. Donc *la vraie valeur de x* est

$$\frac{2}{0}$$

ou l'infini pour $a = 1$.

On voit que ce procédé de recherche de la vraie valeur de x est une manière indirecte de revenir à l'équation primitive qu'on avait multipliée à tort par un facteur égal à zéro.

§ V. — PRINCIPES SUR LES INÉGALITÉS.

184. DÉFINITIONS. — Considérons deux grandeurs absolues a et b et supposons que a soit égal à b augmentée d'une grandeur absolue; on dit que a est supérieur à b et l'on écrit cette relation ainsi :

$$a > b.$$

Cette formule se nomme une *inégalité; a* est le premier membre, b le second.

185. THÉORÈME. — *Une inégalité ne change pas de sens quand on ajoute ou qu'on retranche une même quantité aux deux membres.*

1° Le théorème est évident si l'on ajoute une même quantité positive m aux deux membres a et b, car les deux quantités restent positives et leur différence ne change pas.

2° Si l'on retranche une même quantité m moindre que b, le théorème est encore vrai pour la même raison.

3° Si $m = b'$, le théorème est vrai, puisque toute quantité positive $a - m$ est supérieure à zéro.

4° Si m surpasse b, mais reste inférieure à a, le théorème est vrai, en admettant que toute quantité positive est supérieure à une quantité négative, ce que nous ferons.

5° Si $m = a$, le théorème est vrai, *en admettant que toute quantité négative est moindre que zéro*, ce que nous ferons.

6° Enfin, si m surpasse a, les deux membres $a - m$,

$b - m$ sont négatifs, et le module de $a - m$ est inférieur au module de $b - m$; le théorème est encore vrai, *en admettant qu'une quantité négative est d'autant plus petite que son module est plus grand*, ce que nous ferons.

186. Corollaire. — On peut faire passer un terme d'un membre dans un autre d'une inégalité, par la même règle que dans une équation.

On peut donc, en particulier, réduire à zéro l'un des membres. Ainsi, de l'inégalité $a > b$, on tire

$$a - b > 0,$$

ou bien encore

$$b - a < 0.$$

187. Théorème. — *Quand on multiplie par* m *les deux membres d'une inégalité, elle ne change pas de sens si* m *est positif; elle change de sens si* m *est négatif.*

Soit l'inégalité

$$a > b, \quad \text{d'où} \quad a - b > 0.$$

1° Si m est positif, on aura aussi

$$m(a - b) > 0,$$

ou bien

$$ma - mb > 0,$$

d'où l'on tire

$$ma > mb.$$

2° Si m est négatif, $-m$ sera positif et l'on aura, d'après ce qui précède,

$$-ma > -mb,$$

d'où l'on déduit

$$ma < mb. \qquad \text{C. Q. F. D.}$$

188. PROBLÈME. — *Résoudre une inégalité du premier degré à une inconnue.*

Une inégalité renfermant une ou plusieurs inconnues est un problème abstrait, car elle indique qu'il s'agit de choisir les valeurs numériques des inconnues, de manière à ce que les deux membres soient inégaux dans le sens indiqué.

On démontre facilement, comme pour les équations, qu'une inégalité se transforme en une autre équivalente quand on ajoute aux deux membres une même quantité, ou qu'on multiplie les deux membres par une quantité positive.

De là on conclut facilement que toute inégalité du premier degré à une inconnue se ramène à l'une des deux formes

$$ax + b > 0 \quad , \quad ax + b < 0,$$

a étant positif.

De là on déduit ensuite

$$x > -\frac{b}{a} \quad \text{ou bien} \quad x < -\frac{b}{a},$$

et l'inégalité est résolue.

EXEMPLE.

Soit

$$\frac{2x-1}{5} + \frac{6x-4}{7} > \frac{7x+12}{11};$$

chassons le dénominateur et réduisons, il viendra

$$484\,x - 297 > 245x + 420.$$

De là on déduit

$$2.59\,x - 717 > 0,$$

d'où

$$x > 3.$$

§ VI. — FONCTIONS RATIONNELLES DU PREMIER DEGRÉ.

189. PROBLÈME. — *Étudier les variations de la fonction*

$$(1) \qquad y = \frac{ax + b}{a'x + b'}$$

quand x reste réel et varie de $-\infty$ *à* $+\infty$.

1° Si $a' = 0$, cette fonction prend la forme

$$y = mx + p.$$

Nous avons étudié cette fonction (**135**) et montré qu'elle est représentée par l'ordonnée d'une droite; nous n'y reviendrons pas.

2° Si l'on avait

$$\frac{a}{a'} = \frac{b}{b'},$$

on en déduirait que

$$\frac{ax}{a'x} = \frac{b}{b'} = \frac{ax + b}{a'x + b'}.$$

Dans ce cas, la fraction rationnelle, serait indépendante de x; y serait constant.

3° Si $a' \gtrless 0$ et $a = 0$, la fonction devient

$$y = \frac{b}{a'x + b'} = \frac{1}{m(x - q)}$$

en divisant les deux termes par b et en mettant en évidence la valeur de x qui annule le dénominateur. Supposons pour fixer les idées que m et q soient positifs.

Faisons varier x de $-\infty$ à $+\infty$, y variera et le tableau suivant indique les valeurs correspondantes de ces deux variables :

y	x
o.	$-\infty.$
devient négatif et diminue.	augmente en restant négatif.
$-\dfrac{1}{mq}.$	o.
est négatif et aussi grand qu'on veut.	$q - \varepsilon.$
$\mp\infty,$	$q.$
est positif et aussi grand qu'on veut.	$q + \varepsilon.$
est positif et tend vers zéro.	augmente au delà de toute lim.

Si nous représentons la variable x par une abscisse et la fonction y par l'ordonnée correspondante, le tableau précédent sera résumé par l'image de la courbe suivante :

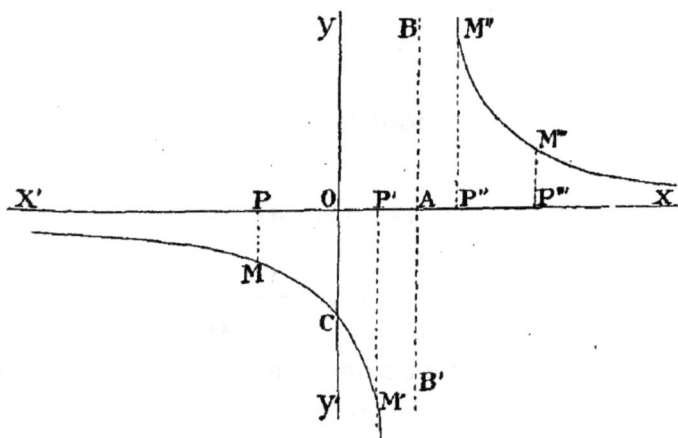

Dans la figure de la courbe,

$$OA = q.$$

La droite BB' dont la courbe s'approche indéfiniment, sans pouvoir la rencontrer, se nomme *asymptote*.

4° Supposons a et a' différents de zéro et de mêmes signes, pour fixer les idées.

Divisons par x les deux termes de la fraction et faisons croître x indéfiniment, soit positivement, soit négativement; les deux termes tendront respectivement vers a et a'; donc

$$\lim y \ (\text{pour } x = \pm \infty) = \frac{a}{a'}.$$

Mettons maintenant en évidence les valeurs α et α' de x qui annulent les deux termes, la fonction prendra la forme

$$y = \frac{a\,(x - \alpha)}{a'(x - \alpha')}.$$

Nous admettons que α et α' sont différents, sans quoi y serait indépendant de x; de plus, nous supposerons

$$\alpha > \alpha' > 0.$$

En faisant varier x progressivement de $-\infty$ à $+\infty$, y variera et les valeurs correspondantes de x et de y seront données par le tableau suivant:

y	x
$\dfrac{a'}{a}$.	$-\infty$.
est positif et croît.	augm., mais est inférieur à α',
est positif et aussi grand qu'on veut.	$\alpha' - \varepsilon$.
$\pm\infty$.	α'.
est négatif et aussi grand qu'on veut.	$\alpha' + \varepsilon$.
négatif.	entre α et α'.
négat. et aussi petit qu'on veut.	$\alpha - \varepsilon$.
o.	α.
positif et aussi petit qu'on veut.	$\alpha + \varepsilon$.
augmente.	augmente.
$\dfrac{a}{a'}$.	$+\infty$.

Ce tableau est résumé par l'image de la courbe suivante, qui montre plus clairement encore la liaison de y à x :

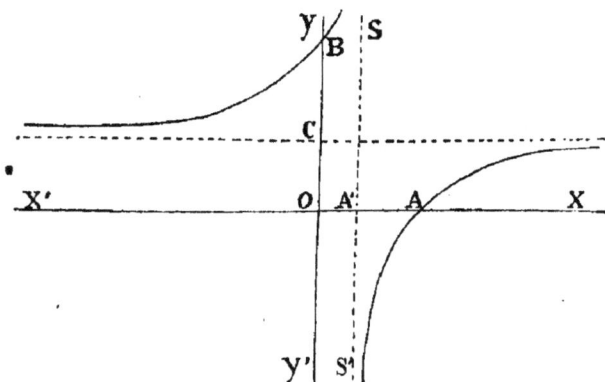

Dans cette figure,

$$OA = \alpha \quad ; \quad OA' = \alpha' \quad ; \quad OB = \frac{b}{b'} \quad ; \quad OC = \frac{a}{a'}.$$

190. Il y a souvent avantage, dans le cas général à effectuer la division et à mettre la fonction sous la forme

$$y = \frac{a}{a'} + \frac{b - \dfrac{ab'}{a'}}{a'x + b'} = \frac{a}{a'} + \frac{1}{m\,(x - q)}.$$

On voit que y se compose d'une constante augmentée d'une fonction étudiée au 3°.

Cette forme montre immédiatement que y tend vers $\frac{a}{a'}$ quand x croît indéfiniment en valeur absolue; que la valeur absolue de y diminue quand la valeur absolue de x augmente. .

191.   EXEMPLE.

$$y = \frac{x + 2}{x - 1} = 1 + \frac{3}{x - 1}.$$

y	x
1.	$-\infty.$
positif, diminue.	nég., dimin. en valeur absolue.
0.	$-2.$
$-2.$	0.
négat., aussi grand qu'on veut.	$1 - \varepsilon.$
$\mp\infty.$	1.
posit., aussi grand qu'on veut.	$1 + \varepsilon.$
1.	$+\infty.$

Courbe représentative.

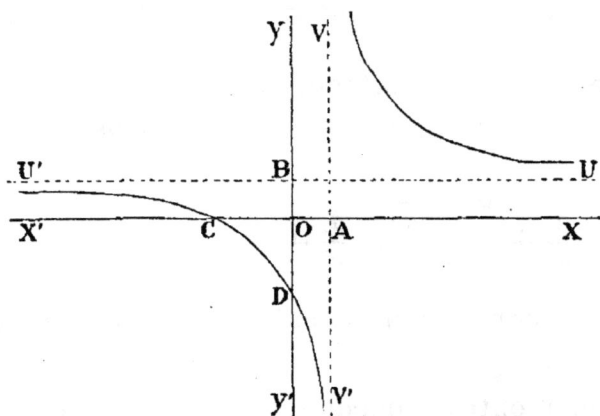

192. EXERCICES SUR LA RÉSOLUTION DES ÉQUATIONS DU PREMIER DEGRE A UNE INCONNUE.

$$5\,x + 5o = 4x + 56. \quad\ldots\ldots\ldots\ldots \quad (x = 6).$$

$$16x - 11 = 7x + 7o \quad\ldots\ldots\ldots\ldots \quad (x = 9).$$

$$24x - 49 = 19x - 14 \quad\ldots\ldots\ldots \quad (x = 7).$$

$$3x + 23 = 78 - 2x. \quad\ldots\ldots\ldots \quad (x = 11).$$

$$7\,(x - 18) = 3\,(x - 14). \quad\ldots\ldots \quad (x = 21).$$

$$16x = 38 - 3\,(4 - x). \quad\ldots\ldots \quad (x = 2).$$

$$7\,(x - 3) = 9\,(x + 1) - 38. \quad\ldots\ldots \quad (x = 4).$$

$$5\,(x - 7) + 65 = 9x. \quad\ldots\ldots\ldots \quad (x = 7).$$

$$59\,(x - 7) = 61\,(9 - x) - 2. \quad\ldots\ldots \quad (x = 8).$$

$$72\,(x - 5) = 63\,(5 - x) \quad\ldots\ldots \quad (x = 5).$$

$$x + \frac{x}{2} + \frac{x}{3} = 11. \quad\ldots\ldots\ldots \quad (x = 6).$$

$$\frac{x}{3} - \frac{x}{4} + \frac{1}{6} = \frac{x}{8} + \frac{1}{12} \quad\ldots\ldots \quad (x = 2).$$

$$\frac{4\,x}{3} + 24 = 2x + 6 \quad\ldots\ldots\ldots \quad (x = 27).$$

$$\frac{x}{5} + \frac{x}{3} = x - 7. \quad\ldots\ldots\ldots \quad (x = 15).$$

$$36 - \frac{4\,x}{9} = 8 \quad\ldots\ldots\ldots\ldots \quad (x = 63).$$

$$\frac{2\,x}{3} + 4 = \frac{7\,x}{12} + 9 \quad\ldots\ldots\ldots \quad (x = 60).$$

$$\frac{3x}{4} + 5 = \frac{5x}{6} + 2 \ldots \ldots \ldots \ldots \ldots (x=36).$$

$$56 - \frac{3x}{4} = 48 - \frac{5x}{8} \ldots \ldots \ldots \ldots (x=64).$$

$$\frac{x}{6} - 4 = 24 - \frac{x}{8} \ldots \ldots \ldots \ldots (x=96).$$

$$\frac{2x}{3} + 12 = \frac{4x}{5} + 6 \ldots \ldots \ldots \ldots (x=45).$$

$$\frac{2x}{3} = \frac{176 - 4x}{5} \ldots \ldots \ldots \ldots \ldots (x=24).$$

$$\frac{7x}{8} - 5 = \frac{9x}{10} - 8 \ldots \ldots \ldots \ldots (x=120)$$

$$\frac{5x}{9} - 8 = 74 - \frac{7x}{12} \ldots \ldots \ldots \ldots (x=72).$$

$$\frac{3x}{4} + \frac{180 - 5x}{6} = 29 \ldots \ldots \ldots \ldots (x=12).$$

$$\frac{x}{2} + \frac{x+1}{7} = x - 2 \ldots \ldots \ldots \ldots (x=6).$$

$$4(x-3) - 7(x-4) = 6 - x \ldots \ldots \ldots (x=5).$$

$$\frac{x}{3} - \frac{1}{3} - \frac{x}{4} + \frac{1}{4} = \frac{x}{5} - \frac{1}{5} - \frac{x}{6} + \frac{1}{6} \ldots \ldots (x=1).$$

$$1 + \frac{x}{2} - \frac{2x}{3} = \frac{3x}{4} - 4,5 \ldots \ldots \ldots (x=6).$$

$$2x - \frac{19 - 2x}{2} = \frac{2x - 11}{2} \ldots \ldots \ldots (x=2).$$

$$\frac{x+1}{3} - \frac{3x-1}{5} = x - 2 \ldots \ldots \ldots (x=2).$$

$$x + \frac{3x-9}{5} = 4 - \frac{5x-12}{3} \ldots \ldots \ldots (x=3).$$

$$\frac{10x+3}{3} - \frac{6x+7}{2} = 10x - 10 \ldots \ldots \ldots (x=1,5).$$

$$\frac{5x-7}{2} - \frac{2x+7}{5} = 3x - 14 \ldots \ldots \ldots (x=7).$$

$$x - 1 - \frac{x-2}{2} + \frac{x-3}{3} = 0 \ldots \ldots \ldots (x=1,2).$$

$$\frac{x+3}{2} + \frac{x+4}{3} + \frac{x+5}{4} = 16 \ldots \ldots \ldots (x=11).$$

$$\frac{3x-4}{2} - \frac{6x-5}{8} = \frac{3x-1}{16} \ldots \ldots \ldots (x=2\,^1/_3).$$

$$\frac{2x-5}{3} - \frac{5x-3}{4} + 2 + \frac{2}{5} = 0 \ldots \ldots \ldots (x=3).$$

$$\frac{x-3}{4}=\frac{x-5}{6}+\frac{x-1}{9} \quad\quad (x=7).$$

$$\frac{x-1}{2}-\frac{x-3}{4}+\frac{x-5}{6}=4. \quad\quad (x=11).$$

$$\frac{x}{3}-\frac{x}{4}+\frac{x-2}{5}=3. \quad\quad (x=12).$$

$$\frac{7x+5}{6}-\frac{5x+6}{4}=\frac{8-5x}{12} \quad\quad (x=4).$$

$$\frac{x+4}{3}-\frac{x-4}{5}=2+\frac{3x-1}{15}. \quad\quad (x=3).$$

$$\frac{x-1}{2}+\frac{2x+7}{5}-\frac{x+2}{9}=9 \quad\quad (x=7).$$

$$\frac{x-1}{2}-\frac{x-2}{5}+\frac{x-3}{4}=\frac{2}{3}. \quad\quad (x=3)$$

$$\frac{2x-5}{6}+\frac{6x+3}{4}=5x-17\frac{1}{2} \quad\quad (x=5\,{}^1\!/_2)$$

$$\frac{x}{4}-\frac{5x+8}{6}=\frac{2x-9}{5} \quad\quad (x=1\,{}^1\!/_3).$$

$$\frac{3x+5}{7}-\frac{2x+7}{3}+10-\frac{5x}{5} \quad\quad (x=10).$$

$$\frac{1}{7}(3x-4)+\frac{1}{3}(5x+5)=45-5x \quad\quad (x=6).$$

$$\frac{x}{2}+\frac{x}{3}-\frac{x}{4}+\frac{x}{5}=7+\frac{5}{6} \quad\quad (x=10).$$

$$\frac{x}{2}-\frac{x-2}{5}=\frac{x+3}{4}-\frac{2}{3} \quad\quad (x=7).$$

$$\frac{5-5x}{4}+\frac{5x}{3}=\frac{3}{2}-\frac{3-5x}{3} \quad\quad (x=1).$$

$$\frac{1}{2}(27-2x)=\frac{9}{2}-\frac{1}{10}(7x-54) \quad\quad (x=12)$$

$$5x-[8x-3\{16-6x-(4-5x)\}]=6 \quad\quad (x=5).$$

$$\frac{1-2x}{5}-\frac{4-5x}{6}+\frac{13}{42}=0 \quad\quad \left(x=\frac{1}{7}\right).$$

$$\frac{x+1}{3}-\frac{x-1}{4}+4x=12+\frac{2x-1}{6}. \quad\quad (x=5).$$

$$\frac{4x-7}{8}+2+\frac{2}{3}+\frac{7-4x}{4}=x+\frac{13}{14} \quad\quad (x=2).$$

$$\frac{5x-1}{7}+\frac{9x-5}{11}=\frac{9x-7}{5} \quad\quad (x=5).$$

$$\frac{x+3}{2}-\frac{x-2}{3}=\frac{3x-5}{12}+\frac{1}{4} \quad\quad (x=28).$$

$$\frac{1}{6}(8-x) + x + 1\,^2/_3 = \tfrac{1}{2}(x+6) - \frac{x}{5} \quad \ldots \ldots \quad (x=5).$$

$$\frac{5x-1}{5} - \frac{13-x}{2} = 7\frac{x}{5} - \frac{11}{6}\,(x+5) \quad \ldots \ldots \quad (x=2).$$

$$\frac{2x-1}{5} + \frac{6x-4}{7} = \frac{7x+12}{11} \quad \ldots \ldots \ldots \quad (x=3).$$

$$\frac{7x-4}{8} + 2 + \frac{2}{3} + \frac{4-7x}{4} = x - \frac{7}{12} \quad \ldots \ldots \quad (x=2).$$

$$\frac{2-x}{3} + \frac{3-x}{4} + \frac{4-x}{5} + \frac{5-x}{6} + \frac{5}{4} = 0 \quad \ldots \ldots \quad (x=4).$$

$$\frac{5x-5}{7} - \frac{9-x}{3} = \frac{5-x}{2} + \frac{19}{6}\,(x-4) \quad \ldots \ldots \quad (x=2).$$

$$\frac{2x+3}{x+1} = \frac{4x+5}{4x+4} + \frac{3x+3}{3x+1} \quad \ldots \ldots \ldots \quad (x=5).$$

$$\frac{x-1}{x-2} - \frac{x-2}{x-3} = \frac{x-4}{x-5} - \frac{x-5}{x-6} \quad \ldots \ldots \ldots \quad (x=4).$$

$$\frac{12}{x} + \frac{1}{12x} = \frac{29}{24} \quad \ldots \ldots \ldots \ldots \quad (x=10).$$

$$\frac{42}{x-2} = \frac{55}{x-3} \quad \ldots \ldots \ldots \ldots \quad (x=8).$$

$$\frac{128}{3x-4} = \frac{216}{5x-6} \quad \ldots \ldots \ldots \quad (x=12).$$

$$\frac{45}{2x+3} = \frac{57}{4x-5} \quad \ldots \ldots \ldots \quad (x=6).$$

$$\frac{3x-1}{2} - \frac{2x-5}{3} + \frac{x-3}{4} - \frac{x}{6} = x+1 \quad \ldots \ldots \quad (x=-7).$$

$$\frac{0,5x-5}{5} + \frac{0,75x-10}{2} + \frac{4-x}{4} = \frac{10-x}{6} \quad \ldots \ldots \quad (x=16).$$

$$\frac{5}{6}\left(x - \frac{1}{3}\right) + \frac{7}{6}\left(\frac{x}{5} - \frac{1}{7}\right) = 4\frac{8}{9} \quad \ldots \ldots \ldots \quad (x=5).$$

$$x + \frac{5x-8}{3} = 6 - \frac{3x-8}{5} \quad \ldots \ldots \ldots \quad \left(x=3\tfrac{1}{7}\right).$$

$$\frac{x-2}{4} + \frac{1}{3} = x - \frac{2x-1}{3} \quad \ldots \ldots \ldots \quad (x=-6).$$

$$x + 1 - \frac{x^2+3}{x+2} = 2 \quad \ldots \ldots \ldots \quad (x=5).$$

$$\frac{x-1}{x-2} = \frac{7x-21}{7x-26} \quad \ldots \ldots \ldots \quad (x=8).$$

$$\frac{7x-4}{x-1} = \frac{7x-26}{x-3} \quad \ldots \ldots \ldots \quad \left(x=\frac{7}{4}\right).$$

$$\frac{x+6}{11} - \frac{2x-18}{3} + \frac{2x+3}{4} = 5\tfrac{1}{3} + \frac{3x+4}{12} \ \cdots \quad (x=5).$$

$$\frac{6x-13\tfrac{1}{3}}{15-2x} + 2x + \frac{16x-15}{24} = 6\,\frac{5}{12} - \frac{20\tfrac{5}{8}-8x}{3} \ . \quad \left(x=2\,\tfrac{1}{2}\right).$$

$$\frac{x-5}{x-7} = \frac{x+3}{x+9} \ \cdots\cdots\cdots\cdots\cdots\cdots \quad (x=3).$$

$$0{,}5x + \frac{0{,}45x-0{,}75}{0{,}6} = \frac{1{,}2}{0{,}2} - \frac{0{,}3x-0{,}6}{0{,}9} \ \cdots\cdots \quad (x=5).$$

$$\frac{x}{a} + \frac{x}{b} = c \cdots\cdots\cdots\cdots \quad \left(x=\frac{abc}{a+b}\right).$$

$$\frac{x-a}{x-b} = \frac{(2x-a)^2}{(2x-b)^2} \cdots\cdots \quad \left(x=\frac{ab}{a+b}\right).$$

$$\frac{x}{7} - \frac{3x}{2} + \frac{7\tfrac{1}{7}}{7} = \frac{3x+1}{2} + 1 + \frac{1}{14} \cdots\cdots \quad (x=3).$$

$$\frac{2x-6}{3x-8} = \frac{2x-5}{3x-7} \cdots\cdots\cdots \quad (x=2).$$

$$\frac{7+9x}{4} - 1 + \frac{2-x}{9} = 7x \cdots\cdots\cdots \quad \left(x=\frac{1}{5}\right).$$

$$\frac{1}{3}(2x-10) - \frac{1}{11}(3x-40) = 15 - \frac{1}{5}(57-x) \ \cdot\cdot \quad (x=17).$$

$$\frac{6x+8}{2x+1} - \frac{2x+38}{x+12} = 1 \ \cdots\cdots\cdots \quad (x=2).$$

$$\frac{4x+17}{x+5} + \frac{3x-10}{x-4} = 7 \cdots\cdots\cdots \quad (x=2).$$

$$\frac{5x-1}{2x-1} - \frac{4x-2}{3x-2} = \frac{1}{6} \cdots\cdots\cdots \quad (x=2).$$

$$\frac{2}{2x-3} + \frac{1}{x-2} = \frac{6}{3x+2} \cdots\cdots\cdots \quad \left(x=\frac{50}{29}\right).$$

$$\frac{x-4}{x-5} - \frac{x-5}{x-6} = \frac{x-7}{x-8} - \frac{x-8}{x-9} \cdots\cdots \quad (x=7).$$

$$\frac{x}{x-2} + \frac{x-9}{x-7} = \frac{x+1}{x-1} + \frac{x-8}{x-6} \cdots\cdots \quad (x=4).$$

$$\frac{5-2x}{12-x} - \frac{2x-5}{2x-7} = 1 - \frac{4x^2-1}{7-16x+4x^2} \cdots\cdots \quad (x=-1).$$

$$\frac{3+x}{3-x} - \frac{2+x}{2-x} - \frac{1+x}{1-x} = 1 \cdots\cdots \quad \left(x=\frac{3}{2}\right).$$

$$a\,\frac{a-x}{b} - b\,\frac{b+x}{a} = x \cdots\cdots\cdots \quad (x=a-b).$$

$$a\,\frac{x-a}{b} + b\,\frac{x-b}{a} = x \cdots\cdots\cdots \quad (x=a+b).$$

$$\frac{x^2 - a^2}{bx} - \frac{a - x}{b} = \frac{2x}{b} - \frac{a}{x} \quad \dots \dots \quad (x = b - a).$$

$$\frac{a}{x-a} - \frac{b}{x-b} = \frac{a-b}{x-c} \quad \dots \dots \quad \left(x = \frac{ab}{a+b-c}\right).$$

$$\frac{a}{x+a} + \frac{b}{x+b} = \frac{a+b}{x+c} \quad \dots \dots \quad \left(x = \frac{ab(a+b-2c)}{(a+b)c - a^2 - b^2}\right).$$

$$\frac{1}{x-a} - \frac{1}{x-b} = \frac{a-b}{x^2-ab} \quad \dots \dots \quad \left(x = \frac{2ab}{a+b}\right).$$

$$\frac{1}{x-a} - \frac{1}{x-a+c} = \frac{1}{x-b-c} - \frac{1}{x-b} \quad \dots \quad \left(x = \frac{a+b}{2}\right).$$

$$\frac{mx-a-b}{px-c-d} = \frac{mx-a-c}{px-b-d} \quad \dots \dots \quad \left(x = \frac{a+b+c+b}{m+p}\right).$$

$$\frac{x-a}{x-a-1} - \frac{x-a-1}{x-a-2} = \frac{x-b}{x-b-1} - \frac{x-b-1}{x-b-2} . \quad \left(x = \frac{1}{2}(a+b+3)\right).$$

193. Exercices sur la discussion des fonctions d'une seule variable réelle.

Discuter et construire les fonctions :

$$y = 0 \quad, \quad y = 1 \quad, \quad y = -1 \quad, \quad y = 2 \quad, \quad y = -2.$$

Discuter et construire les fonctions

$$y = x \quad, \quad y = -x$$
$$y = 2x \quad, \quad y = -2x.$$

Discuter et construire les fonctions

$$y = x + 1 \quad, \quad y = x - 1 \quad, \quad y = -x + 1 \quad, \quad y = -x - 1.$$

Discuter et construire les fonctions

$$y = 2x + 3 \quad, \quad y = 2x - 3$$
$$y = -2x + 3 \quad, \quad y = -2x - 3.$$

Résoudre par une construction graphique les équations suivantes :

$$2x + 5 = 0 \qquad 2x - 5 = 0$$
$$-2x + 5 = 0 \qquad -2x - 5 = 0.$$

Trouver la valeur de x au-dessus de laquelle la fonction

$$y = 2x - 8$$

est positive.

Trouver la valeur de x pour laquelle la fonction

$$y = 5x + 8$$

acquiert une valeur donnée — 6.

Discuter et construire les fonctions

$$y = \frac{2x - 3}{3x - 5} \qquad , \qquad y = \frac{x + 1}{x - 2},$$

$$y = \frac{1 - 3x}{1 - 2x} \qquad , \qquad y = \frac{1 + 3x}{1 + 2x},$$

$$y = \frac{1}{2x - 5} \qquad , \qquad y = \frac{1}{3x + 1}.$$

194. EXERCICES SUR LES VRAIES VALEURS DE FRACTIONS INDÉTERMINÉES EN APPARENCE.

$$x = \frac{a^4 - 6a^2 + 8a - 3}{a^2 - 3a + 2} \quad \cdots\cdots\cdots \quad \text{pour } a = 1 \cdot \qquad x = 0.$$

$$x = \frac{a^2 - 3a + 2}{a^2 + a - 6} \quad \cdots\cdots\cdots \quad \text{pour } a = 2 \cdot \qquad x = -\frac{1}{5}.$$

$$x = \frac{2a^2 + 3a - 2}{4a^3 + 16a^2 - 19a + 5} \quad \cdots\cdots \quad \text{pour } a = \frac{1}{2} \cdot \qquad x = \infty.$$

$$x = \frac{8a^3 + 2a^2 - 5a + 1}{8a^3 + 10a^2 - 11a + 2} \quad \cdots\cdots \quad \text{pour } a = \frac{1}{2} \cdot \qquad x = \frac{3}{5}.$$

$$x = \frac{4a^3 - 13a^2 + 11a - 2}{8a^3 - 22a^2 + 13a - 2} \quad \cdots\cdots \quad \text{pour } a = 2 ; \qquad x = \frac{3}{2}.$$

$$x = \frac{75a^4 + 140a^3 - 223a^2 + 92a - 12}{45a^4 - 95a^3 + 65a^2 - 19a + 2} \quad \text{pour } a = \frac{2}{3} ; \text{ pour } a = \frac{1}{3},$$
$$x = 0 \quad ; \quad x = \infty.$$

$$x = \frac{2a^5 - 21a^4 + 74a^3 - 96a^2 + 32a}{2a^5 - 15a^4 + 31a^3 + 4a^2 - 36a - 16} \quad \text{pour } a = 2 ; \text{ pour } a = 4,$$
$$x = \frac{3}{8} \quad ; \quad x = 0.$$

CHAPITRE VIII

ÉQUATIONS DU PREMIER DEGRÉ A PLUSIEURS INCONNUES.

---

§ I. — ÉQUATIONS DU PREMIER DEGRÉ A DEUX INCONNUES.

195. FORME GÉNÉRALE. — *Une équation du premier degré à deux inconnues peut être ramenée à la forme*

$$ax + by + c = 0,$$

a, b, c étant des expressions entières positives ou négatives.

Il suffit, en effet, pour cela, de s'appuyer sur les principes du chapitre VII, § II. On fait évanouir les dénominateurs, on effectue les calculs indiqués, on amène tous les termes dans un même membre, on réduit les termes semblables et il est clair que l'équation présente la forme ci-dessus, si elle est du premier degré

EXEMPLE.

Soit l'équation

$$\frac{x+1}{y-1} - \frac{x-1}{y} = \frac{6}{y};$$

multiplions tous les termes par $y\,(y-1)$, nous aurons

$$xy + y - (xy - x - y + 1)6 = y - 6;$$

effectuons les calculs indiqués, nous aurons

$$xy + y - xy + x + y - 1 = 6y - 6.$$

Ramenons tous les termes dans le même membre et réduisons, il viendra enfin :

$$x - 4y + 5 = 0.$$

196. THÉORÈME. — *Une équation à deux inconnues a une infinité de solutions.*

Puisque l'équation présente deux inconnues, les coefficients a et b sont différents de zéro tous deux. Divisons alors tous les termes par b, nous pourrons mettre l'équation sous la forme

$$y + \frac{a}{b}x + \frac{c}{b} = 0,$$

ou bien sous la forme

$$y = -\frac{a}{b}x - \frac{c}{b}.$$

Donnons à x une valeur arbitraire, l'équation fera connaître la valeur correspondante de y; l'ensemble de ces deux valeurs,

$$x = \alpha, \quad y = \beta,$$

constitue une solution de l'équation proposée. Il en a une infinité puisque α est arbitraire.

Nous avons vu que x et y représentant les coordonnées d'un point du plan, l'équation $y = -\frac{a}{b}x - \frac{c}{b}$ représente une droite. En d'autres termes, il existe une certaine droite telle qu'un point quelconque satisfait par ses coordonnées à l'équation.

REMARQUE I. — Si a tend vers zéro, l'équation tend à se réduire à la forme

$$by + c = 0,$$

qui ne renferme plus qu'une inconnue; en la considérant

comme l'équation limite de la première, nous dirons encore qu'elle présente deux inconnues, et les conclusions précédentes subsistent. Dans la représentation graphique, la droite est parallèle à l'axe des x. La variable x est quelconque et la valeur de y, qui lui est associée, est invariable.

De même, si b tend vers zéro et que a reste différent de zéro, l'équation se réduit à

$$ax + c = 0.$$

On la regarde comme une équation à deux inconnues, en la rattachant à la forme générale, en lui donnant mentalement la forme

$$ax + 0.y + c = 0.$$

On voit que y est arbitraire et que la valeur de x qui lui est associée est invariable. Dans la représentation graphique, cette équation est figurée par une droite parallèle à l'axe des y; car c'est pour une pareille droite que l'abscisse d'un point quelconque est constante.

REMARQUE II. — Si a et b tendent en même temps vers zéro, l'équation prend la forme

$$c = 0$$

que l'on rattache à la forme générale en l'écrivant mentalement ainsi :

$$0.x + 0.y + c = 0.$$

On voit que si c est différent de zéro, l'équation n'a pas de solution. Si $c = 0$, l'équation a une infinité de solutions et les nombres x et y sont indépendants l'un de l'autre.

197. THÉORÈME. — *Une équation à deux inconnues dont le terme indépendant est nul a une infinité de solutions, mais le rapport des inconnues est déterminé.*

En effet, soit l'équation

$$ax + by = 0.$$

Nous supposons a et b différents de zéro. L'équation donne

$$\frac{y}{x} = -\frac{b}{a},$$

d'où l'on voit que, si x varie, y varie aussi, mais le rapport $\frac{y}{x}$ ne varie pas.

Si a ou b deviennent nuls, le théorème n'est plus vrai, et l'on rentre dans les conditions des remarques du théorème précédent.

Si l'on veut représenter cette équation, on obtient une droite passant par l'origine, car elle est de la forme $y = mx$. Si $a = 0$, la droite devient l'axe des x; si $b = 0$, la droite devient l'axe des y.

REMARQUE. — La représentation par des droites des équations du premier degré à deux inconnues nous montre immédiatement qu'en général deux équations du premier degré de la forme $ax + by + c = 0$, $a'x + b'y + c' = 0$ admettent une solution, c'est-à-dire un couple de valeurs des inconnues ($x = \alpha$, $y = \beta$) satisfaisant aux deux équations à la fois. En effet, chacune étant représentée par une droite, ces droites se coupent en général, et les coordonnées du point commun satisfieront évidemment aux deux équations.

198. PROBLÈME. — *Résoudre deux équations du premier degré à deux inconnues.*

(1) $ax + by + c = 0$;   (2) $a'x + b'y + c' = 0$.

THÉORÈME I. — *Si le binôme* $ab' - ba'$ *est différent de zéro, le problème est toujours possible et n'admet qu'une solution.*

Première méthode. — Par réduction.

Multiplions la première équation par b', la seconde par $- b$, ajoutons, nous obtiendrons l'équation

(3) $(ab' - ba') x + cb' - bc'. = 0$.

Multiplions maintenant la première par $- a'$, la seconde par a, ajoutons, nous aurons l'équation

(4) $(ab' - ba') y + ac' - ca' = 0$.

Les deux équations (3) et (4) forment un système équivalent à celui des équations (1) et (2), car le déterminant

$$\begin{vmatrix} b' & -b \\ -a' & a \end{vmatrix} = ab' - ba' = \begin{vmatrix} a & b \\ a' & b' \end{vmatrix}$$

des coefficients multiplicateurs est différent de zéro, par hypothèse (**176**).

De là on déduit immédiatement

$$x = -\frac{cb' - bc'}{ab' - ba'} \quad , \quad y = -\frac{ac' - ca'}{ab' - ba'},$$

ou, en employant la notation des déterminants,

$$x = -\frac{\begin{vmatrix} c & b \\ c' & b' \end{vmatrix}}{\begin{vmatrix} a & b \\ a' & b' \end{vmatrix}} \quad , \quad y = -\frac{\begin{vmatrix} a & c \\ a' & c' \end{vmatrix}}{\begin{vmatrix} a & b \\ a' & b' \end{vmatrix}}$$

sans aucune impossibilité.

On aperçoit en même temps que le numérateur se forme du dénominateur, en remplaçant par le terme tout connu c le coefficient a ou b de l'inconnue que l'on cherche.

Deuxième méthode. — Par substitution.

Puisque le déterminant $ab' - ba'$ est différent de zéro, deux des coefficients en diagonale sont différents de zéro au moins; supposons que b et a' soient différents de zéro Nous pourrons alors résoudre l'équation (1) par rapport à y, et nous aurons l'équation équivalente

$$(5) \qquad y = -\frac{ax + c}{b};$$

remplaçons y par sa valeur dans l'équation (2), d'après le principe de substitution, nous obtiendrons

$$(6) \qquad a'x' - b'\frac{ax + c}{b} + c' = 0,$$

et les deux équations (5) et (6) forment un système équivalent à celui des équations (1) et (2) (**177**).

Or la seconde donne, à la suite de calculs faciles et permis,

$$(ab' - ba')x + cb' - bc' = 0,$$

d'où l'on tire

$$(6)' \qquad x = -\frac{cb' - bc'}{ab' - ba'}.$$

Cette dernière représente l'équation (6) transformée.

Appliquons de nouveau au système des équations (5) et (6)' le principe de substitution, nous aurons successivement

$$y = - \frac{c - \dfrac{cb' - bc'}{ab' - ba'} a}{b},$$

$$= - \frac{c(ab' - ba') - a(cb' - bc')}{b(ab' - ba')},$$

$$= - \frac{b(ac' - ca')}{b(ab' - ba')} = - \frac{ac' - ca'}{ab' - ba'}.$$

Nous retombons ainsi sur les résultats précédents.

Troisième méthode. — De Bezout.

La méthode dite de Bezout ne diffère pas essentiellement de la première. Elle consiste à multiplier par des
coefficients indéterminés les deux équations, à les ajouter
et à chercher ensuite quelles sont les valeurs des coefficients qui feraient disparaître une inconnue.

Multiplions la première par m, la seconde par m', puis
ajoutons. Multiplions ensuite la première par p, la seconde
par p' et ajoutons; les deux équations résultantes,

$$(7) \qquad (am + a'm') x + (bm + b'm') y + cm + c'm' = 0,$$
$$(8) \qquad (ap + a'p') x + (bp + b'p') y + cp + c'p' = 0,$$

forment un système équivalent à celui des équations (1)
et (2), si

$$\left| \begin{array}{cc} m & m' \\ p & p' \end{array} \right| = mp' - pm' \gtrless 0. \qquad (\mathbf{176})$$

Cela posé, prenons m et m', p et p', de manière à satisfaire
aux relations

$$(9) \qquad\qquad bm + b'm' = 0,$$
$$(10) \qquad\qquad ap + a'p' = 0,$$

ce que l'on peut faire d'une infinité de manières, et en

particulier en posant

$$m = b', \quad m' = -b \quad ; \quad p = -a', \quad p' = a$$

il viendra

$$x = -\frac{cm + c'm'}{am + a'm'} = -\frac{cb' - bc'}{ab' - ba'},$$

$$y = -\frac{cp + c'p'}{bp + b'p'} = -\frac{ac' - ca'}{ab' - ba'}.$$

C. Q. F. D.

Ce choix des coefficients est permis, car la condition $mp' - pm' \gtrless 0$ devient $ab' - ba' \gtrless 0$, satisfaite par hypothèse.

REMARQUE. — Dans la pratique, on se dispense en général d'écrire les deux équations (7) et (8), on se borne à écrire la première; puis on détermine m et m' de manière à faire disparaître alternativement y et x, ce qui fournit alternativement x et y.

EXEMPLE

Soit à résoudre le système

$$\begin{cases} 6x - 7y - 42 = 0 \\ 7x - 6x - 75 = 0. \end{cases}$$

On pourra répéter sur cet exemple les raisonnements précédents, et l'on arrivera par les trois méthodes aux valeurs de x et de y, que donnent aussi immédiatement les formules trouvées

$$x = -\frac{\begin{vmatrix} -42 & -7 \\ -75 & -7 \end{vmatrix}}{\begin{vmatrix} 6 & -7 \\ 7 & -6 \end{vmatrix}} = 21 \quad ; \quad y = -\frac{\begin{vmatrix} 6 & -42 \\ 7 & -75 \end{vmatrix}}{\begin{vmatrix} 6 & -7 \\ 7 & -6 \end{vmatrix}} = 12.$$

THÉORÈME II. — *Si le déterminant* ab′ — ba′ = o, *le système des deux équations*

$$ax + by + c = 0, \quad a'x + b'y + c' = 0$$

n'admet pas de solutions ou en admet une infinité.

Il y a deux cas à distinguer:

1° Les quatre coefficients a, b, a', b' ne sont pas tous nuls;

2° Les quatre coefficients a, b, a', b' sont nuls.

Premier cas.

Supposons que b' ne soit pas nul.

Considérons le déterminant

$$\begin{vmatrix} ax + by + c & , & b \\ a'x + b'y + c' & , & b' \end{vmatrix} = (ax + by + c)\, b' - (a'x + b'y + c')\, b;$$

d'après nos hypothèses, il se réduit, quel que soit x, au déterminant

$$\begin{vmatrix} c & b \\ c' & b' \end{vmatrix} = cb' - bc'.$$

D'un autre côté, pour toute solution α, β de l'équation $a'x + b'y + c' = 0$ (et elle en a une infinité, puisque $b' \gtrless 0$), il devient

$$\begin{vmatrix} a\alpha + b\beta + c & , & b \\ 0 & , & b' \end{vmatrix} = (a\alpha + b\beta + c)\, b'.$$

Donc

$$(a\alpha + b\beta + c)\, b' = cb' - bc' = \begin{vmatrix} c & b \\ c' & b' \end{vmatrix}.$$

Or, *en général,*

$$\begin{vmatrix} c & b \\ c' & b' \end{vmatrix} \text{ ou } cb' - bc' \gtrless 0;$$

donc, en général, $a\alpha + b\beta + c \lessgtr 0$ et la première équation $ax + by + c = 0$ est incompatible avec la seconde, c'est-à-dire ne peut être satisfaite par aucune des solutions (α, β) de la seconde. Donc, en général, le système des deux équations proposées n'a pas de solution.

Mais si, en particulier, on a

$$\begin{vmatrix} c & b \\ c' & b' \end{vmatrix} = cb' - bc' = 0,$$

on voit que toute solution de la seconde équation est solution de la première. Dans ce cas, le système se réduit à la seconde équation, qui a une infinité de solutions.

Deuxième cas.

Supposons $a = a' = b = b' = 0$.
Les équations proposées se réduisent à

$$0.x + 0.y + c = 0 \quad , \quad 0.x + 0.y + c' = 0,$$

D'où l'on voit que :

Si c et c' sont différents de zéro tous deux, chacune des équations proposées est impossible ;

Si $c = 0$ et $c' \gtrless 0$, la première équation est indéterminée, mais la seconde est impossible ; donc le système n'admet pas de solutions.

Si $c = 0$ et $c' = 0$, les deux équations sont indéterminées, le système admet une infinité de solutions et les inconnues x et y sont indépendantes.

Résumé de la discussion.

Considérons les trois déterminants

$$\begin{vmatrix} a & b \\ a' & b' \end{vmatrix} \qquad \begin{vmatrix} c & b \\ c' & b' \end{vmatrix}, \qquad \begin{vmatrix} a & c \\ a' & c' \end{vmatrix}$$

1° Si le premier n'est pas nul, le système des équations admet une solution unique;

2° Si le premier est nul et que l'un des quatre éléments qui y entrent ne soit pas nul, le système n'admet pas de solution si celui des deux déterminants suivants qui contient l'élément considéré n'est pas nul;

3° Si le premier est nul et que l'un de ses éléments ne le soit pas, le système admet une infinité de solutions, si celui des deux déterminants suivants qui contient l'élément considéré est nul. Dans ce cas, le système se réduit à l'équation qui renferme ce même élément différent de zéro;

4° Si les quatre éléments a, b, a', b' sont nuls, le système des équations n'admet pas de solutions si c et c' ne sont pas nuls tous deux;

5° Si les six éléments $a, b, a', b' c, c'$ sont nuls, le système complétement indéterminé; x et y sont arbitraires et indépendants l'un de l'autre.

199. REMARQUE. — Les formules générales ne se présentent pas toujours sous les formes $\dfrac{m}{o}$ quand le système est impossible; il ne faut donc pas les consulter pour tirer une conclusion juste relative aux équations. Pour le montrer, supposons

$$\left|\begin{array}{cc} a & b \\ a' & b' \end{array}\right| = 0 \qquad \left|\begin{array}{cc} c & b \\ c' & b' \end{array}\right| \gtreqless 0.$$

et $a = a' = b = 0$. Le système n'a pas de solutions. La valeur de x se présente bien sous la forme $\frac{m}{0}$; mais la valeur de y se présente sous la forme $\frac{0}{0}$, car le déterminant

$$\left|\begin{array}{cc} a & c \\ a' & c' \end{array}\right| = 0.$$

Dans le cas où $a = a' = b = b' = 0$, le système n'a pas en général de solutions et pourtant les formules se présentent toutes deux sous la forme $\frac{0}{0}$.

Pour expliquer cette contradiction entre les équations et les formules, il suffit de remarquer que l'on ne peut arriver aux formules qu'en transformant les équations en d'autres équivalentes et que cette transformation ne peut s'effectuer que sous certaines conditions; que si ces conditions ne sont pas remplies les formules ne constituent pas un système équivalent à celui des équations données, ue par conséquent il doit y avoir contradiction entre les deux.

Par exemple, si a et a' sont nuls, on ne peut pas remplacer le système des équations

$$ax + by + c = 0,$$
$$a'x + b'y + c' = 0,$$

par le système formé de l'une d'elles et du résultat de l'élimination de x

$$(ab' - ba')\, y + ac' - ca' = 0,$$

car *il faut que le multiplicateur de l'équation que l'on ne con-serve pas ne soit pas nul* (**174**).

On ne peut pas non plus remplacer le système par le suivant :

$$(ab' - ba')\, x + cb' - bc' = 0,$$
$$(ab' - ba')\, y + ac' - ca' = 0,$$

car le déterminant $ab' - ba' = 0$ (**176**).

Le calcul rationnel et permis qu'on pourra faire sera celui de tirer y de la seconde, puisque b' n'est pas nul; on obtiendra

$$y = -\frac{c' + a'x}{b'};$$

en substituant dans la première, on aura

$$(ab' - ba')\, x + cb' - bc' = 0$$

qui donnera $x = \dfrac{m}{0}$ et indiquera l'impossibilité du sys-tème.

On aperçoit maintenant pourquoi il peut y avoir con-tradiction entre les équations et les formules.

200. PROBLÈME. — *Résoudre deux équations homogènes du premier degré à deux inconnues.*

$$ax + by = 0 \quad , \quad a'x + b'y = 0.$$

THÉORÈME I. — *Ces équations ont une solution unique*

$$x = 0 \quad , \quad y = 0,$$

si le déterminant ab' — ba' *est différent de zéro.*

Cela résulte des formules précédentes,

$$x = -\frac{cb' - bc'}{ab' - ba'} \quad , \quad y = -\frac{ac' - ca'}{ab' - ba'}$$

qui leur sont applicables.

THÉORÈME II. — *Ces équations ont une infinité de solutions, si le déterminant* ab' — ba' = 0.

1° Admettons que cette condition étant remplie, tous les coefficients a, b, a', b' ne soient pas nuls et soit $b' \gtrless 0$, par exemple.

Formons le déterminant

$$\begin{vmatrix} ax + by & , & b \\ a'x + b'y & , & b' \end{vmatrix} = (ax + by)\,b' - (a'x + b'y)\,b = (ab' - ba')\,x.$$

Dans notre hypothèse, il se réduit à zéro, quels que soient x et y. — D'un autre côté, soit α, β une solution de la seconde équation, qui en a certainement une infinité puisque b' est différent de zéro, le même déterminant deviendra pour ces valeurs des inconnues

$$\begin{vmatrix} a\alpha + b\beta & , & b \\ 0 & , & b' \end{vmatrix} = (a\alpha + b\beta)\,b' ;$$

donc $(a\alpha + b\beta)\,b' = 0$; et puisque $b' \gtrless 0$, il faut que

$$a\alpha + b\beta = 0.$$

Donc toute solution de la seconde équation satisfait à la première; donc le système se réduit à la seconde équation $a'x + b'y = 0$, qui a une infinité de solutions;

2° Admettons que $a = a' = b = b' = 0$. Dans ce cas, les équations données sont des identités et admettent une infinité de solutions, dans lesquelles x et y n'ont aucune liaison.

B. ALG. ÉLÉM.

REMARQUE I. — Dans le cas où $b' \gtrless 0$, et où le déterminant $ab' - ba' = 0$, le système se réduit à

$$a'x + b'y = 0,$$

qui donne

$$y = -\frac{a'}{b'}x \quad \text{ou} \quad \frac{y}{x} = -\frac{a'}{b'},$$

d'où l'on voit que le rapport de y à x est déterminé.

REMARQUE II. — Le résultat que nous venons d'obtenir nous montre que la condition nécessaire et suffisante pour que les équations

$$b\frac{y}{x} + a = 0 \quad , \quad b'\frac{y}{x} + a' = 0$$

aient au moins une solution commune $\frac{y}{x} = m$, c'est que le déterminant $ab - ba' = 0$.

Mais on peut traiter directement la question de la manière suivante.

201. PROBLÈME. — *Condition nécessaire et suffisante pour que les deux équations*

$$az + b = 0 \quad , \quad a'z + b' = 0$$

aient une solution commune au moins.

1° Formons le déterminant.

$$\begin{vmatrix} a & , & az + b \\ a' & , & a'z + b' \end{vmatrix} = (a'z + b')a - (az + b)a'.$$

Quel que soit z, il se réduit à $ab' - ba' = \begin{vmatrix} a & b \\ a' & b' \end{vmatrix}$.

D'un autre côté, pour une racine commune $z = m$, il devient

$$\begin{vmatrix} a & am+b \\ a' & a'm+b' \end{vmatrix} = \begin{vmatrix} a & 0 \\ a' & 0 \end{vmatrix} = 0;$$

donc, *s'il existe une racine commune, le déterminant*

$$ab' - ba' = 0;$$

2° Réciproquement, supposons ce déterminant nul et l'un des deux nombres a, a', différent de zéro, par exemple, a; formons le déterminant

$$\begin{vmatrix} a & az+b \\ a' & a'z+b' \end{vmatrix} = (a'z + b')\, a - (az + b)\, a';$$

il se réduit à zéro dans notre hypothèse. — D'un autre côté, toute solution $z = m$ de l'équation $az + b = 0$ le réduira à

$$(a'm + b')\, a,$$

donc :

$$(a'm + b')\, a = 0,$$

et puisque $a \gtrless 0$, il faut que

$$a'm + b' = 0;$$

donc les deux équations ont une racine commune;

3° Si $a = a' = 0$, le déterminant $ab' - ba' = 0$.

Si en même temps b et b' sont différents de zéro, les deux équations donnent $z = \infty$ et l'on peut dire encore qu'il y a une solution commune.

Si $b = b' = 0$, les deux équations sont des identités et toute valeur de z satisfait aux deux équations;

4° Enfin si $a = a' = 0$, et que b et b' ne soient pas nuls tous deux, l'une des équations est une identité, l'autre n'a pas de solution; donc, dans ce cas seulement, la réciproque n'est pas vraie, à moins que l'on n'admette que $z = \infty$ qui est solution de l'équation $0.z + b' = 0$ satisfait à l'autre équation $0.z + 0 = 0$, qui est une identité quel que soit z.

Avec cette extension de langage, nous pouvons dire que *la condition nécessaire et suffisante pour que les deux équations* $az + b = 0$, $a'z + b' = 0$ *aient au moins une solution commune, c'est que le déterminant* $ab' - ba' = 0$.

202. PROBLÈME. — *Interpréter géométriquement la résolution de deux équations du premier degré à deux inconnues.*

THÉORÈME I. — *Toute équation du premier degré à deux inconnues* $ax + by + c = 0$ *représente une droite.*

1° Si a, b, c sont différents de zéro, on peut résoudre par rapport à y et l'on a

$$y = -\frac{a}{b}x - \frac{c}{b};$$

nous avons vu qu'il existe une droite D, ne passant pas par l'origine, telle que les coordonnées d'un point quelconque M satisfont à l'équation

$$y = -\frac{a}{b}x - \frac{c}{b},$$

ou à l'équation équivalente

$$ax + by + c = 0.$$

Voilà pourquoi cette équation s'appelle *l'équation de la droite* D.

Si l'on fait successivement $x = 0$, $y = 0$, on trouve successivement

$$y = -\frac{c}{b} \quad , \quad x = -\frac{c}{a},$$

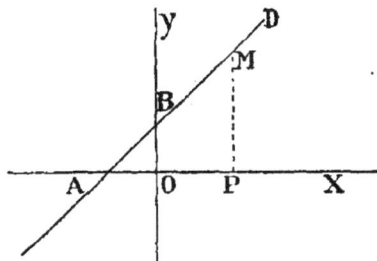

et l'on obtient aussi les points A et B où la droite coupe les axes. Ces deux points suffisent pour déterminer et construire la droite;

2° Si $c = o$, la droite passe par l'origine et il suffira d'un autre point x, y, pour la déterminer;

3° Si $a = o$, la droite a pour équation $by + c = o$. La valeur de y est constante, x est arbitraire; la droite est donc une parallèle à l'axe des x;

4° Si $b = o$, la droite est une parallèle à l'axe des y;

5° Si a et b tendent vers zéro et que c reste différent de zéro, les deux points A et B s'éloignent indéfiniment; si $a = b = o$, sans que c soit nul, il n'y a plus de droite. On dit que la droite est rejetée à l'infini, pour rappeler les cas antérieurs à ce cas particulier;

6° Si a, b, c sont nuls, tout point du plan satisfait à l'équation de la droite; on dit qu'elle est indéterminée.

THÉORÈME II. — *Deux droites* $ax + by + c = o$, $a'x + b'y + c' = o$ *se coupent, si le déterminant* $ab' - ba' \gtrless o$.

1° Supposons que les quatre coefficients a, b, a', b' soient différents de zéro.

Dire que $ab' - ba' \gtrless o$, c'est dire aussi

$$-\frac{a}{b} \gtrless -\frac{a'}{b'};$$

or chacun de ces deux coefficients déterminent comme l'on sait (**135**) l'angle des droites avec l'axe des x; donc dans ce cas les droites ne sont pas parallèles; donc elles se coupent en un point.

Les coordonnées de ce point commun satisfaisant à

chacune des équations constituent une solution commune
de ces équations.

2° Si les quatre coefficients ne sont pas différents de
zéro, deux en diagonale dans le déterminant

$$\begin{vmatrix} a & b \\ a' & b' \end{vmatrix},$$

sont aux moins différents de zéro ; soit

$$a \gtrless 0 \qquad b' \gtrless 0,$$

et

$$b = 0 \qquad a' \gtrless 0 \quad \text{ou} \quad a' = 0,$$

la première droite sera parallèle à l'axe des y, la seconde
sera quelconque ou parallèle à l'axe des x ; donc ces deux
droites se rencontreront encore nécessairement.

Théorème III. — *Deux droites* $ax + by + c = 0$,
$a'x + b'y + c' = 0$ *sont parallèles ou se confondent, si le déterminant* $ab' - ba' = 0$.

En effet, les deux déterminants

$$\begin{vmatrix} a & ax+by+c \\ a' & a'x+b'y+c' \end{vmatrix} \qquad \begin{vmatrix} ax+by+c & b \\ a'x+b'y+c' & b' \end{vmatrix},$$

se réduisent, dans notre hypothèse, respectivement à :

$$\begin{vmatrix} a & c \\ a' & c' \end{vmatrix} = ac' - ca' \qquad \begin{vmatrix} c & b \\ c' & b' \end{vmatrix} = cb' - bc'.$$

D'un autre côté, si les quatre coefficients a, a', b, b' ne sont
pas nuls ; si, par exemple, a est différent de zéro, toute solution $(\alpha\beta)$ de l'équation $ax + by + c = 0$ réduira le premier déterminant à

$$\begin{vmatrix} a & 0 \\ a' & a'\alpha + b'\beta + c' \end{vmatrix} = a(a'\alpha + b'\beta + c');$$

donc

$$a\,(a'\alpha + b'\beta + c') = ac' - ca'$$

dans le cas qui nous occupe.

Donc, si $ac' - ca' \gtrless 0$, aucun point de la première droite ne sera sur la seconde ; les deux droites seront donc parallèles. — Si $ac' - ca' = 0$, tout point de la première sera sur la seconde ; donc les deux droites se confondront.

Si les quatre coefficients a, a', b, b' sont nuls, chacune des droites est rejetée à l'infini ou devient indéterminée ; on peut encore dire que le point de concours est rejeté à l'infini, comme dans le cas du parallélisme, ou qu'il est partout, c'est-à-dire que les droites se confondent tout en restant indéterminées, et le théorème est alors général.

203.   EXERCICES SUR LES ÉQUATIONS A DEUX INCONNUES.

Équations.		Solutions.	
$3x - 4y = 2$, $7x - 9y = 7 \dots$		$x = 10 \dots$	$y = 7.$
$7x - 5y = 24$, $4x - 3y = 11 \dots$		$x = 17 \dots$	$y = 19.$
$3x + 2y = 32$, $20x - 3y = 1 \dots$		$x = 2 \dots$	$y = 13.$
$11x - 7y = 37$, $8x + 9y = 41 \dots$		$x = 4 \dots$	$y = 1.$
$7x + 5y = 60$, $13x - 11y = 10 \dots$		$x = 5 \dots$	$y = 5.$
$6x - 7y = 42$, $7x - 6y = 75 \dots$		$x = 21 \dots$	$y = 12.$
$10x + 9y = 290$, $12x - 11y = 130 \dots$		$x = 20 \dots$	$y = 10.$
$3x - 4y = 18$, $3x + 2y = 0 \dots$		$x = 2 \dots$	$y = -3.$
$4x - \dfrac{y}{2} = 11$, $2x - 5y = 0 \dots$		$x = 3 \dots$	$y = 2.$
$\dfrac{x}{5} + 3y = 7$, $\dfrac{4x - 2}{5} = 3y - 4 \dots$		$x = 3 \dots$	$y = 2.$
$6x - 5y = 1$, $7x - 4y = 8\dfrac{1}{2} \dots$		$x = 3\dfrac{1}{2} \dots$	$y = 4.$
$2x + \dfrac{y - 2}{5} = 21$, $4y + \dfrac{x - 4}{6} = 29 \dots$		$x = 10 \dots$	$y = 7.$
$\dfrac{3x}{19} + 5y = 13$, $2x + \dfrac{4 - 7y}{2} = 33 \dots$		$x = 19 \dots$	$y = 2.$

Équations.	Solutions.
$\dfrac{x}{7} + \dfrac{y}{14} = 10\tfrac{1}{2}$, $2x - y = 7$	$x = 38\tfrac{1}{2}$. $y = 70$.
$\dfrac{x+y}{3} + \dfrac{y-x}{2} = 9$, $\dfrac{x}{2} + \dfrac{x+y}{9} = 5$ . . .	$x = 6$ . . . $y = 12$.
$\dfrac{3x}{4} - \dfrac{2y}{3} = 1$, $\dfrac{7x}{3} + \dfrac{5y}{6} = 6$	$x = \dfrac{348}{157}$ . . $y = \dfrac{156}{157}$.
$\dfrac{x+y}{3} + x = 15$, $\dfrac{x-y}{5} + y = 6$	$x = 10$ . . $y = 5$.
$\dfrac{7x}{6} + \dfrac{5y}{3} = 34$, $\dfrac{7x}{8} + \dfrac{3y}{4} = \dfrac{5y}{8} + 12$ . . .	$x = 12$ . . $y = 12$.
$\dfrac{x+y}{8} + \dfrac{x-y}{6} = 5$, $\dfrac{x+y}{4} - \dfrac{x-y}{3} = 10$.	$x = 20$ . . $y = 20$.
$\dfrac{2x}{3} + \dfrac{3y}{2} = 16\tfrac{1}{6}$, $\dfrac{3x}{2} - \dfrac{2y}{3} = 16\tfrac{1}{6}$	$x = 13$ . . $y = 5$.
$\dfrac{x-1}{8} + \dfrac{y-2}{5} = 2$, $2x + \dfrac{2y-5}{3} = 21$ . .	$x = 9$ . . . $y = 7$.
$\dfrac{7x}{4} + \dfrac{5y}{8} = 20$, $\dfrac{3x}{5} + \dfrac{7y}{4} = 2x - 7$ . . .	$x = 10$ . . $y = 4$.
$\dfrac{2x+3y}{5} = 10 - \dfrac{y}{3}$, $\dfrac{4y-3x}{6} = \dfrac{3x}{4} + 1$ . .	$x = 4$ . . . $y = 9$.
$\dfrac{1-3x}{7} + \dfrac{3y-1}{5} = 2$, $\dfrac{3x+y}{11} + y = 9$.	$x = 5$ . . . $y = 7$.
$2(2x+3y) = 3(2x-3y) + 10$, $4x - 3y$ $= 4(6y - 2x) + 3$	$x = 2\tfrac{1}{2}$ . . $y = 1$.
$3x + 9y = 2{,}4$, $0{,}21x - 0{,}06y = 0{,}03$ . .	$x = 0{,}2$ . . $y = 0{,}2$.
$0{,}3x + 0{,}125y = x - 6$, $3x - 0{,}5y = 28 - 0{,}25y$.	$x = 10$ . . $y = 8$.
$0{,}08x - 0{,}21y = 0{,}33$, $0{,}12x + 0{,}7y = 3{,}54$.	$x = 12$ . . $y = 3$.
$\dfrac{9}{x} - \dfrac{4}{y} = 1$, $\dfrac{18}{x} + \dfrac{20}{y} = 16\left[x' = \dfrac{1}{x} , y' = \dfrac{1}{y}\right]$.	$x = 3$ . . . $y = 2$.
$x - 4y = 7$, $\dfrac{x}{3y} + \dfrac{11}{10} = \dfrac{4x-5y}{5y}$	$x = 63$ . . $y = 14$.
$\dfrac{x+1}{y-1} - \dfrac{x-1}{y} = \dfrac{6}{y}$, $x - y = 1$	$x = 3$ . . . $y = 2$.
$4x + y = 11$, $\dfrac{y}{5x} = \dfrac{7x-y}{3x} - \dfrac{23}{15}$	$x = 2$ . . . $y = 3$.
$\dfrac{x}{a} + \dfrac{y}{b} = 2$, $bx - ay = 0$	$x = a$ . . . $y = b$.
$x + y = a + b$, $bx + ay = 2ab$	$x = a$ . . . $y = b$.
$\dfrac{x}{a} + \dfrac{y}{b} = 1$, $\dfrac{x}{b} + \dfrac{y}{a} = 1$	$x = y$ . . . $= \dfrac{ab}{a+b}$.

Équations.	Solutions.
$(a + c)x - by = bc$, $x + y = ab$.	$x = b$. . . $\quad y = a$.
$\dfrac{x}{a} + \dfrac{y}{b} = c$, $\dfrac{x}{b} - \dfrac{y}{a} = 0$.	$x = \dfrac{ab^2c}{a^2+b^2} \quad y = \dfrac{a^2bc}{a^2+b^2}$.
$x + y = c$, $ax - by = c(a - b)$.	$x = \dfrac{ac}{a+b}$, $y = \dfrac{bc}{a+b}$.
$a(x+y)+b(x-y)=1$, $a(x-y)+b(x+y)$ $= 1$.	$x = \dfrac{1}{a+b}$, $y = 0$.
$\dfrac{x-a}{b} + \dfrac{y-b}{a} = 0$, $\dfrac{x+y-b}{a} + \dfrac{x-y-a}{b} = 0$.	$x = a$. . . , $y = b$.
$(a+b)x-a(a-b)=4ab$, $(a-b)x+(a+b)y$ $=2a^2-2b^2$	$x = a + b$, $y = a - b$.
$\dfrac{x}{a+b} + \dfrac{y}{a-b} = 2a$, $\dfrac{x-y}{2ab} = \dfrac{x+y}{a^2+b^2}$ . .	$x=(a+b)^2 \quad y=(a-b)^2$.
$(a+h)x+(b-h)y=c$, $(b+k)x+(a-k)y=c$.	$x = \dfrac{a+b}{c} \quad = y$.

§ II. — ÉQUATIONS DU PREMIER DEGRÉ A TROIS INCONNUES.

204. FORME GÉNÉRALE. — Il est facile, par une série de transformations permises, de ramener toute équation du premier degré à trois inconnues à la forme

$$ax + by + cz + d = 0,$$

a, b, c, d étant des quantités numériques ou littérales entières positives ou négatives. Il suffit de faire évanouir les dénominateurs, d'exécuter les calculs indiqués, de faire passer tous les termes dans le premier membre et de réduire les termes semblables.

Soit comme exemple l'équation

$$\frac{x}{20} - \frac{y}{12(1-20z)} + \frac{z(1+15x)}{15(1-20z)} = \frac{1}{1-20z}.$$

Multiplions les deux membres par $60(1 - 20z)$, il viendra

$$3x(1 - 20z) - 5y + 4z(1 + 15x) = 60.$$

Effectuons les calculs indiqués, il viendra

$$3x - 6oxz - 5y + 4z + 6oxz = 6o.$$

Faisons passer tous les termes dans le premier membre et réduisons les termes semblables, il viendra enfin

$$3x - 5y + 4z - 6o = o.$$

REMARQUE. — Une équation à trois variables se réduira à une équation à deux ou à une, dans les cas particuliers où quelques-uns des coefficients a, b, c seront nuls.

205. THÉORÈME. I .— *Trois équations à trois inconnues*

$$(1) \quad \begin{cases} a\,x + b\,y + c\,z + d = o \\ a'x + b'y + c'z + d' = o, \\ a''x + b''y + c''z + d'' = o \end{cases}$$

ont une solution unique ($x = \alpha$, $y = \beta$, $z = \gamma$), *si le déterminant*

$$\begin{vmatrix} a & b & c \\ a' & b' & c' \\ a'' & b'' & c'' \end{vmatrix},$$

est différent de zéro.

On peut employer diverses méthodes de résolution; c'est la méthode de Bezout qui donne les calculs les plus symétriques; c'est celle que nous emploierons.

Multiplions les trois équations (1) respectivement par λ, λ', λ'', nous pourrons remplacer l'une d'elles par

$$(2) \quad (a\lambda + a'\lambda' + a''\lambda'')\,x + (b\lambda + b'\lambda' + b''\lambda'')y \\ + (c\lambda + c'\lambda' + c''\lambda'')\,z + d\lambda + d'\lambda' + d''\lambda'' = o,$$

pourvu que le multiplicateur de l'équation non conservée ne soit pas nul.

Choisissons maintenant les coeficients $\lambda, \lambda', \lambda''$ de manière à ce que les termes en y et z disparaissent; c'est-à-dire posons

$$b\lambda + b'\lambda' + b''\lambda'' = o,$$
$$c\lambda + c'\lambda' + c''\lambda'' = o.$$

Les trois déterminants

$$\begin{vmatrix} b & b' \\ c & c' \end{vmatrix} \quad \begin{vmatrix} b & b'' \\ c & c'' \end{vmatrix} \quad \begin{vmatrix} b' & b'' \\ c' & c'' \end{vmatrix},$$

ne sont pas tous nuls; sans quoi le déterminant

$$\begin{vmatrix} a & b & c \\ a' & b' & c' \\ a'' & b'' & c'' \end{vmatrix} = a \begin{vmatrix} b' & b'' \\ b' & c'' \end{vmatrix} - a' \begin{vmatrix} b & b'' \\ c & c'' \end{vmatrix} + a'' \begin{vmatrix} b & b' \\ c & c' \end{vmatrix}$$

serait nul. Supposons que $\begin{vmatrix} b & b' \\ c & c' \end{vmatrix}$ soit différent de zéro, nous pourrons résoudre ces équations par rapport aux coefficients λ et λ'; nous aurons :

$$\lambda = -\frac{\begin{vmatrix} b''\lambda'' & b' \\ c''\lambda'' & c' \end{vmatrix}}{\begin{vmatrix} b & b' \\ c & c' \end{vmatrix}} \qquad \lambda' = -\frac{\begin{vmatrix} b & b''\lambda'' \\ c & c''\lambda'' \end{vmatrix}}{\begin{vmatrix} b & b' \\ c & c' \end{vmatrix}},$$

ou bien

$$\lambda = -\frac{\begin{vmatrix} b'' & b' \\ c'' & c' \end{vmatrix}\lambda''}{\begin{vmatrix} b & b' \\ c & c' \end{vmatrix}} \qquad \lambda' = -\frac{\begin{vmatrix} b & b'' \\ c & c'' \end{vmatrix}\lambda''}{\begin{vmatrix} b & b' \\ c & c' \end{vmatrix}},$$

ou bien

$$\frac{\lambda}{\begin{vmatrix} b' & b'' \\ c' & c'' \end{vmatrix}} = -\frac{\lambda'}{\begin{vmatrix} b & b'' \\ c & c'' \end{vmatrix}} = \frac{\lambda''}{\begin{vmatrix} b & b' \\ c & c' \end{vmatrix}},$$

d'où l'on voit que les trois coefficients $\lambda, \lambda', \lambda''$ doivent être proportionnels aux trois déterminants mineurs

$$\begin{vmatrix} b' & b'' \\ c' & c'' \end{vmatrix} \qquad - \begin{vmatrix} b & b'' \\ c & c'' \end{vmatrix} \qquad \begin{vmatrix} b & b' \\ c & c' \end{vmatrix}.$$

Prenons-les respectivement égaux à ces déterminants, les conditions qui leur sont imposées seront remplies. Nous aurons d'abord

$$\lambda = \begin{vmatrix} b' & b'' \\ c' & c'' \end{vmatrix}, \lambda' = - \begin{vmatrix} b & b'' \\ c & c'' \end{vmatrix}, \lambda'' = \begin{vmatrix} b & b' \\ c & c' \end{vmatrix},$$

puis

$$x = - \frac{d \begin{vmatrix} b' & b'' \\ c' & c'' \end{vmatrix} - d' \begin{vmatrix} b & b'' \\ c & c'' \end{vmatrix} + d'' \begin{vmatrix} b & b' \\ c & c' \end{vmatrix}}{a \begin{vmatrix} b' & b'' \\ c' & c'' \end{vmatrix} - a' \begin{vmatrix} b & b'' \\ c & c'' \end{vmatrix} + a'' \begin{vmatrix} b & b' \\ c & c' \end{vmatrix}},$$

ou bien

$$(3) \qquad x = - \frac{\begin{vmatrix} d & b & c \\ d' & b' & c' \\ d'' & b'' & c'' \end{vmatrix}}{\begin{vmatrix} a & b & c \\ a' & b' & c' \\ a'' & b'' & c'' \end{vmatrix}}.$$

Pour calculer les valeurs de y et de z, on pourrait opé-rer par la méthode de substitution en remplaçant x par la valeur précédente dans deux des équations, *convenable-ment choisies*. Ces équations détermineraient sans impos-sibilité ni indétermination y et z, puisque l'un des trois déterminants mineurs

$$b'c'' - c'b'' \quad , \quad bc'' - cb'' \quad , \quad bc' - cb'$$

n'est pas nul. — Mais on peut, avec plus d'élégance, procéder pour chacune de ces inconnues, comme on l'a fait pour x.

Pour déterminer y, on écrira :

$$a\lambda' + a'\lambda + a''\lambda'' = 0,$$
$$c\lambda' + c'\lambda + c''\lambda'' = 0,$$

qui déterminent deux des coefficients en fonction du troisième, sans impossibilité ni indétermination, puisque les trois déterminants mineurs

$$a'c'' - c'a'' \quad , \quad ac'' - ca'' \quad , \quad ac' - ca'$$

ne sont pas nuls à la fois. On déduit de ces équations

$$\dfrac{\lambda}{-\begin{vmatrix} a' & a'' \\ c' & c'' \end{vmatrix}} = \dfrac{\lambda'}{\begin{vmatrix} a & a'' \\ c & c'' \end{vmatrix}} = \dfrac{\lambda''}{-\begin{vmatrix} a & a' \\ c & c' \end{vmatrix}},$$

et l'on peut prendre :

$$\lambda = -\begin{vmatrix} a' & a'' \\ c' & c'' \end{vmatrix}, \lambda' = \begin{vmatrix} a & a'' \\ c & c'' \end{vmatrix}, \lambda'' = -\begin{vmatrix} a & a' \\ c & c' \end{vmatrix},$$

ce qui donne ensuite

$$y = -\dfrac{-d\begin{vmatrix} a' & a'' \\ c' & c'' \end{vmatrix} + d'\begin{vmatrix} a & a'' \\ c & c'' \end{vmatrix} - d''\begin{vmatrix} a & a' \\ c & c' \end{vmatrix}}{-b\begin{vmatrix} a' & a'' \\ c' & c'' \end{vmatrix} + b'\begin{vmatrix} a & a'' \\ c & c'' \end{vmatrix} - b\begin{vmatrix} a & a' \\ c & c' \end{vmatrix}},$$

ou bien

$$(4) \qquad y = -\dfrac{\begin{vmatrix} a & d & c \\ a' & d' & c' \\ a'' & d'' & c'' \end{vmatrix}}{\begin{vmatrix} a & b & c \\ a' & b' & c' \\ a'' & b'' & c'' \end{vmatrix}}.$$

Par un calcul analogue, on trouverait

$$(5) \qquad z = - \frac{\begin{vmatrix} a & b & d \\ a' & b' & d' \\ a'' & b'' & d'' \end{vmatrix}}{\begin{vmatrix} a & b & c \\ a' & b' & c' \\ a'' & b'' & c'' \end{vmatrix}}.$$

Les formules (3), (4), (5) conduisent au théorème suivant.

Si le déterminant des 9 coefficients des inconnues est différent de zéro, les équations ont une solution unique. Le dénominateur de chaque inconnue est le déterminant des 9 coefficients changé de signe ; et le numérateur s'obtient en remplaçant dans le déterminant, par le terme indépendant correspondant, chacun des coefficients de l'inconnue que l'on cherche.

La règle qui correspond à ce théorème est commode dans la pratique, quand on connaît bien les propriétés des déterminants.

EXEMPLE.

Soit à résoudre les équations

$$4x - 5y + z - 6 = 0,$$
$$7x - 11y + 2z - 9 = 0,$$
$$x + y + 3z - 12 = 0,$$

nous aurons

$$x = - \frac{\begin{vmatrix} -6 & -5 & 1 \\ -9 & -11 & 2 \\ -12 & 1 & 3 \end{vmatrix}}{\begin{vmatrix} 4 & -5 & 1 \\ 7 & -11 & 2 \\ 1 & 1 & 3 \end{vmatrix}} = 2 \qquad y = - \frac{\begin{vmatrix} 4 & -6 & 1 \\ 7 & -9 & 2 \\ 1 & -12 & 3 \end{vmatrix}}{\begin{vmatrix} 4 & -5 & 1 \\ 7 & -11 & 2 \\ 1 & 1 & 3 \end{vmatrix}} = 1$$

$$z = -\dfrac{\begin{vmatrix} 4 & -5 & -6 \\ 7 & -11 & -9 \\ 1 & 1 & -12 \end{vmatrix}}{\begin{vmatrix} 4 & -5 & 1 \\ 7 & -11 & 2 \\ 1 & 1 & 3 \end{vmatrix}} = 3.$$

Or

$$\begin{vmatrix} 4 & -5 & 1 \\ 7 & -11 & 2 \\ 1 & 1 & 3 \end{vmatrix} = \begin{vmatrix} 4 & -5 & 1 \\ 3 & -6 & 1 \\ -6 & 12 & 1 \end{vmatrix} = \begin{vmatrix} 1 & 1 & 0 \\ 9 & -18 & 0 \\ -6 & 12 & 1 \end{vmatrix} = -18 - 9 = -27$$

$$\begin{vmatrix} -6 & -5 & 1 \\ -9 & -11 & 2 \\ -12 & 1 & 3 \end{vmatrix} = - \begin{vmatrix} 6 & -5 & 1 \\ 9 & -11 & 2 \\ 12 & 1 & 3 \end{vmatrix} = - \begin{vmatrix} 6 & -5 & 1 \\ 3 & -6 & 1 \\ 3 & 12 & 1 \end{vmatrix}$$

$$= - \begin{vmatrix} 3 & -5 & 1 \\ 0 & -6 & 1 \\ 0 & 12 & 1 \end{vmatrix} = -3(-6 - 12) = 54$$

$$\begin{vmatrix} 4 & -6 & 1 \\ 7 & -9 & 2 \\ 1 & -12 & 3 \end{vmatrix} = \begin{vmatrix} 4 & -6 & 1 \\ 3 & -3 & 1 \\ -6 & -3 & 1 \end{vmatrix} = \begin{vmatrix} 4 & -3 & 1 \\ 3 & 0 & 1 \\ -6 & 0 & 1 \end{vmatrix} = 3 , 9 = 27$$

$$\begin{vmatrix} 4 & -5 & -6 \\ 7 & -11 & -9 \\ 1 & 1 & -12 \end{vmatrix} = -3 \begin{vmatrix} 4 & -5 & 2 \\ 7 & -11 & 3 \\ 1 & 1 & 4 \end{vmatrix} = -3 \begin{vmatrix} 9 & -5 & 22 \\ 18 & -11 & 47 \\ 0 & 1 & 0 \end{vmatrix}$$

$$= +27 \begin{vmatrix} 1 & 22 \\ 2 & 47 \end{vmatrix} = 81,$$

d'où l'on tire $x = 2$, $y = 1$, $z = 3$.

206. REMARQUE. — Pour abréger le discours, nous nommerons désormais Δ le déterminant des coefficients et Δ_x, Δ_y, Δ_z les déterminants qui forment les numérateurs de x, y, z; ces déterminants se déduisant de Δ,

comme nous l'avons dit ci-dessus. — Nous désignerons
par δ l'un quelconque des déterminants mineurs qu'on
obtient en supprimant une colonne et une ligne dans Δ.

207. Théorème II. — *Si Δ est nul et que l'un au moins
des déterminants δ ne soit pas nul, le système des équations est
en général impossible. — Il devient indéterminé si celui des dé-
terminants Δ_x, Δ_y, Δ_z, qui contient le mineur δ, différent de
zéro, est nul lui-même. — Dans ce cas, les trois équations du
système se réduisent aux deux qui présentent le déterminant
δ, différent de zéro, et deux des inconnues sont des fonctions
linéaires déterminées de la troisième parfaitement arbitraire.*

Supposons $\Delta = 0$ et supposons en même temps

$$\delta = \begin{vmatrix} b' & c' \\ b'' & c'' \end{vmatrix} \gtrless 0.$$

Formons le déterminant

$$\begin{vmatrix} ax + by + cz + d & , & b & , & c \\ a'x + b'y + c'z + d' & , & b' & , & c' \\ a''x + b''y + c''z + d'' & , & b'' & , & c'' \end{vmatrix},$$

il se réduit à

$$\Delta_x = \begin{vmatrix} d & b & c \\ d' & b' & c' \\ d'' & b'' & c'' \end{vmatrix},$$

quelles que soient les inconnues x, y, z.

D'un autre côté, pour toutes les valeurs des inconnues
qui satisfont aux deux équations

$$a'x + b'y + c'z + d = 0,$$
$$a''x + b''y + c''z + d'' = 0,$$

(et il y en a une infinité puisque, δ n'étant pas nul, on peut les résoudre par rapport à y et z), le même déterminant se réduit à

$$\begin{vmatrix} ax + by + cz + d & b & c \\ 0 & b' & c' \\ 0 & b'' & c'' \end{vmatrix} = (ax + by + cz + d) \begin{vmatrix} b' & c' \\ b'' & c'' \end{vmatrix};$$

donc

$$(ax + by + cz + d)\,\delta = \Delta_x$$

pour toutes les valeurs des inconnues qui satisfont aux deux dernières équations. Donc, *en général*, la première équation est contradictoire avec le système des deux autres.

Mais si *en particulier*

$$\Delta_x = \begin{vmatrix} d & b & c \\ d' & b' & c' \\ d'' & b'' & c'' \end{vmatrix} = \begin{vmatrix} d & b & c \\ d' & & \\ d'' & \delta & \end{vmatrix} = 0$$

alors la première équation est satisfaite identiquement par toute solution des deux autres. Le système se réduit donc à ces deux équations, qui donnent sans impossibilité ni indétermination y et z en fonction de la troisième inconnue x, entièrement arbitraire.   C. Q. F. D.

208. THÉORÈME III. — *Si $\Delta = 0$ et que tous les δ soient nuls en même temps, sans que les 9 coefficients des inconnues soient tous nuls, le système est en général impossible. — Il devient indéterminé si les déterminants δ qui contiennent le coefficient différent de zéro sont nuls. — Dans ce cas particulier, le système se réduit à l'équation qui contient ce coefficient et qui donne une des inconnues en fonction des deux autres entièrement arbitraires.*

B. ALG. ÉLÉM.   14

Supposons $\Delta = 0$; supposons que tous les δ soient nuls et supposons enfin, par exemple,

$$c'' \gtrless 0.$$

Formons les deux déterminants

$$\begin{vmatrix} ax + by + cz + d \;,\; c \\ a''x + b''y + c''z + d''\,,\; c'' \end{vmatrix} \qquad \begin{vmatrix} a'x + b'y + c'z + d'\;,\; c' \\ a''x + b''y + c''z + d''\;,\; c'' \end{vmatrix}.$$

Ils se réduisent respectivement à

$$\begin{vmatrix} d & c \\ d'' & c'' \end{vmatrix} \qquad\qquad \begin{vmatrix} d' & c' \\ d'' & c'' \end{vmatrix}$$

quelles que soient les inconnues.

D'un autre côté, pour toutes les valeurs des inconnues qui satisfont à la dernière équation (et il y en a une infinité puisque $c'' \gtrless 0$), ces déterminants deviennent respectivement

$$\begin{vmatrix} ax + by + cz + d \;,\; c \\ 0 \qquad\qquad\quad c'' \end{vmatrix} = (ax + by + cz + d)c'',$$

$$\begin{vmatrix} a'x + b'y + c'z + d'\;,\; c' \\ 0 \qquad\qquad\quad c'' \end{vmatrix} = (a'x + b'y + c'z + d')c'',$$

donc

$$(ax + by + cz + d)c'' = \begin{vmatrix} d & c \\ d'' & c'' \end{vmatrix},$$

$$(a'x + b'y + c'z + d)c'' = \begin{vmatrix} d' & c' \\ d'' & c'' \end{vmatrix}.$$

Donc, *en général*, les deux premières équations sont chacune incompatibles avec la troisième.

Dans le cas *particulier* où

$$\begin{vmatrix} d & c \\ d'' & c'' \end{vmatrix} = 0,$$

la première équation est une conséquence de la troisième, c'est-à-dire est satisfaite par toutes les valeurs des inconnues qui satisfont à la troisième. Mais la seconde est toujours incompatible avec cette troisième et le système est encore impossible.

Dans le cas, *plus particulier* où, en outre,

$$\begin{vmatrix} d' & c' \\ d'' & c'' \end{vmatrix} = 0,$$

les deux premières équations sont satisfaites par toutes les valeurs des inconnues qui satisfont à la troisième. Le système se réduit donc à cette troisième équation, qui fournit z sans impossibilité en fonction de x et de y qui restent entièrement arbitraires.   C. Q. F. D.

209. THÉORÈME IV. — *Si les neuf coefficients des inconnues sont nuls, le système est impossible ou indéterminé.*

En effet, les équations deviennent dans ce cas

$$0.x + 0\,y + 0.z + d = 0 \quad \text{ou} \quad d = 0$$
$$0.x + 0.y + 0.z + d' = 0 \quad \text{ou} \quad d' = 0$$
$$0.x + 0.y + 0.z + d'' = 0 \quad \text{ou} \quad d'' = 0.$$

D'où l'on voit qu'elles sont contradictoires si les trois coefficients d, d', d'' ou quelques-uns d'entre eux sont différents de zéro, et qu'elles sont complétement indéterminées si ces trois coefficients sont nuls.   C. Q. F. D.

§ III. — ÉQUATIONS HOMOGÈNES A TROIS INCONNUES.

210. Théorème. — *Trois équations homogènes du premier degré à trois inconnues*

$$(1) \quad \begin{cases} ax + by + cz = 0 \\ a'x + b'y + c'z = 0 \\ a''x + b''y + c''z = 0 \end{cases}$$

n'ont pas d'autre solution que $x = 0$, $y = 0$, $z = 0$, *si le déterminant* Δ *des coefficients est différent de zéro.*

Ce théorème est une conséquence immédiate du théorème **(205)**. Les numérateurs des inconnues x, y, z, sont nuls.

211. Théorème. — *Si le déterminant* Δ *des coefficients est nul sans que tous les* δ *le soient, le système* (1) *est indéterminé, et se réduit à deux équations, qui donnent sans impossibilité ni indétermination deux des inconnues en fonction de la troisième entièrement arbitraire. — Les inconnues déterminées sont celles dont le déterminant* δ *des coefficients n'est pas nul.*

Soit

$$\delta = \begin{vmatrix} b' & c' \\ b'' & c'' \end{vmatrix} \gtrless 0.$$

Formons le déterminant

$$\begin{vmatrix} ax + by + cz & b & c \\ a'x + b'y + c'z & b' & c' \\ a''x + b''y + c''z & b'' & c'' \end{vmatrix}.$$

Il se réduit à zéro, dans notre hypothèse, puisque $\Delta = 0$.

D'un autre côté, pour toutes les valeurs des inconnues qui satisfont aux équations

$$a'x + b'y + c'z = 0$$
$$a''x + b''y + c''z = 0$$

(et il y en a une infinité puisque, δ étant différent de zéro, on peut résoudre par rapport à y et z), le déterminant se réduit à

$$\begin{vmatrix} ax+by+cz & , & b & c \\ 0 & & b' & c' \\ 0 & & b'' & c'' \end{vmatrix} = (ax+by+cz)\begin{vmatrix} b' & c' \\ b'' & c'' \end{vmatrix} = (ax+by+cz)\,\delta.$$

Donc, pour ces valeurs des inconnues,

$$(ax + by + cz)\delta = 0\,;$$

mais δ est différent de zéro; donc

$$ax + by + cz = 0$$

pour ces valeurs des inconnues. Donc la première équation est satisfaite par toutes les valeurs des inconnues qui satisfont au deux dernières; donc elle en est une conséquence et le système se réduit aux deux dernières équations qui déterminent y et z en fonction linéaire de x.

Cette résolution donne

$$y = -\frac{\begin{vmatrix} a' & c' \\ a'' & c'' \end{vmatrix} x}{\begin{vmatrix} b' & c' \\ b'' & c'' \end{vmatrix}} \qquad z = -\frac{\begin{vmatrix} b' & a' \\ b'' & a'' \end{vmatrix} x}{\begin{vmatrix} b' & c' \\ b'' & c'' \end{vmatrix}},$$

ou bien

$$\frac{x}{\begin{vmatrix} b' & c' \\ b'' & c'' \end{vmatrix}} = \frac{y}{-\begin{vmatrix} a' & c' \\ a'' & c'' \end{vmatrix}} = \frac{z}{\begin{vmatrix} a' & b' \\ a'' & b'' \end{vmatrix}}.$$

Formules d'un emploi fréquent, qu'il est d'ailleurs facile de retenir.

212. THÉORÈME. — *Si* $\Delta = 0$, *et si en même temps tous les mineurs* δ *sont nuls, mais que l'un des neuf coefficients ne soit pas nul, le système est indéterminé et se réduit à l'équation qui présente le coefficient différent de zéro. — Cette équation donne sans impossibilité ni indétermination l'inconnue, affectée du coefficient différent de zéro, en fonction linéaire des deux autres qui sont complétement arbitraires.*

Supposons $\Delta = 0$, tous les δ nuls et $c'' \gtrless 0$, par exemple. Formons les deux déterminants

$$\begin{vmatrix} ax + bx + cz & c \\ a''x + b''y + c''z & c'' \end{vmatrix} \qquad \begin{vmatrix} a'x + b'y + c'z & c' \\ a''x + b''y + c''z & c'' \end{vmatrix}$$

Ils sont nuls quelles que soient les inconnues x, y, z d'après nos hypothèses; on le voit en les transformant en sommes de déterminants.

D'ailleurs, pour toutes les valeurs des inconnues qui satisfont à l'équation $a''x + b''y + c''z = 0$ (et il y en a une infinité, puisque $c'' \gtrless 0$), ces déterminants deviennent

$$\begin{vmatrix} ax + by + cz & c \\ 0 & c'' \end{vmatrix} = (ax + by + cz)\ c''$$

$$\begin{vmatrix} a'x + b'y + c'z & c' \\ 0 & c'' \end{vmatrix} = (a'x + b'y + c'z)\ c'',$$

et puisque $c'' \gtrless 0$, on a aussi

$$ax + by + cz = 0 \quad , \quad a'x + b'y + c'z = 0$$

pour ces mêmes valeurs des inconnues. — Donc les deux premières équations sont satisfaites identiquement par toute solution de la troisième. Le système (1) se réduit donc à cette troisième qui détermine z en fonction linéaire de x et y entièrement arbitraires.

213. THÉORÈME. — *Si les 9 coefficients des inconnues sont nuls, les équations deviennent identiques ; les inconnues sont arbitraires et indépendantes.*

Ce théorème est évident.

§ IV. — INTERPRÉTATION GÉOMÉTRIQUE D'UN SYSTÈME DE TROIS ÉQUATIONS DU PREMIER DEGRÉ A TROIS INCONNUES.

214. DÉFINITIONS. — Imaginons dans l'espace trois

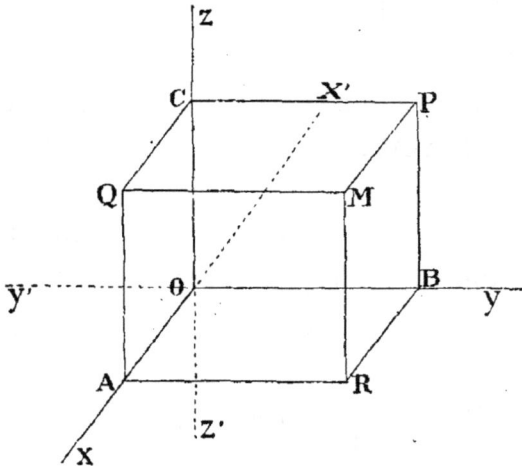

plans rectangulaires, que nous nommerons *plans coordonnés ;* ils se coupent deux à deux suivant trois axes ox, oy, oz, que nous nommerons *axes de coordonnées*, et déterminent huit trièdres qui contiennent tous les points de l'espace.

Un point M est déterminé quand on connaît ses trois distances

$$MP = OA, \quad MQ = OB, \quad MR = OC$$

aux trois plans coordonnés et de plus l'angle trièdre où il se trouve.

En affectant d'un signe les trois lignes OA, OB, OC, + ou —, suivant qu'elles sont portées sur les demi-axes *ox*, *oy*, *oz* ou sur leurs prolongements, il suffit de donner *ces trois coordonnées* en grandeurs et en signes pour déterminer le point M.

215. THÉORÈME. — *Tout plan est représenté par une équation du premier degré à une, deux ou trois variables* x, y, z.

1° Si un plan est parallèle à l'un des plans coordonnés, au plan *xy*, par exemple, sa distance à ce plan est constante; donc un point quelconque M de ce plan satisfait à l'équation $z = \gamma$, en nommant γ cette distance constante.

2° Si un plan est parallèle à l'un des axes, à l'axe *oz*, par exemple, soit AB sa trace sur le plan *xy*, et soit

$$ax + by + d = 0$$

l'équation de cette trace.

Tout point M du plan se projettera sur AB, si on le projette sur *xy*; donc il aura même *x* et même *y* qu'un point R de cette droite; donc il satisfera à cette équation. Donc tout plan parallèle à l'un des axes est représenté par une équation du premier degré ne contenant pas la variable relative à l'axe auquel il est parallèle.

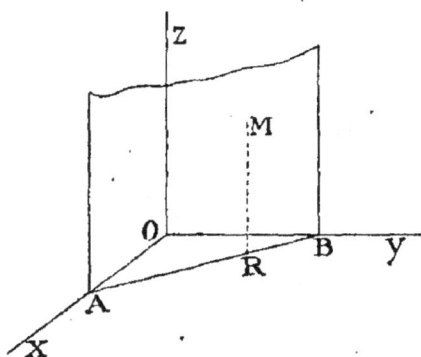

3° Soit un plan quelconque AB. De l'origine, abaissons
sur ce plan une perpen-
diculaire OI=p. Puis d'un
point quelconque de l'es-
pace abaissons sur le plan
une perpendiculaire
ML =ρ. Enfin, joignons
IL, et menons les coor-
données OP, PR, RM du
point M. Le plan sera dé-
terminé si l'on se donne
la longueur de la ligne
Op et les angles α β γ que
cette ligne fait avec les axes.

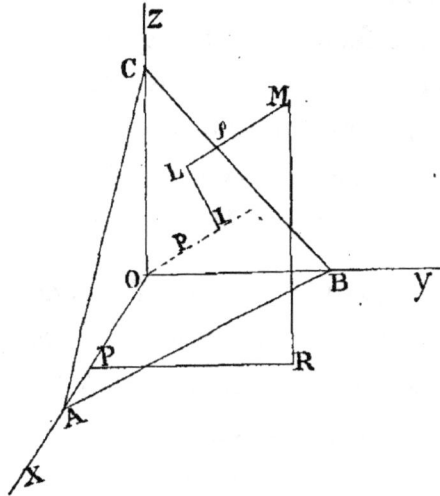

Projetons sur OI le contour OPRML, nous aurons

$$x \cos \alpha + y \cos \beta + z \cos \gamma - \rho = p$$

quel que soit le point p pris dans l'espace, et si nous prenons en particulier les points du plan pour lesquels $\rho = $o,
nous aurons toujours

$$x \cos \gamma + y \cos \beta + z \cos \gamma - p = o.$$

Donc le plan est représenté par une équation à trois variables, quand il rencontre les trois axes.

216. THÉORÈME. — *Réciproquement, toute équation du
premier degré à une, deux, trois variables représente un plan.*

1° Une équation $az + d = $o donne $z = \gamma$; donc, d'après
le théorème précédent, elle peut s'identifier avec celle
d'un plan parallèle à xy.

2° Une équation

$$ax + by + d = o$$

peut s'identifier avec celle d'un plan parallèle à l'axe des z, puisqu'un plan pareil a une équation de cette forme dans laquelle a, b, d peuvent varier de toutes les manières possibles.

3° Une équation à trois variables $ax + by + cz + d = 0$ représente un plan, car on peut l'identifier avec l'équation $x \cos \alpha + y \cos \beta + z \cos \gamma - p = 0$, en posant

$$\frac{\cos \alpha}{a} = \frac{\cos \beta}{b} = \frac{\cos \gamma}{c} = \frac{-p}{d} = \pm \frac{1}{\sqrt{a^2 + b^2 + c^2}}.$$

De ces équations, on tire d'abord p, qui détermine le signe à prendre, parce que p est une grandeur absolue; on obtient ensuite sans ambiguïté $\cos \alpha$, $\cos \beta$, $\cos \gamma$.

4° Si a, b, c deviennent nuls, sans que d s'annule, le plan est rejeté à l'infini, car p se présente sous la forme $\frac{m}{0}$.

5° Enfin si a, b, c, d deviennent nuls, le plan est indéterminé.

217. THÉORÈME. — *Trois plans*

$$\begin{aligned}
P &= ax + by + cz + d = 0 \\
P' &= a'x + b'y + c'z + d' = 0, \\
P'' &= a''x + b''y + c''z + d'' = 0
\end{aligned}$$

se coupent en un point, si le déterminant Δ *des coefficients des inconnues est différent de zéro.*

En effet, il existe dans ce cas un point M (x, y, z), dont les coordonnées satisfont à la fois aux trois équations.

218. THÉORÈME. — *Un des trois plans* P, P', P'' *est parallèle à l'intersection des deux autres ou la contient, si* $\Delta = 0$, *et si en même temps l'un des mineurs* δ *n'est pas nul.*

Dans ce cas, en effet, ou bien l'une des équations est incompatible avec le système des deux autres ou bien est satisfaite par toute solution des deux autres.

219. THÉORÈME. — *Les trois plans sont parallèles ou se confondent si* $\Delta = 0$, *et qu'en même temps tous les* δ *soient nuls, sans que les neuf coefficients des inconnues soient nuls.*

Dans ce cas, en effet, ou bien l'une des équations est in-compatible avec chacune des deux autres, ou bien l'une de ces dernières rentre dans la première, tandis que l'autre reste incompatible avec la première ; ou bien deux des équations rentrent chacune dans la troisième.

220. THÉORÈME. — *Le point de rencontre des trois plans est rejeté à l'infini ou il est indéterminé, quand les neuf coefficients des variables sont nuls.*

En effet, les trois plans sont rejetés à l'infini ou deviennent indéterminés.

§ V. — ÉQUATIONS DU PREMIER DEGRÉ A UN NOMBRE QUELCONQUE D'INCONNUES

221. PROBLÈME. — *Soit à résoudre un système de cinq équations à cinq inconnues*

$$(1) \quad A = 0 \quad A_1 = 0 , A_2 = 0 , A_3 = 0 , A_4 = 0.$$

En se servant des principes généraux du chapitre VII, on peut éliminer une des cinq inconnues u, v, x, y, z, par exemple z, entre la première et chacune des quatre autres, et remplacer le système (1) par le système équivalent

$$(2) \quad A = 0 , B = 0 , B_1 = 0 , B_2 = 0 , B_3 = 0,$$

B, B_1, B_2, B_3 ne contenant plus z.

En suivant les mêmes principes, on peut éliminer une inconnue, y par exemple, entre $B = 0$ et les trois autres équations, et remplacer le système (2) par le système équivalent

(3) $A = 0$, $B = 0$, $C = 0$, $C_1 = 0$, $C_2 = 0$,

dans lequel C, C_1, C_2 ne contiennent ni y ni z.

En éliminant de la même manière une inconnue, x par exemple, entre $C = 0$ et les deux dernières équations, on remplacera le système (3) par le suivant équivalent :

(4) $A = 0$, $B = 0$, $C = 0$, $D = 0$, $D_1 = 0$,

les deux dernières ne contenant plus x, y, z.

Enfin en éliminant v entre D et D_1, on remplacera le système (4) par le système équivalent

(5) $A = 0$, $B = 0$, $C = 0$, $D = 0$, $E = 0$,

la dernière équation ne contenant que u, la précédente $u\,v$; la précédente $u\,v\,x$, la précédente $u\,v\,x\,y$, la première $u\,v\,x\,y\,z$.

De la dernière, on tirera u; puis au moyen du principe de substitution on tirera v de l'équation $D = 0$. Le même principe de substitution permettra de tirer ensuite successivement x de l'équation $C = 0$, y de l'équation $B = 0$, z de l'équation $A = 0$.

REMARQUE. — Cette méthode élémentaire s'applique avec avantage aux équations numériques. Elle présente souvent des simplifications qui résultent de ce que les équations données ne renferment pas toutes les inconnues, et que, par suite, certaines éliminations sont toutes faites.

222. APPLICATION. — Soit à résoudre le système

$$(1) \quad \begin{cases} u - 2x + 3z & = 6 \\ v + 3x - 2y & = 9 \\ u + x - y + 4z = 17 \\ 3u - 2v + z & = 8 \\ 5u + x - z & = 4 \end{cases}$$

Éliminons z entre la première équation et chacune des autres, suivant la méthode indiquée ci dessus. La seconde équation ne renfermant pas z, l'élimination de cette variable est toute faite et il ne reste qu'à combiner la première avec chacune des trois dernières. On obtient, tout-calcul fait, le système équivalent suivant :

$$(2) \quad \begin{cases} u - 2x + 3z = 6 \\ v + 3x - 2y = 9 \\ u - 11x + 5y = -27 \\ 4u - 3v + x = 9 \\ 16u + x = 18 \end{cases}$$

Éliminons y entre la seconde et chacune des trois dernières, nous obtiendrons le système équivalent :

$$(3) \quad \begin{cases} u - 2x + 3z = 6 \\ v + 3x - 2y = 9 \\ 2u + 3v - 13x = -27 \\ 4u - 3v + x = 9 \\ 16u + x = 18 \end{cases}$$

Éliminons x entre la dernière et chacune des deux précédentes, nous aurons le système équivalent suivant :

$$(4) \quad \begin{cases} u - 2x + 3z = 6 \\ v + 3x - 2y = 9 \\ 16u + x = 18 \\ 12u + 3v = 9 \\ 70u + v = 69. \end{cases}$$

Enfin éliminons v entre les deux dernières, le système deviendra

(5)
$$
\begin{cases}
u - 2x + 5z = 6 \\
v + 5x - 2y = 9 \\
16u + x = 18 \\
12u + 5v = 9 \\
u = 1.
\end{cases}
$$

De là nous déduisons de proche en proche, par le théorème de substitution

$$u = 1 \ , \ v = -1 \ , \ x = 2 \ , \ y = -2 \ , \ z = 5.$$

§ VI. — MÉTHODE DE RÉSOLUTION TIRÉE DES PROPRIÉTÉS DES DÉTERMINANTS

223. Nous allons généraliser facilement la méthode employée dans le cas de deux et trois inconnues. Cette méthode aura l'avantage de nous faire connaître en même temps les conditions nécessaires et suffisantes de possibilité, d'impossibilité et d'indétermination.

Nous nous bornerons au cas de cinq équations à cinq inconnues, et nous emprunterons à M. Rouché (*Comptes rendus de l'Académie des sciences*, 29 novembre 1875) l'élégante méthode qui permet de distinguer facilement tous les cas qui peuvent se présenter.

224. LEMME. — Soit le déterminant

$$
\Delta =
\begin{vmatrix}
a_1 & b_1 & c_1 & d_1 & e_1 \\
a_2 & b_2 & c_2 & d_2 & e_2 \\
a_3 & b_3 & c_3 & d_3 & e_3 \\
a_4 & b_4 & c_4 & d_4 & e_4 \\
a_5 & b_5 & c_5 & d_5 & e_5
\end{vmatrix}
= (a_1 b_2 c_3 d_4 e_5).
$$

On aura, en le développant en mineurs du quatrième ordre, que nous représentons chacun par leur diagonale entre parenthèse,

$$\Delta = a_1(b_2 c_3 d_4 e_5) - a_2(b_1 c_3 d_4 e_5) + a_3(b_1 c_2 d_4 e_5) - a_4(b_1 c_2 d_3 e_5)$$
$$+ a_5(b_1 c_2 d_3 e_4)$$
$$0 = b_1(b_2 c_3 d_4 e_5) - b_2(b_1 c_3 d_4 e_5) + b_3(b_1 c_2 d_4 e_5) - b_4(b_1 c_2 d_3 e_5)$$
$$+ b_5(b_1 c_2 d_3 e_4).$$

La dernière identité résulte de ce qu'un déterminant est nul quand il présente deux colonnes identiques. Si dans Δ on remplace successivement a par c, d, e, le résultat sera nul, pour la même raison.

Pour abréger, nous désignerons par δ_1 l'un quelconque des mineurs du quatrième ordre, qu'on obtient en supprimant une ligne et une colonne; par δ_2 l'un quelconque des mineurs qu'on obtient en supprimant deux lignes et deux colonnes, etc...

225. PROBLÈME. — *Résoudre le système des cinq équations à cinq inconnues*

$$(1) \begin{cases} a_1 u + b_1 v + c_1 x + d_1 y + e_1 z + f_1 = 0 & U_1 = 0 \\ a_2 u + b_2 v + c_2 x + d_2 y + e_2 z + f_2 = 0 & U_2 = 0 \\ a_3 u + b_3 v + c_3 x + d_3 y + e_3 z + f_3 = 0 & U_3 = 0 \\ a_4 u + b_4 v + c_4 x + d_4 y + e_4 z + f_4 = 0 & U_4 = 0 \\ a_5 u + b_5 v + c_5 x + d_5 y + e_5 z + f_5 = 0 & U_5 = 0 \end{cases}$$

Il y a plusieurs cas à distinguer.

THÉORÈME I. — *Si Δ est différent de zéro, le système a une solution déterminée. — Chaque inconnue est égale à une fraction ayant pour dénominateur Δ changé de signe et pour numérateur Δ dans lequel la colonne des coefficients de l'incon-*

*nue considérée est remplacée par la colonne des termes indépen-
dants* f.

En effet, puisque $\Delta \gtreqless 0$, l'un au moins des δ_1 est différent de zéro.

Multiplions respectivement les équations (1) par les δ_1
suivants :

$$+(b_2c_3d_4e_5)-(b_1c_3d_4e_5)+(b_1c_2d_4e_5)-(b_1c_2d_3e_5)+(b_1c_2d_3e_4),$$

puis ajoutons. Nous pourrons remplacer par cette combinaison celle des équations (1) qui a été multipliée par le
δ_1 différent de zéro. Cette nouvelle équation sera, d'après
le lemme,

$$u.\Delta + \Delta_u = 0,$$

en nommant Δ_u le déterminant Δ dans lequel la colonne
des a sera remplacée par la colonne des f.

Si nous avions multiplié respectivement par les δ_1 suivants :

$$-(a_2c_3d_4e_5)+(a_1c_3d_4e_5)-(a_1c_2d_4e_5)+(a_1c_2d_3e_5)-(a_1c_2d_3e_4),$$

nous aurions obtenu

$$v.\Delta + \Delta_v = 0.$$

En multipliant ensuite par les déterminants mineurs

$$+(a_2b_3d_4e_5)-(a_1b_3d_4e_5)+(a_1b_2d_4e_5)-(a_1b_2d_3e_5)+(a_1b_2d_3e_4),$$

puis par

$$-(a_2b_3c_4e_5)+(a_1b_3c_4e_5)-(a_1b_2c_4e_5)+(a_1b_2c_3e_5)-(a_1b_2c_3e_4),$$

puis par

$$+(a_2b_3c_4d_5)-(a_1b_3c_4d_5)+(a_1b_2c_4d_5)-(a_1b_2c_3d_5)+(a_1b_2c_3d_4),$$

on obtiendra successivement :

$$x.\Delta + \Delta_x = 0,$$
$$y.\Delta + \Delta_y = 0,$$
$$z.\Delta + \Delta_z = 0,$$

D'où l'on tire les valeurs des inconnues indiquées dans l'énoncé du théorème.

THÉORÈME II. — *Si Δ est nul et si l'un au moins des δ_1 n'est pas nul, le système est impossible en général; il est indéterminé dans le cas particulier où celui des cinq déterminants $\Delta_u \, \Delta_v \, \Delta_x \, \Delta_y \, \Delta_z$. qui contient le δ_1 différent de zéro est identiquement nul. — Dans ce dernier cas, le système se réduit à quatre équations qui fournissent, sans impossibilité ni indétermination, quatre des inconnues en fonction de la cinquième.*

Supposons

$$\delta_1 = \begin{vmatrix} b_2 & c_2 & d_2 & e_2 \\ b_3 & c_3 & d_3 & e_3 \\ b_4 & c_4 & d_4 & e_4 \\ b_5 & c_5 & d_5 & e_5 \end{vmatrix} \gtrless 0.$$

Formons le déterminant

$$(2) \quad \begin{vmatrix} a_1u + b_1v + c_1x + d_1y + e_1z + f_1 & b_1 & c_1 & d_1 & e_1 \\ a_2u + b_2v + c_2x + d_2y + e_2z + f_2 & b_2 & c_2 & d_2 & e_2 \\ a_3u + b_3v + c_3x + d_3y + e_3z + f_3 & b_3 & c_3 & d_3 & e_3 \\ a_4u + b_4v + c_4x + d_4y + e_4z + f_4 & b_4 & c_4 & d_4 & e_4 \\ a_5u + b_5v + c_5x + d_5y + e_5z + f_5 & b_5 & c_5 & d_5 & e_5 \end{vmatrix}.$$

Il se réduit en vertu de nos hypothèses, quelles que soient les valeurs des inconnues, à

$$\begin{vmatrix} f_1 & b_1 & c_1 & d_1 & e_1 \\ f_2 & & & & \\ f_3 & & \delta_1 & & \\ f_4 & & & & \\ f_5 & & & & \end{vmatrix} = \Delta_u,$$

la notation précédente indiquant que ce déterminant se compose de δ_1 auquel on a ajouté une ligne et une colonne.

D'un autre côté, pour toutes les valeurs des inconnues qui satisfont aux quatre dernières équations (1), (et il y en a une infinité puisque, δ_1 n'étant pas nul, on peut résoudre par rapport à v, x, y, z), le déterminant (2) se réduit à

$$(a_1 u + b_1 v + c_1 x + d_1 y + e_1 z + f_1)\, \delta_1.$$

Donc :

$$(a_1 u + b_1 v + c_1 x + d_1 y + e_1 z + f_1)\, \delta_1 = \Delta_u$$

pour toutes les valeurs de ces inconnues.

En général, Δ_u est différent de zéro; donc la première équation est en général incompatible avec le système des quatre autres.

Si, en particulier, $\Delta_u = 0$, toutes choses égales d'ailleurs, la première équation est une conséquence des quatre dernières. Le système (1) se réduit à ces quatre équations qui feront connaître $v\,x\,y\,z$ en fonction de u, sans impossibilité ni indétermination, puisque $\delta_1 \gtrless 0$.   C. Q. F. D.

THÉORÈME III. — *Si* $\Delta = 0$, *si en même temps tous les* δ_1 *sont nuls, mais que tous les* δ_2 *ne le soient pas, le système est en général impossible.* — *Il est indéterminé dans un cas particulier.* — *Dans ce dernier cas, il se réduit à trois équations qui donnent sans impossibilité ni indétermination trois des inconnues en fonction linéaire des deux autres entièrement arbitraires.*

Supposons

$$\delta_2 = \begin{vmatrix} c_3 & d_3 & e_3 \\ c_4 & d_4 & e_4 \\ c_5 & d_5 & e_5 \end{vmatrix} \gtrless 0$$

Formons les déterminants

$$(3) \quad \begin{vmatrix} U_1 & c_1 & d_1 & e_1 \\ U_3 & c_3 & d_3 & e_3 \\ U_4 & c_4 & d_4 & e_4 \\ U_5 & c_5 & d_5 & e_5 \end{vmatrix} \qquad (4) \quad \begin{vmatrix} U_2 & c_2 & d_2 & e_2 \\ U_3 & c_3 & d_3 & e_3 \\ U_4 & c_4 & d_4 & e_4 \\ U_5 & c_5 & d_5 & e_5 \end{vmatrix}.$$

Ils se réduisent respectivement à

$$(5) \quad \begin{vmatrix} f_1 & c_1 & d_1 & e_1 \\ f_3 & c_3 & d_3 & e_3 \\ f_4 & c_4 & d_4 & e_4 \\ f_5 & c_5 & d_5 & e_5 \end{vmatrix} \qquad (6) \quad \begin{vmatrix} f_2 & c_2 & d_2 & e_2 \\ f_3 & c_3 & d_3 & e_3 \\ f_4 & c_4 & d_4 & e_4 \\ f_5 & c_5 & d_5 & e_5 \end{vmatrix}$$

quelles que soient les variables $u\,v\,x\,y\,z$.

D'un autre côté, pour les valeurs des variables qui satisfont aux équations

$$U_3 = 0 \,,\, U_4 = 0 \,,\, U_5 = 0$$

(et il y en a une infinité puisque, δ_2 étant différent de zéro, on peut résoudre par rapport à $x\,y\,z$), les déterminants (3) et (4) se réduisent à

$$U_1 \delta_2 \qquad,\qquad U_2 \delta_2.$$

Donc

$$U_1 \delta_2 = \begin{vmatrix} f_1 & c_1 & d_1 & e_1 \\ f_3 & & & \\ f_4 & & \delta_2 & \\ f_5 & & & \end{vmatrix} \qquad U_2 \delta_2 = \begin{vmatrix} f_2 & c_2 & d_2 & e_2 \\ f_3 & & & \\ f_4 & & \delta_2 & \\ f_5 & & & \end{vmatrix}.$$

Donc, en général, les équations $U_1 = 0$ et $U_2 = 0$ sont incompatibles avec les trois autres, dans le cas qui nous occupe.

Mais si on a à la fois

$$\begin{vmatrix} f_1 & c_1 & d_1 & e_1 \\ f_3 & c_3 & d_3 & e_3 \\ f_4 & c_4 & d_4 & c_4 \\ f_5 & c_5 & d_5 & e_5 \end{vmatrix} = 0 \qquad \begin{vmatrix} f_2 & c_2 & d_2 & e_2 \\ f_3 & c_3 & d_3 & e_3 \\ f_4 & c_4 & d_4 & c_4 \\ f_5 & c_5 & d_5 & e_5 \end{vmatrix} = 0 \,,$$

le système se réduit aux trois dernières équations, qui fourniront xyz en fonction linéaire de u et x, sans impossibilité ni indétermination, puisque $\delta_2 \gtreqless 0$.

C. Q. F. D.

REMARQUE. — Nous n'énonçons pas la loi de formation des déterminants (5) et (6), qui jouent un rôle important dans ce théorème, car elle est évidente.

THÉORÈME IV. — *Si* $\Delta = 0$, *et qu'en même temps tous s* δ_1 *et tous les* δ_2 *soient nuls, mais que les* δ_3 *ne le soient pas, le système de ces équations est en général impossible.* — *Il est indéterminé dans un cas particulier et alors le système se réduit à deux équations qui fournissent sans impossibilité ni indétermination deux des inconnues en fonction linéaire des trois autres.*

Supposons, par exemple, que

$$\delta_3 = \begin{vmatrix} b_1 & c_1 \\ b_5 & c_5 \end{vmatrix} \gtreqless 0.$$

Formons les trois déterminants suivants :

$$\begin{vmatrix} U_2 & b_2 & c_2 \\ U_1 & b_1 & c_1 \\ U_5 & b_5 & c_5 \end{vmatrix} \qquad \begin{vmatrix} U_3 & b_3 & c_3 \\ U_1 & b_1 & c_1 \\ U_5 & b_5 & c_5 \end{vmatrix} \qquad \begin{vmatrix} U_4 & b_4 & c_4 \\ U_1 & b_1 & c_1 \\ U_5 & b_5 & c_5 \end{vmatrix}$$

Ils se réduisent, quelles que soient les inconnues u, v, x, y, z, à

$$D_2 = \begin{vmatrix} f_2 & b_2 & c_2 \\ f_1 & b_1 & c_1 \\ f_5 & b_5 & c_5 \end{vmatrix} \qquad D_3 = \begin{vmatrix} f_3 & b_3 & c_3 \\ f_1 & b_1 & c_1 \\ f_5 & b_5 & c_5 \end{vmatrix} \qquad D_4 = \begin{vmatrix} f_4 & b_4 & c_4 \\ f_1 & b_1 & c_1 \\ f_5 & b_5 & c_5 \end{vmatrix}.$$

D'un autre côté, pour les valeurs des inconnues qui satisfont aux deux équations $U_1 = 0$, $U_5 = 0$ (et il y en a une infinité, puisqu'on peut résoudre par rapport à v et x, δ_2 n'étant pas nul), ces mêmes déterminants se réduisent à

$$U_2\delta_3 \quad , \quad U_3\delta_3 \quad , \quad U_4\delta_3 ;$$

donc, pour ces valeurs des inconnues,

$$U_2\delta_3 = D_2 \quad , \quad U_3\delta_3 = D_3 \quad , \quad U_4\delta_3 = D_4 ,$$

d'où l'on voit que généralement chacune des équations $U_2 = 0$, $U_3 = 0$, $U_4 = 0$ est incompatible avec le système des deux équations $U_1 = 0$, $U_5 = 0$.

Mais dans le cas très-particulier où l'on a à la fois

$$\begin{vmatrix} f_2 & b_2 & c_2 \\ f_1 & b_1 & c_1 \\ f_5 & b_5 & c_5 \end{vmatrix} = 0 \quad \begin{vmatrix} f_3 & b_3 & c_3 \\ f_1 & b_1 & c_1 \\ f_5 & b_5 & c_5 \end{vmatrix} = 0 \quad \begin{vmatrix} f_4 & b_4 & c_4 \\ f_1 & b_1 & c_1 \\ f_5 & b_5 & c_5 \end{vmatrix} = 0,$$

les trois équations $U_2 = 0$, $U_3 = 0$, $U_4 = 0$ sont des consé quences des deux autres, et le système donné se réduit aux deux équations $U_1 = 0$, $U_5 = 0$, qui donnent sans impossibilité ni indétermination les deux inconnues v, x, en fonction des trois autres parfaitement arbitraires.

C. Q. F. D.

THÉORÈME V. — *Si* $\Delta = 0$, *et qu'en même temps tous les* δ_1, *tous les* δ_2, *tous les* δ_3 *soient nuls, mais que l'un des 25 coefficients des inconnues ne soit pas nul, le système est en général impossible. — Il devient indéterminé dans un cas particulier et alors le système se réduit à une équation qui donne sans impossibilité ni indétermination l'une des inconnues en fonction linéaire des quatre autres.*

Supposons, par exemple, que

$$d_3 \gtrless 0.$$

Formons les quatre déterminants

$$\begin{vmatrix} U_1 & d_1 \\ U_3 & d_3 \end{vmatrix} \quad \begin{vmatrix} U_2 & d_2 \\ U_3 & d_3 \end{vmatrix} \quad \begin{vmatrix} U_4 & d_4 \\ U_3 & d_3 \end{vmatrix} \quad \begin{vmatrix} U_5 & d_5 \\ U_3 & d_3 \end{vmatrix}.$$

Ils se réduisent, quelles que soient les inconnues, à

$$\begin{vmatrix} f_1 & d_1 \\ f_3 & d_3 \end{vmatrix} \quad \begin{vmatrix} f_2 & d_2 \\ f_3 & d_3 \end{vmatrix} \quad \begin{vmatrix} f_4 & d_4 \\ f_3 & d_3 \end{vmatrix} \quad \begin{vmatrix} f_5 & d_5 \\ f_3 & d_3 \end{vmatrix}.$$

D'un autre côté, les valeurs des inconnues qui satisfont à l'équation $U_3 = 0$ réduisent ces déterminants à

$$U_1 d_3 \quad , \quad U_2 d_3 \quad , \quad U_4 d_3 \quad , \quad U_5 d_3.$$

Donc, pour ces valeurs,

$$U_1 d_3 = \begin{vmatrix} f_1 & d_1 \\ f_3 & d_3 \end{vmatrix}, U_2 d_3 = \begin{vmatrix} f_2 & d_2 \\ f_3 & d_3 \end{vmatrix}, U_4 d_3 = \begin{vmatrix} f_4 & d_4 \\ f_3 & d_3 \end{vmatrix}, U_5 d_3 = \begin{vmatrix} f_5 & d_5 \\ f_3 & d_3 \end{vmatrix}.$$

Donc, en général, les équations $U_1 = 0$, $U_2 = 0$, $U_4 = 0$, $U_5 = 0$ sont, chacune, incompatibles avec l'équation $U_3 = 0$.

Mais dans le cas très-particulier où l'on a à la fois

$$\begin{vmatrix} f_1 & d_1 \\ f_3 & d_3 \end{vmatrix} = 0 \quad \begin{vmatrix} f_2 & d_2 \\ f_3 & d_3 \end{vmatrix} = 0 \quad \begin{vmatrix} f_4 & d_4 \\ f_3 & d_3 \end{vmatrix} = 0 \quad \begin{vmatrix} f_5 & d_5 \\ f_3 & d_3 \end{vmatrix} = 0,$$

toute solution de l'équation $U_3 = 0$ satisfait aux quatre autres. Donc le système se réduit à la seule équation $U_3 = 0$, qui donne sans impossibilité ni indétermination y en fonction linéaire des autres inconnues. C. Q. F. D.

THÉORÈME VI. — *Si les 25 coefficients des inconnues sont nuls, le système est impossible en général. — Il devient indéterminé dans le cas très-particulier où* $f_1 = 0$, $f_2 = 0$, $f_3 = 0$, $f_4 = 0$, $f_5 = 0$. — *Chaque inconnue est alors arbitraire et indépendante des autres.*

Ce théorème est évident.

§ VII. — **RÉSOLUTION D'UN SYSTÈME DE m ÉQUATIONS HOMO-GÈNES DU 1er DEGRÉ, A $m + 1$ INCONNUES.**

226. Les équations homogènes du premier degré, de la forme

$$ax + by + cz + du + \text{etc.} \ldots = 0$$

se présentent souvent dans les calculs. On peut même ramener à cette forme une équation non homogène telle que

$$ax + by + c = 0,$$

en y remplaçant x et y par les rapports $\dfrac{x}{t}$, $\dfrac{y}{t}$, sauf à donner à t la valeur *un*, à la fin du calcul.

Pour résoudre un pareil système, on regardera l'une des inconnues comme donnée; en imaginant ensuite que l'on divise tous les termes par cette inconnue, on obtiendra un système de m équations à autant d'inconnues. Ces inconnues seront les rapports $\dfrac{x}{t}$, $\dfrac{y}{t}$ ..... de m inconnues à la $(m + 1)^e$ supposée donnée.

On voit qu'en général ces équations déterminent les rapports de m inconnues à la $(m + 1)^e$; mais on comprend, par ce que nous avons dit précédemment, qu'il peut y avoir des cas d'impossibilité et des cas d'indétermination.

Nous allons démontrer le théorème suivant, qui est souvent utile dans l'application de l'algèbre à la géométrie.

227. THÉORÈME. *Un système de* m *équations homogènes du premier degré à* m $+ 1$ *inconnues a une infinité de solutions pour lesquelles les inconnues ne sont pas toutes nulles.*

Première Démonstration.

Soient, par exemple, quatre équations du premier degré à cinq inconnues

$$a_1 u + b_1 v + c_1 x + d_1 y + e_1 z = 0,$$
$$a_2 u + b_2 v + c_2 x + d_2 y + e_2 z = 0,$$
$$a_3 u + b_3 v + c_3 x + d_3 y + e_3 z = 0,$$
$$a_4 u + b_4 v + c_4 x + d_4 y + e_4 z = 0.$$

Nous pouvons regarder ce système comme un cas particulier de cinq équations à cinq inconnues, dans lesquelles :

1º Les seconds membres f_1, f_2, f_3, f_4, f_5 seraient nuls ;

2º Les coefficients a_5, b_5, c_5, d_5, e_5 des inconnues seraient aussi nuls pour l'une des équations données.

Dans ce cas, le déterminant Δ des inconnues est nécessairement nul ; donc il y a impossibilité ou indétermination. Or, en nous reportant à la discussion du nº **225**, nous voyons que nous sommes dans le cas de l'indétermination, parce que tous les seconds membres sont nuls. Donc :

Ou bien quatre inconnues sont fonctions linéaires de la cinquième entièrement arbitraire ;

Ou bien trois inconnues sont fonctions linéaires des deux autres entièrement arbitraires ;

Ou bien deux des inconnues sont fonctions linéaires des trois autres entièrement arbitraires ;

Ou bien une des inconnues est fonction linéaire des quatre autres entièrement arbitraires ;

Ou bien les inconnues sont toutes entièrement arbitraires.

Deuxième Démonstration.

On peut se dispenser de la théorie de la résolution d'un

système d'équations du premier degré, en raisonnant comme il suit :

1° Soit une équation à deux inconnues

$$ax + by = 0.$$

Si b n'est pas nul, on pourra tirer y en fonction de x; en donnant à x une valeur quelconque autre que zéro, on en déduira une valeur correspondante finie et déterminée pour y.

Si $b = 0$, on peut faire $x = 0$ et prendre pour y une valeur quelconque finie autre que zéro.

Le théorème est donc démontré dans ce cas.

2° Soient les deux équations

$$ax + by + cz = 0,$$
$$a'x + b'y + c'z = 0.$$

Si c et c' ne sont pas nuls tous deux, on tirera de l'une la valeur de z, on la substituera dans la seconde, qui prendra la forme

$$Ax + By = 0.$$

Cette équation a une infinité de solutions pour lesquelles x et y ne sont pas tous deux nuls; chaque solution fournira pour z une valeur finie et déterminée. Le système a donc une infinité de solutions telles que xyz ne soient pas nuls simultanément.

Si $c = c' = 0$, on pourra faire $x = 0$, $y = 0$ et prendre pour z une valeur quelconque différente de zéro.

3° Le système de trois équations à quatre inconnues se ramène à celui de deux équations à trois, par un raisonnement semblable.

Donc le théorème est en général.

228. EXERCICES SUR LES ÉQUATIONS A 3, 4... INCONNUES.

$$\begin{cases} x + 3y + 2z = 11. \\ 2x + y + 3z = 14. \\ 3x + 2y + z = 11. \end{cases} \quad \begin{array}{l} x=2 \\ y=1 \\ z=3 \end{array} \qquad \begin{cases} 5x - 6y + 4z = 15. \\ 7x + 4y - 3z = 19. \\ 2x + y + 6z = 46. \end{cases} \quad \begin{array}{l} x=3 \\ y=4 \\ z=9 \end{array}$$

$$\begin{cases} 4x - 5y + z = 6. \\ 7x - 11y + 2z = 9. \\ x + y + 3z = 12. \end{cases} \quad \begin{array}{l} x=2 \\ y=1 \\ z=3 \end{array} \qquad \begin{cases} 7x - 3y = 30\ldots \\ 9y - 5z = 34\ldots \\ x + y + z = 33. \end{cases} \quad \begin{array}{l} x=9 \\ y=11 \\ z=13 \end{array}$$

$$\begin{cases} 3x - y + z = 17. \\ 5x + 3y - 2z = 10. \\ 7x + 4y + 5z = 3. \end{cases} \quad \begin{array}{l} x=4 \\ y=0 \\ z=5 \end{array} \qquad \begin{cases} x + y + z = 5. \\ 3x - 5y + 7z = 75. \\ 9x - 11z + 10 = 0. \end{cases} \quad \begin{array}{l} x=5 \\ y=5 \\ z=5 \end{array}$$

$$\begin{cases} x + 2y + 3z = 6. \\ 2x + 4y + 2z = 8. \\ 3x + 2y + 8z = 101 \end{cases} \quad \begin{array}{l} x=45 \\ y=-21 \\ z=1 \end{array} \qquad \begin{cases} 6y - 4x = 3z - 7. \\ 5z - x = 2y - 3z. \\ y - 2z = 3y - 2x. \end{cases} \quad \begin{array}{l} x=10 \\ y=7 \\ z=5 \end{array}$$

$$\begin{cases} \dfrac{x+2y}{7} = \dfrac{5y+4z}{8} \\[2mm] \phantom{\dfrac{x+2y}{7}} = \dfrac{5x+6z}{9} \\[2mm] x+y-z = 126 \end{cases} \quad \begin{array}{l} x=51 \\[2mm] y=76 \\[2mm] z=1 \end{array} \qquad \begin{cases} \dfrac{1}{x} - \dfrac{1}{y} = \dfrac{1}{6} \ldots \\[2mm] \dfrac{1}{y} + \dfrac{1}{z} = 3\dfrac{5}{6} \ldots \\[2mm] \dfrac{4}{x} + \dfrac{3}{y} = \dfrac{4}{z} \ldots \end{cases} \quad \begin{array}{l} \dfrac{1}{x}=\dfrac{3}{2} \\[2mm] \dfrac{1}{y}=\dfrac{4}{3} \\[2mm] \dfrac{1}{z}=\dfrac{5}{2} \end{array}$$

$$\begin{cases} y + z = a. \\ z + x = b. \\ x + y = c. \end{cases} \quad \begin{array}{l} x = \frac{1}{2}(b+c-a) \\[2mm] y = \frac{1}{2}(c+a-b) \\[2mm] z = \frac{1}{2}(a+b-c) \end{array} \qquad \begin{cases} x+y+z = a+b+c. \\ \qquad x = \frac{2}{3}(a+b+c) - a \\ x+a = y+b \ldots \text{ etc.} \\ \quad = z+c \end{cases}$$

$$\begin{cases} y + z - x = a. \\ z + x - y = b. \\ x + y - z = c. \end{cases} \quad \begin{array}{l} x \frac{1}{2}(b+c) \\ \text{etc.} \end{array} \qquad \begin{cases} \dfrac{x}{a} + \dfrac{y}{b} + \dfrac{z}{c} = 1. \\[2mm] \dfrac{x}{a} + \dfrac{y}{c} + \dfrac{z}{b} = 1. \\[2mm] \dfrac{x}{b} + \dfrac{y}{a} + \dfrac{z}{c} = 1. \end{cases} \quad \begin{array}{l} \ldots \quad x=y \\[2mm] \ldots \quad = z \\[2mm] = \dfrac{abc}{bc+ca+ab} \end{array}$$

$$\begin{cases} v + x + y + z = 14. \\ 2v + x + 2y + z = 2. \\ 3v - x + 2y + 2z = 19. \\ \dfrac{v}{3} + \dfrac{x}{4} + \dfrac{y}{5} + \dfrac{z}{2} = 4. \end{cases} \quad \begin{array}{l} x=3 \\ x=4 \\ y=5 \\ z=2 \end{array} \qquad \begin{cases} y + z + t = a. \\ z + t + x = b. \\ t + x + y = c. \\ x + y + z = d. \end{cases} \quad \begin{array}{l} x = \dfrac{b+c+d-2a}{3} \\[2mm] \text{etc.} \end{array}$$

$$\begin{cases} xyz = a(xy + zx - yz) \\ \quad = b(xy + yz - zx) \\ \quad = c(zx + yz + xy) \end{cases} \begin{vmatrix} x = \dfrac{2bc}{b+c} \\ \text{etc.} \end{vmatrix}$$

$$\begin{cases} ax = by = cz. \\ \dfrac{1}{x} + \dfrac{1}{y} + \dfrac{1}{z} = \dfrac{1}{d} \end{cases} \begin{vmatrix} x = \dfrac{(a+b+c)d}{a} \\ y = \dfrac{(a+b+c)d}{b} \\ \text{etc.} \end{vmatrix}$$

$$\begin{cases} 5x - 3y + 7z = 2. \\ 15x + 9y - 14z = 21. \\ 25x + 3y = 25. \end{cases} \text{indéterm.}$$

$$\begin{cases} 8x - 7y + 4z = 21. \\ 5x - 9y + 6z = 1. \\ 29x - 30y + 18z = 72. \end{cases} \text{imposs.}$$

$$\begin{cases} 8x + 5y + 3z - 4t = 1. \\ 10x + 20y - 12z + 5t = 6. \\ 6x - 15y + 21z - 7t = 15. \\ 44x + 55y - 9z + 10t = 53. \end{cases} \text{indéterm.}$$

$$\begin{cases} 5x - 3y + 4z - 2t = 5. \\ 7x + 9y - 8z - 10t = 2. \\ 9x - 6y + 12z - 14t = 7. \\ 11x + 6y - 22t = 6. \end{cases} \text{imposs.}$$

CHAPITRE IX

§ I. — MÉTHODE A SUIVRE DANS LA SOLUTION DES PROBLÈMES.

229. MISE EN ÉQUATION. — L'énoncé d'un problème indique, *en général*, d'une manière plus ou moins compliquée, qu'après avoir exécuté certaines opérations sur des grandeurs données ou inconnues on arrive à une ou plusieurs identités. Si donc on représente les grandeurs inconnues par des lettres x, y... et qu'on indique par les signes algébriques les opérations que l'on ferait sur les grandeurs données et sur les grandeurs inconnues pour vérifier la bonté de ces dernières, on arrivera à une ou plusieurs *équations* et la recherche des valeurs x, y... se trouvera ramenée à la *résolution* de ces équations.

Comme l'algèbre fournit des méthodes générales et pour ainsi dire mécaniques pour la résolution des équations, on voit que toute la difficulté d'un problème se trouve dans la mise en équation.

230. PROBLÈMES NUMÉRIQUES. — Si les données du problème sont numériques, on arrive, en résolvant les équations trouvées, à des nombres pour les valeurs des inconnues. Si ces nombres sont acceptables, ils fournissent la solution du problème proposé; s'ils ne le sont pas, c'est que le problème proposé est impossible avec les données qu'il renferme.

231. PROBLÈMES LITTÉRAUX. — Si les données sont des symboles littéraux, les valeurs des inconnues seront exprimées par des fonctions plus ou moins compliquées de ces données. On appelle *formules* ces fonctions et il y a lieu de *chercher les conditions que les données doivent remplir pour que le problème proposé soit possible, impossible ou indéterminé :* c'est ce qu'on appelle *discuter* le problème.

232. EXEMPLE DE LA MISE EN ÉQUATION. — *Un réservoir plein d'eau peut se vider au moyen de deux robinets de grandeurs inégales. On ouvre le premier et on laisse couler le quart de l'eau; on ouvre ensuite le second et on les laisse couler tous les deux ensemble. Le réservoir achève ainsi de se vider dans un temps qui surpasse de* $\dfrac{5}{4}$ *d'heure celui qu'il a fallu au premier robinet seul pour vider le quart de l'eau. Si on eût ouvert les deux robinets ensemble depuis le commencement, le réservoir aurait été vidé* $\dfrac{1}{4}$ *d'heure plus tôt. Combien de temps faudrait-il :* 1° *au premier robinet seul;* 2° *au second robinet seul;* 3° *aux deux robinets coulant ensemble, pour vider la totalité du bassin?*

L'énoncé de ce problème est compliqué et c'est avec intention que nous l'avons choisi pour donner un exemple de la marche à suivre pour mettre un problème en équation.

Désignons par x le temps évalué en heures que le premier robinet coulant seul mettrait pour vider le bassin. Il mettra $\dfrac{x}{4}$ pour vider le quart. Les deux robinets étant ouverts, le reste du bassin se videra en $\dfrac{x}{4}+\dfrac{5}{4}$ ou $\dfrac{x+5}{4}$. Donc le temps mis pour vider le bassin par ces deux opérations successives sera

$$\frac{2x+5}{4}.$$

Si on eût ouvert les deux robinets dès le début, le temps employé pour le vider eût été, d'après l'énoncé,

$$\frac{2x+4}{4} \quad \text{ou} \quad \frac{x+2}{2}.$$

C'est là le temps mis par les deux robinets pour vider ensemble la totalité du bassin; pour en vider les $\frac{5}{4}$, ils mettraient donc

$$\frac{3\,(x+2)}{8}.$$

Mais nous avons vu que ce temps est $\frac{x+5}{4}$; donc nous avons l'équation

$$\frac{3\,(x+2)}{8} = \frac{x+5}{4}.$$

Nous en tirons

$$3x+6 = 2x+10,$$

puis

$$x = 4.$$

Les deux robinets coulant ensemble mettraient $\frac{x+2}{2}$ ou 3 heures pour vider le bassin.

Le premier, en une heure, vide le $\frac{1}{4}$; les deux réunis, en une heure, vident le $\frac{1}{3}$; donc le second seul, en une heure, en vide

$$\frac{1}{3} - \frac{1}{4} = \frac{1}{12}.$$

Donc il lui faudrait 12 heures pour vider le bassin entier.

233. Remarque. — Il est impossible de donner, pour la mise en équation, une règle plus explicite que la règle **229**. On conçoit que l'énoncé soit compliqué, qu'on démêle difficilement la série des opérations qu'il faudrait exécuter sur les inconnues pour en vérifier la justesse. C'est par de nombreux exercices variés que l'on parvient à se familiariser avec cette difficulté.

234. Problème littéral. — Discussion. — *Un alliage de deux métaux* A *et* B *pèse* P^k *dans le vide; la densité du premier est* a *rapportée à celle de l'eau, la densité du second est* b. *La perte de poids de l'alliage pesé dans l'eau est* π. *On suppose* a *supérieur à* b. *On demande le poids de chacun des métaux qui composent l'alliage.*

Soit x le poids du métal A; celui du métal B sera P — x. Le volume du premier métal en litres sera $\dfrac{x}{a}$; le volume du second sera $\dfrac{P-x}{b}$. La perte du premier métal pesé dans l'eau sera $\dfrac{x}{a}$; la perte du second sera $\dfrac{P-x}{b}$; donc nous aurons l'équation suivante

$$\frac{x}{a} + \frac{P-x}{b} = \pi.$$

On en déduit

$$x = \frac{a\,(P - \pi b)}{a - b}.$$

Pour que le problème soit possible et ait une solution unique et déterminée, il faut que a soit supérieur à b et, comme il s'agit ici de grandeurs absolues, il faut encore que P soit supérieur ou au moins égal à πb.

Si $a = b$ et si $P > \pi b$, le problème est impossible.

Si $a = b$ et si $P = \pi b = \pi a$, le problème est indéterminé.

235. REMARQUE. — L'algèbre indique les conditions de possibilité, d'impossibilité et d'indétermination, sans que l'esprit ait à faire effort pour se rendre compte des conditions auxquelles les données doivent satisfaire. Il est facile, dans le problème qui nous occupe, d'apercevoir par un raisonnement simple ce que nous avons trouvé par la formule de x.

Remarquons d'abord que π exprime le volume du poids P, par conséquent πb le poids du corps, s'il était formé du métal le moins dense.

Cela posé, il est clair que le poids P doit être supérieur à πb.

Si $a = b$, les deux métaux ont la même densité; donc P doit être égal à πb pour que le problème soit possible, et d'ailleurs il y a évidemment dans ce cas une infinité de solutions.

236. PROBLÈMES A RÉSOUDRE.

1. Trouver deux nombres, connaissant leur somme a et leur différence b.

   Solution : $\dfrac{a+b}{2}$, $\dfrac{a-b}{2}$.

2. Trouver le quatrième terme d'une proportion dont on connaît trois termes a, b, c.

   Solution : $x = \dfrac{bc}{a}$.

3. Une grandeur A est fonction d'une autre B et lui est directement proportionnelle; on connaît deux valeurs correspondantes de ces grandeurs, a et b; on demande la valeur a' qui correspond à b'. (Règle de trois simple directe.)

   Solution : $a' = a\,\dfrac{b'}{b}$.

4. Une grandeur A est fonction d'une autre B et lui est inversement proportionnelle; on connaît deux valeurs correspondantes de ces grandeurs, a et b; on demande la valeur a' qui correspond à b'. (Règle de trois simple inverse.)

Solution : $a' = a \dfrac{b}{b'}$.

5. Une grandeur A est fonction de plusieurs autres, B, C, D, P, Q, indépendantes. Elle est directement proportionnelle à B, C, D; elle est inversement proportionnelle à P, Q. On connaît un système de valeurs correspondantes de toutes ces grandeurs

$$a \quad b \quad c \quad d \quad p \quad q.$$

On demande la valeur a' de A quand les variables dont elle dépend deviennent respectivement

$$b' \quad c' \quad d' \quad p' \quad q'.$$

(Règle de trois composée.)

Solution : $a' = a \cdot \dfrac{b'}{b} \cdot \dfrac{c'}{c} \cdot \dfrac{d'}{d} \cdot \dfrac{p}{p'} \cdot \dfrac{q}{q'}$.

6. Trouver l'intérêt I d'un capital A, placé à r pour 1 fr. par an, pendant t années. (Règle d'intérêt simple.)

Solution : $I = Art$.

7. Trouver l'escompte e d'une somme A fr. payable au bout de t années, le taux étant de r pour 1 fr. payable au bout d'un an. (Règle d'escompte en dehors.)

Solution : $e = Art$.

8. Trouver la somme e' qu'on doit retenir sur un billet de A fr. payables au bout de t années, par la condition que la somme payée produise au même taux et pendant le même temps la somme retenue e'. Le taux est de r pour 1 fr. (Règle d'escompte en dedans.)

Solution : $e' = \dfrac{Art}{1 + rt}$.

9. Partager un nombre N en deux parties qui soient proportionnelles aux deux nombres a et b.

Solution : $\dfrac{x}{a} = \dfrac{y}{b} = \dfrac{N}{a + b}$.

10. Partager un nombre quelconque N en trois parties telles que

B. ALG. ÉLÉM.   16

les deux premières soient dans le rapport $\dfrac{a}{b}$ et que les deux der-

nières soient dans le rapport $\dfrac{c}{d}$.

Solution : $x = \dfrac{Nac}{ac + bc + bd}$, $y = \dfrac{Nbc}{ac + bc + bd}$, $z = \dfrac{Nbd}{ac + bc + bd}$.

11. Un alliage est formé de trois substances, A, B, C, qui ont pour titre respectivement α, β, γ. On prend a^k, b^k, c^k de chacune de ces substances et on en forme un mélange ; on demande son titre. — On nomme titre la quantité de métal fin contenue dans 1 kil. de la substance. (Règle d'alliage directe.)

Solution : $x = \dfrac{a\alpha + b\beta + c\gamma}{a + b + c}$.

12. Dans quelle proportion faut-il mélanger deux substances, A, B, aux titres respectifs α, β, pour que le titre du mélange soit γ? (Règle d'alliage inverse.)

Solution : $\dfrac{a}{b} = \dfrac{\beta - \gamma}{\gamma - \alpha}$.

REMARQUE. — Les problèmes précédents résument les principaux problèmes que l'on donne comme applications des règles de l'arithmétique et que l'on résout par un raisonnement simple, direct, sans employer les notations algébriques.

13. Un nombre a 4 chiffres : le chiffre des dizaines vaut le double du chiffre des unités; celui des centaines vaut le double du chiffre des dizaines; celui des mille vaut les $\dfrac{5}{2}$ de celui des unités, et si l'on retranche 3 357 du nombre, on obtient le même nombre renversé. Quel est ce nombre?
Solution : $N = 5\,842$.

14. Un lévrier poursuit un lièvre qui a 80 sauts d'avance (sauts de lièvre). Le lièvre fait 3 sauts tandis que le lévrier n'en fait que 2. Mais 2 sauts du lévrier valent 5 sauts du lièvre. Combien le lévrier doit-il faire de sauts pour atteindre le lièvre?
Solution : $x = 80$.

15. Un père partage son bien de la manière suivante : l'aîné de

ses enfants aura a fr. plus la n^e partie du reste ; le deuxième enfant, $2a$ fr. plus la n^e partie du reste ; le troisième enfant, $3a$ fr. plus la n^e partie du reste, et ainsi de suite. Le partage étant fait ainsi, l'héritage est entièrement partagé et toutes les parts sont égales. On demande : 1º la valeur de l'héritage ; 2º la part de chaque enfant ; 3º le nombre des enfants.

Solution : 1º $a\,(n-1)^2$, 2º $a\,(n-1)$; 3º $(n-1)$.

16. Un ouvrier fait a mètres d'ouvrage par jour ; un second fait b mètres. Le premier ouvrier a une avance de m mètres. Après combien de temps les ouvriers auront-ils fait le même nombre de mètres ?

Solution : $x = \dfrac{m}{b-a}$.

18. Un particulier place les $\dfrac{3}{7}$ de son avoir en 3 % au cours de 69 fr., et le reste en 4 $1/2$ au cours de 94 fr. 50. Le deuxième placement lui rapporte 580 fr. de plus que le premier. Trouver son avoir et son revenu annuel.

Solution : Avoir = 6 7620. Revenu = 3 100.

18. Un particulier a placé 150 255 fr. partie en 3 % au cours de 66 fr., partie en 4 $1/2$ au cours de 96 fr. 75. Au bout d'un an, il achète, avec les rentes qu'il a touchées, du 3 % au cours de 69 fr. 30. Il s'est acquis ainsi un revenu total de 7 230 fr. Trouver la quotité de chacun des trois placements.

Solution : 55 440, 94815, 6930.

19. On reçoit 1 822 fr. 2433... pour deux billets escomptés le 21 juin à deux taux différents : l'un de 1 200 fr. payables le 13 août, l'autre de 640 fr. payables le 7 septembre. Les deux taux sont entre eux comme 9 et 14. Trouver ces deux taux et les deux escomptes.

Solution : Taux, 4,5 ; 7. — Escomptes, 7,95 ; 9,70.

20. On veut remplacer trois billets de a fr., de b fr. et de c fr., payables respectivement dans n, n', n'' jours, par un seul billet de $(a+b+c)$ fr. Quelle doit être l'échéance de ce billet unique ?

Solution : $x = \dfrac{an + bn' + cn''}{a+b+c}$.

21. Combien faut-il mêler de vin coûtant 70 cent. le litre à 72 litres de vin à 60 cent. et à 112 litres à 84 cent., pour que le litre du mélange revienne à 74 cent. ?

Solution : 28 litres.

22. Combien faut-il prendre d'argent au titre de 0,840 et au titre de 0,910 pour composer un lingot de 3 kil. 500 au titre de 0,885?

Solution : 2 kil. 25.

23. Un bassin est alimenté par trois fontaines. La seconde et la troisième coulant ensemble le rempliraient en *a* heures; la troisième et la première coulant ensemble le rempliraient en *b* heures; la première et la deuxième coulant ensemble le rempliraient en *c* heures. Combien faudrait-il à chaque fontaine coulant seule pour le remplir?

Solution : $\dfrac{1}{x} = \dfrac{1}{2}\left(\dfrac{1}{b} + \dfrac{1}{c} + \dfrac{1}{a}\right)$, etc.

24. A et B jouent deux parties. A gagne dans la première autant d'argent qu'il en avait moins 8 fr.; il se trouve alors avoir deux fois plus d'argent que B. Dans la deuxième partie, B gagne autant d'argent qu'il lui en restait moins 4 fr. Il se trouve alors avoir autant d'argent que A. Combien avaient-ils d'argent chacun en se mettant au jeu? Combien en le quittant?

Solution : 12.

25. Quatre joueurs, A, B, C, D, conviennent qu'après chaque partie le perdant doublera l'argent des autres. Après quatre parties qu'ils perdent successivement, ils se retirent chacun avec 32 fr. Combien avaient-ils en se mettant au jeu?

Solution : $x = 66$. $y = 34$. $z = 18$. $t = 10$.

26. Un nombre de quatre chiffres est égal à 96 fois la somme de ses chiffres. Les deux chiffres du milieu forment un nombre égal à 4 fois la somme des quatre chiffres. Les trois premiers chiffres à gauche forment un nombre égal à 9 fois cette somme plus 10. Enfin les chiffres du nombre, employés dans le même ordre, expriment dans le système de base 9 un nombre plus petit de 406 unités. Quel est ce nombre?

Solution : 1728.

27. Trouver les côtés d'un triangle, connaissant les médianes *a*,*b*,*c*.

Solution : $x^2 = \dfrac{4}{9}(2b^2 + 2c^2 - a^2)$, etc.

28. Étant donnés les trois côtés *a*, *b*, *c* d'un triangle, trouver les distances *x*, *y*, *z* du centre du cercle circonscrit aux côtés et le rayon R du cercle circonscrit.

Solution : On représente la surface par S; les équations du problème sont :

$$cy + bz - aR = o,$$
$$cx + az - bR = o,$$
$$bx + ay - cR = o.$$
$$ax + by + cz = 2S.$$

On trouve

$$R = \frac{abc}{4S}, \qquad x = \frac{R(b^2 + c^2 - a^2)}{2bc}, \text{ etc.}$$

Sachant que

$$S = \sqrt{p(p-a)(p-b)(p-c)} = 16(2b^2c^2 + 2c^2a^2 + 2a^2b^2 - a^4 - b^4 - c^4).$$

29. Inscrire dans un rectangle donné un rectangle semblable à un rectangle donné. — a et b sont les côtés du rectangle, $\frac{m}{n}$ le rapport donné, x et y les segments des côtés du rectangle donné.

$$\text{Solution : } x = \frac{\frac{m}{n}b - a}{\left(\frac{m}{n}\right)^2 - 1}, \quad y = \frac{\frac{m}{n}a - b}{\left(\frac{m}{n}\right)^2 - 1}.$$

30. On a deux vases qui renferment de l'eau. On verse du second dans le premier autant d'eau qu'il y en a dans celui-ci; puis on verse du premier dans le second autant d'eau qu'il en restait dans ce dernier. Enfin, versant du second dans le premier autant d'eau qu'il en était resté dans celui-ci, on a dans chaque vase 16 litres. Que contenaient-ils au commencement?

Solution : 22 litres, 10 litres.

§ II. — SOLUTIONS NÉGATIVES.

I. — PROBLÈMES NUMÉRIQUES.

237. Si en résolvant un problème numérique dans lequel il ne s'agit que de grandeurs absolues on trouve des solutions négatives, il y a deux cas à distinguer avant de tirer une conclusion.

1° Il peut arriver qu'on ait fait quelque hypothèse dans la mise en équation. On changera l'hypothèse et l'on verra si par ce changement les solutions deviennent positives.

S'il en est ainsi, les solutions négatives avertissent le calculateur qu'il s'est trompé dans l'hypothèse à faire.

2° Si aucune hypothèse n'a été faite dans la mise en équation ou si on ne s'est pas trompé dans l'hypothèse à faire, les solutions négatives indiquent que le problème est impossible tel qu'il est énoncé.

238. EXEMPLE SE RAPPORTANT AU PREMIER CAS. — *Une personne a cinquante ans, une seconde en a 14. Quelle est l'époque où l'âge dé la première est quintuple de l'âge de la seconde?*

Admettons que cette époque soit future et appelons x le nombre d'années qui doit s'écouler jusque là, on obtiendra l'équation

$$5o + x = 5 (14 + x),$$

d'où l'on tire

$$x = -5.$$

Admettons que l'époque soit passée, l'équation deviendra

$$5o - x = 5 (14 - x)$$

et aura pour solution

$$x = 5.$$

Donc la solution négative n'indiquait pas une impossibilité, mais une faute dans la mise en équation.

239. EXEMPLE SE RAPPORTANT AU SECOND CAS. — *Deux mines de houille A et B sont distantes de 125 kilom. La houille prise en A coûte 44 fr. la tonne. En B, elle coûte*

27 *fr.* 5o. *Le transport se paie à raison de* o *fr.* o6 *par tonne et par kilom. On demande en quel point* D *de* AB *la houille reviendrait au même prix.*

Soit x la distance du point D au point A. Une tonne de houille prise en A reviendrait au point D à

$$44 + 0,06x.$$

Une tonne de houille prise en B revient en D

$$27,50 + (125 - x)\,0,06.$$

On a donc, d'après l'énoncé, l'équation

$$44 + 0,06x = 27,50 + (125 - x)\,0,06,$$

d'où

$$x = -75 \text{ kilom.}$$

Le problème tel qu'il est énoncé est donc impossible.

On peut voir *a priori* cette impossibilité. La houille de la mine B reviendrait en A à 27 fr. 5o + 7 fr. 5o = 35 fr.; ce prix est moindre que celui de la houille prise en A. — Considérons un point D intermédiaire quelconque : le prix de la houille prise en A augmentera du prix de transport, celui de la houille prise en B diminuera ; donc, pour cette double raison, il ne peut y avoir égalité entre les prix de revient des deux houilles. A gauche du point A, les deux prix augmenteraient de la même quantité et ne pourraient pas devenir égaux.

240. CORRECTION DES ÉNONCÉS DES PROBLÈMES IMPOSSIBLES. — Quand un problème sur des grandeurs absolues conduit à des solutions négatives et qu'on n'a commis aucune erreur dans la mise en équation, le problème, tel qu'il est énoncé, est insoluble ainsi que nous l'avons dit. Il est *souvent* possible, *sans changer la valeur absolue des données numériques*, de trouver un problème *voisin* du problème proposé, admettant comme solutions les mêmes nombres positifs. Voici la marche à suivre :

1° On change le signe des inconnues négatives dans les équations obtenues au *début* de la mise en équation. — Il est évident que les équations nouvelles n'auront plus que des solutions positives, car, par exemple, mettre — 4 à la place de x revient à changer d'abord le signe de x et à le remplacer ensuite par 4.

2° On cherche ensuite quelles modifications il faudrait apporter à l'énoncé pour que le nouveau problème se traduisît par les nouvelles équations.

Nous avons dit que l'on peut *souvent* trouver un problème voisin du premier admettant pour solutions les modules des solutions négatives du premier; mais cela n'est pas *toujours* possible.

241. Problème impossible dont l'énoncé peut être corrigé. — *On a acheté un certain nombre de mètres d'étoffe à un certain prix. Si l'on avait acheté 3 mètres de plus à 1 fr. de moins par mètre, on aurait dépensé 11 fr. de moins. Si l'on avait acheté 8 mètres de moins à 2 fr. de plus par mètre, on aurait dépensé 12 fr. de plus. Combien a-t-on acheté de mètres d'étoffe et combien le mètre a-t-il coûté?*

Appelons x le nombre des mètres achetés et y le prix du mètre. Nous aurons les deux équations suivantes :

$$(x+3)(y-1) = xy - 11,$$
$$(x-8)(y+2) = xy + 12.$$

De là on déduit

$$x = -10 \qquad y = -6.$$

Donc le problème est impossible tel qu'il est énoncé.

Changeons, dans les équations, x en $-x$, y en $-y$, elles deviendront

$$(x - 3)(y + 1) = xy - 11,$$
$$(x + 8)(y - 2) = xy + 12.$$

Ces équations sont satisfaites par $x = 10$ et $y = 6$. On voit ensuite qu'elles sont la traduction du problème suivant, voisin du problème proposé :

On a acheté un certain nombre de mètres d'étoffe à un certain prix. Si l'on avait acheté 3 mètres de moins en payant 1 fr. de plus par mètre, on aurait dépensé 11 fr. de moins. Si l'on avait acheté 8 mètre de plus en payant le mètre 2 fr. de moins, on aurait dépensé 12 fr. de plus. Quel est le nombre des mètres achétés et le prix du mètre ?

242. PROBLÈME IMPOSSIBLE DONT L'ÉNONCÉ NE PEUT ÊTRE CORRIGÉ.

Reprenons le problème **239**,

Changeons le signe de x, l'équation deviendra

$$44 - 0{,}06x = 27{,}50 + (125 + x)\,0{,}06.$$

Cette équation sera satisfaite par $x = 75$. Elle ne pourrait correspondre à un problème voisin du premier que si l'on admettait qu'à gauche du point A le transport de la houille donne un bénéfice à l'acheteur au lieu de lui coûter, ce qui est absurde.

AUTRE EXEMPLE.

Deux marchés de deux étoffes ont été faits dans les conditions suivantes :

La première fois, on a acheté 3 mètres de la première et 5 mètres de la seconde et l'on a dépensé 50 fr. La seconde fois, on a acheté 7 mètres de la première et 10 mètres de la seconde et l'on a dépensé 75 fr. Quel est le prix de chaque étoffe ?

En désignant par x et y les prix cherchés, on obtient les équations suivantes :

$$3x + 5y = 50,$$
$$7x + 10y = 75,$$

qui donnent :

$$x = -25 \quad , \quad y = 25.$$

Changeons le signe de x, les équations deviendront :

$$5y - 3x = 50,$$
$$10y - 7x = 75,$$

qui sont la traduction du problème suivant, fort éloigné du premier.

On a fait deux opérations commerciales dans les conditions suivantes :

Dans la première, on a acheté 5 mètres d'une étoffe et vendu 3 mètres d'une autre étoffe, on a dépensé 50 fr. — Dans la seconde, on a acheté 10 mètres de la première étoffe et vendu 7 mètres de la seconde, la dépense a été de 75 fr. Quel est, par mètre, le prix de l'étoffe achetée ? Quel est le prix de l'étoffe vendue ?

II. PROBLÈMES LITTÉRAUX.

243. Dans les problèmes littéraux les inconnues sont exprimées par des formules en fonction des données.

S'il s'agit d'un problème sur les grandeurs absolues, il faudra ajouter aux conditions générales de possibilité algébrique les conditions que les données doivent remplir pour que les inconnues soient positives.

Dans le cas où les données seraient telles que les inconnues fussent négatives, on cherchera, comme précédemment, si cela est possible, les problèmes voisins, qui auraient pour solutions les valeurs absolues des inconnues.

On peut parvenir ainsi parfois à formuler un problème général dont le problème proposé n'est qu'un cas particulier, en donnant un sens concret conventionnel aux nombres négatifs, ou, ce qui est la même chose, en considérant comme directives à deux sens opposés des grandeurs qui avaient d'abord été considérées comme absolues.

1er EXEMPLE.

244. *Deux robinets* A *et* B *donnent de l'eau dans un bassin, un troisième* C *le vide. Le premier coulant seul le remplirait en* a *heures, le second en* b *heures, le troisième coulant seul le viderait en* c *heures. En combien de temps le bassin sera-t-il rempli, les 3 robinets étant ouverts?*

Soit x ce nombre d'heures. Pendant ce temps, le bassin recevra les fractions $\dfrac{x}{a}$, $\dfrac{x}{b}$ de sa capacité, il perdra $\dfrac{x}{c}$; donc l'équation du problème est

$$\frac{x}{a} + \frac{x}{b} - \frac{x}{c} = 1,$$

d'où l'on tire

$$x = \cfrac{1}{\dfrac{1}{a} + \dfrac{1}{b} - \dfrac{1}{c}}.$$

Pour que le problème soit possible, il faut et il suffit que

$$\frac{1}{a} + \frac{1}{b} > \frac{1}{c},$$

ce qui est évident *a priori*.

Si l'on avait

$$\frac{1}{a} + \frac{1}{b} < \frac{1}{c},$$

la solution serait négative. — Si l'on change x en $-x$, l'équation du problème devient

$$\frac{x}{c} - \frac{x}{a} - \frac{x}{b} = 1,$$

d'où l'on voit que le problème voisin que la nouvelle équation traduirait serait le suivant :

Deux robinets A *et* B *vident un bassin, un troisième* C *le remplit; le premier coulant seul le viderait en* a *heures, le second en* b *heures, le troisième coulant seul le remplirait en* c *heures : dans combien de temps le bassin sera-t-il rempli, les trois robinets étant ouverts?*

On voit aussi que, *si l'on convenait de dire qu'un robinet remplissant un bassin en* — 5 *heures, c'est un robinet le vidant en* 5 *heures ;* la formule

$$x = \cfrac{1}{\dfrac{1}{a} + \dfrac{1}{b} + \dfrac{1}{c}}$$

donnerait la solution du problème général suivant, dont le problème donné n'est qu'un cas particulier :

Trois robinets sont adaptés à un bassin : le premier coulant seul le remplirait en a heures, le second le remplirait en b heures, le troisième en c heures ; dans combien de temps le bassin sera-t-il rempli, les trois robinets étant ouverts ? Les nombres a, b, c peuvent être positifs ou négatifs, mais la somme $\frac{1}{a} + \frac{1}{b} + \frac{1}{c}$ *est toujours positive.*

Mais la convention que nous indiquons serait singulière et son utilité serait si faible qu'il vaut mieux laisser en évidence tous les cas particuliers du problème que de les rassembler dans un seul énoncé.

2ᵃ Exemple.

245. *Un père et son fils ont respectivement* a *et* b *années : dans combien de temps l'âge du père sera-t-il* n *fois celui du fils ?*

Désignons par x ce nombre d'années *à venir*, l'équation du problème sera évidemment

$$a + x = n(b + x),$$

d'où l'on tire·

$$x = \frac{a - nb}{n - 1}.$$

n est un nombre supérieur à 1 ; donc le dénominateur est toujours différent de zéro et positif. Donc, pour que le problème énoncé soit possible, il faut que

$$a > nb.$$

Admettons que cette condition ne soit pas remplie et que l'on ait

$$a < nb,$$

x sera un nombre négatif et le problème sera impossible. Changeons x en $- x$ dans l'équation du problème, elle deviendra

$$a - x = n\,(b - x),$$

et l'on voit qu'elle répond au problème suivant :

Un père et son fils ont respectivement a *et* b *années, combien y a-t-il d'années que l'âge du père était* n *fois celui du fils?*

Donc, si l'on regarde un nombre d'années négatif comme exprimant un nombre d'années passées, on peut se servir de la même formule

$$x = \frac{a - nb}{n - 1}$$

pour résoudre le problème suivant, dont les deux problèmes précédents sont des cas particuliers :

Un père et son fils ont respectivement a *et* b *années. A quelle époque future ou passée l'âge du père est-il* n *fois celui du fils?*

On voit que le problème proposé se trouve alors changé en un autre où l'inconnue est une grandeur directive à deux sens, et voilà pourquoi les symboles négatifs s'introduisent naturellement dans la question.

3° EXEMPLE.

246. *Deux mobiles* M *et* M′ *marchent uniformément sur une droite, le premier avec une vitesse* a, *le second avec une vitesse* b ; *ils sont actuellement aux points* A *et* B. *On demande la position*

du point de rencontre et l'époque de leur rencontre (problème des courriers).

Ce problème comprend un grand nombre de cas particuliers et il est facile de voir que l'introduction des quantités directives ou, ce qui est la même chose, des quantités concrètes positives et négatives permet de résoudre par une même formule tous les problèmes particuliers contenus dans l'énoncé général ci-dessus.

Convenons qu'une vitesse positive sera celle d'un mobile marchant de gauche à droite, et une vitesse négative celle d'un mobile marchant en sens contraire. Convenons que, les espaces étant comptés à partir d'un point O donné, toute distance positive sera portée à droite de O et toute distance négative à gauche. Convenons enfin qu'un temps positif est un temps futur et qu'un temps négatif est un temps passé.

Cela posé, nous démontrerons les deux lemmes suivants :

LEMME I. — *La formule* $e = at$ *représente dans tous les cas la distance du mobile* A *au point où il se trouvait à l'origine du temps.*

En effet, supposons que la vitesse de A soit positive et que l'on veuille savoir la position du mobile au bout du temps futur t. Puisque le mobile parcourt a dans l'unité de temps, il parcourra at dans le temps t. Donc at exprime bien la distance de la position nouvelle du mobile à celle qu'il occupait à l'origine du temps. — Si a devient négatif, t restant positif, il est clair que at, qui sera alors négatif, représentera en grandeur et en signe l'espace e. — Si a est positif et t négatif, at sera négatif et exprimera bien en

grandeur et en signe la distance e ; enfin, si a et t sont négatifs, le produit $a\,t$ sera positif et il donnera bien encore
la position du mobile A, à droite de la position actuelle.

LEMME II. — *Si l'on désigne par α la distance positive ou
négative du point A où se trouve actuellement le mobile, au point
O duquel on compte les espaces, la formule*

$$e = \alpha + at$$

*donnera dans tous les cas la position où se trouvera le mobile à
l'époque t.*

En effet, le point A peut être à droite ou à gauche de O.
Dans chacun de ces cas, le mobile M peut occuper trois
positions :

Dans la première, nous avons

$$OM = OA + AM,$$

d'où

$$e = \alpha + at;$$

dans la seconde,

$$OM' = OA - AM',$$

d'où

$$e = \alpha - (-at) = \alpha + at;$$

dans la troisième,

$$OM'' = AM'' - OA,$$

d'où

$$-e = -at - \alpha;$$

ou bien

$$e = \alpha + at;$$

dans la quatrième,

$$OM = AM - OA, \quad \text{d'où} \quad e = at - (-\alpha) = \alpha + at;$$

dans la cinquième,

$$OM' = OA - AM', \text{ d'où } -e = -\alpha - at; \text{ ou bien } e = \alpha + at;$$

dans la sixième,

$OM'' = OA + AM''$, d'où $-e = -\alpha + (-at)$; ou bien $e = \alpha + at$.
Donc, dans tous les cas, la formule $e = \alpha + at$ donne la position du mobile M à l'époque t.

Ces préliminaires établis, soit x la distance au point O du point de rencontre et y l'époque de la rencontre. Désignons par α et β les distances au point O des positions actuelles A et B des deux mobiles. Nous aurons, d'après le second lemme, les deux équations

$$x = \alpha + ay \quad , \quad x = \beta + by;$$

on en déduit

$$y = \frac{\beta - \alpha}{a - b},$$

$$x = \frac{a\beta - b\alpha}{a - b},$$

Ces deux formules font connaître les deux inconnues, quelles que soient les données; d'où l'on voit qu'elles résolvent un très-grand nombre de problèmes particuliers.

247. Discussion. — Cette question nous fournit aussi un exemple de discussion d'un problème à deux inconnues.

Les équations du problème peuvent se mettre sous la forme

$$x - ay - \alpha = 0,$$
$$x - by - \beta = 0.$$

Le déterminant Δ des coefficients et les déterminants Δ_x, Δ qui forment les numérateurs des inconnues sont

$$\Delta = \begin{vmatrix} 1 & -a \\ 1 & -b \end{vmatrix} = a - b \quad , \quad \Delta_x = \begin{vmatrix} -\alpha & -a \\ -\beta & -b \end{vmatrix} = -(a\beta - b\alpha),$$

$$\Delta_y = \begin{vmatrix} 1 & -\alpha \\ 1 & -\beta \end{vmatrix} = -(\beta - \alpha)$$

Cela posé :

1° Si $a - b \gtrless o$, c'est-à-dire si les deux mobiles n'ont pas la même vitesse, il existe un point de rencontre et un seul ;

2° Si $a = b$, c'est-à-dire si les deux mobiles ont la même vitesse différente de zéro, le point de rencontre n'existe pas en général ;

3° Si $a = b$ et qu'en même temps $\beta = \alpha$, c'est-à-dire si les deux mobiles ont la même vitesse et s'ils sont au même point à l'origine du temps, le point de rencontre est indéterminé ;

4° Si $a = b = o$, comme Δ_y renferme les coefficients différents de zéro, c'est lui qu'il faut consulter pour savoir ce qui se passe. Or, en général, $\beta \gtrless \alpha$; donc le problème est en général impossible, ce qui est évident *a priori*. Mais si $\beta = \alpha$, alors le problème est indéterminé, ce qui est encore évident *a priori*, puisque les mobiles, confondus à l'origine du temps, restent au repos ; que, par suite, ils sont ensemble à une époque y quelconque.

4° EXEMPLE.

248. *Inscrire dans un triangle dont la base est* a *et la hauteur* h *un rectangle de périmètre* 2p.

Désignons par

    b... la base du triangle,

    h... la hauteur,

    2*p*... le périmètre du rectangle inscrit,

    x... la base du rectangle,

    y... la hauteur.

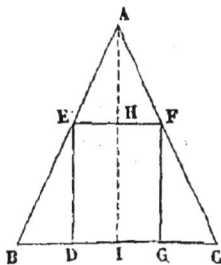

Les équations du problème seront

$$x + y = p \quad , \quad \frac{x}{b} \frac{h - y}{h},$$

ou bien

$$x + y = p,$$
$$hx + by = bh,$$

d'où l'on tire

$$x = \frac{b\,(p - h)}{b - h} \quad , \quad y = \frac{h\,(b - p)}{b - h}.$$

DISCUSSION. — 1° Si $b \lessgtr h$, les équations ont une solution unique et finie ; mais, pour que le problème soit possible, il faut encore que x et y soient positifs. Donc p, le demi-périmètre, doit être compris entre b et h, quelles que soient les relations de grandeur de ces deux lignes.

2° Si $b = h$, le problème général est impossible.

3° Dans ce dernier cas, le problème devient indéterminé si $p = b = h$, c'est-à-dire qu'un rectangle inscrit quelconque aura pour périmètre $2b = 2h$.

249. EXERCICES DE DISCUSSION.

1. Deux cercles de rayon R, R' ont leurs centres aux points O et O'. On demande à quelle distance du point O la tangente commune rencontrera la ligne des centres. — D est la distance des centres.

Solution : Tangente extérieure. . . $x = \dfrac{DR}{R - R'}$,

Tangente intérieure. . . $x = \dfrac{DR}{R + R'}.$

2. On donne sur une droite trois points OAB ; trouver sur cette droite un point M, tel que sa distance au point A soit moyenne proportionnelle entre ses distances aux points O et B.

$$OA = a, \quad OB = b, \quad OM = x.$$

Solution : $x = \dfrac{a^2}{2a - b}.$

3. Mener parallèlement à la base d'un triangle une droite DE terminée aux deux autres côtés et égale à une longueur donnée l.

$$BC = a, \quad CA = b, \quad AB = c, \quad BD = x.$$

Solution : $x = \dfrac{c\,(a - b)}{a}$.

4. Étant donnés les trois angles d'un triangle, trouver les trois côtés.

Solution : On a les trois équations

$$a - b \cos C - c \cos B = 0,$$
$$b - c \cos A - a \cos C = 0,$$
$$c - a \cos B - b \cos A = 0,$$

système de trois équations à trois inconnues. On formera le déterminant

$$\Delta = \begin{vmatrix} 1 & -\cos C & -\cos B \\ -\cos C & 1 & -\cos A \\ -\cos B & -\cos A & 1 \end{vmatrix} = 1 - \cos{}^2 A - \cos{}^2 B - \cos{}^2 C - 2\cos A \cos B \cos C.$$

On constatera qu'il est nul en le mettant sous la forme

$$\Delta = -4 \cos\frac{A + B + C}{2} \cos\frac{B + C - A}{2} \cos\frac{C + A - B}{2} \cos\frac{A + B - C}{2}.$$

On déduira de là que le système des trois équations se réduit à deux donnant les rapports des inconnues, et l'on trouvera

$$\frac{a}{\sin A} = \frac{b}{\sin B} = \frac{c}{\sin C}.$$

§ III. — INÉGALITÉS DU PREMIER DEGRÉ A UNE OU PLUSIEURS INCONNUES.

Nous avons indiqué au numéro **188** comment on peut résoudre une inégalité du premier degré à une inconnue ; on peut aussi facilement résoudre les problèmes suivants, qui se présentent quelquefois :

250. PROBLÈME. — *Résoudre deux ou plusieurs inégalités du premier degré à une inconnue.*

1° Supposons qu'on ait deux inégalités.

On les résoudra chacune par rapport à x et l'on obtiendra soit le système

$$x > a \quad , \quad x > b;$$

soit le système

$$x < a \quad , \quad x < b;$$

soit le système

$$x > a \quad , \quad x < b.$$

Dans le premier cas, on prendra x supérieur au plus grand des deux nombres a et b; dans le second, on prendra x inférieur au plus petit des deux nombres a et b; dans le troisième, on prendra x supérieur à a et inférieur à b, si c'est possible.

2° Dans le cas de trois inégalités, en procédant de la même manière, on arrivera soit au système

$$x > a \quad , \quad x > b \quad , \quad x > c;$$

soit au système

$$x > a \quad , \quad x > b \quad , \quad x < c;$$

soit au système

$$x > a \quad , \quad x < b \quad , \quad x < c;$$

soit au système

$$x < a \quad , \quad x < b \quad , \quad x < c.$$

Dans le premier cas, on prendra x supérieur au plus grand des trois nombres a, b, c.

Dans le deuxième cas, on prendra x supérieur au plus grand des deux nombres a et b et inférieur à c, si c'est possible.

Dans le troisième cas, on prendra x supérieur à a et inférieur au plus petit des deux nombres b et c, si c'est possible.

Dans le quatrième cas, on prendra x inférieur au plus petit des trois nombres a , b , c.

3° On étendrait sans difficulté le raisonnement précédent à un système de 4 , 5, etc..., inégalités à une inconnue x.

251. PROBLÈME. — *Résoudre deux ou plusieurs inégalités du premier degré à deux inconnues.*

1er CAS. — *Deux inégalités.*

Résolvons les deux inégalités par rapport à x; nous trouverons

$$x > A \quad , \quad x > B ;$$

ou bien

$$x < A \quad , \quad x < B ;$$

ou bien

$$x > A \quad , \quad x < B .$$

Dans le premier cas, nous donnerons à y une valeur arbitraire, puis nous prendrons x supérieur au plus grand des deux nombres A et B.

Dans le second, nous donnerons encore à y une valeur arbitraire, puis nous prendrons x inférieur au plus petit des deux nombres A et B.

Dans le troisième cas, il faudra que la valeur de y soit telle que

$$B > A ;$$

nous résoudrons cette inégalité par rapport à y; chacune des solutions sera substituée dans A et B; puis on prendra x entre les nombres A et B obtenus.

2e CAS. — *Trois inégalités.*

Résolvons ces inégalités par rapport à x. nous obtiendrons

$$x > A \quad , \quad x > B \quad , \quad x > C;$$

ou bien

$$x > A \quad , \quad x > B \quad , \quad x < C;$$

ou bien

$$x > A \quad . \quad x < B \quad , \quad x < C;$$

ou bien

$$x < A \quad , \quad x < B \quad , \quad x < C.$$

Dans le premier et le quatrième cas, à une valeur arbitraire de y correspondra une infinité de valeurs de x.

Dans le second, on posera les inégalités

$$C > A \quad , \quad C > B;$$

on les résoudra par rapport à y; chaque solution sera substituée dans les expressions A, B, C; on prendra ensuite x inférieur à C et supérieur au plus grand des nombres A et B.

Dans le troisième, on posera

$$B > A \quad , \quad C > A;$$

chaque solution y de ces inégalités sera substituée dans A, B, C, et l'on prendra ensuite x supérieur à A et inférieur au plus petit des nombres B et C.

On peut continuer un raisonnement semblable pour le cas de 4 , 5... inégalités.

252. PROBLÈME. — *Résoudre trois, ou quatre, ou cinq... inégalités du premier degré à trois inconnues.*

1er CAS. — *Trois inégalités.*

On résoudra les trois inégalités par rapport à x et l'on obtiendra

$$x > A \quad , \quad x > B \quad , \quad x > C;$$

ou bien

$$x > A \quad , \quad x > B \quad , \quad x < C;$$

ou bien

$$x > A \quad , \quad x < B \quad , \quad x < C;$$

ou bien

$$x < A \quad , \quad x < B \quad , \quad x < C.$$

Dans le premier cas, on donnera à y et z des valeurs arbitraires et l'on prendra x supérieur au plus grand des trois nombres A, B, C.

Dans le quatrième cas, on donnera aussi des valeurs arbitraires à y et z; puis l'on prendra x inférieur au plus petit des trois nombres A, B, C.

Dans le second cas, y et z devront satisfaire aux deux inégalités

$$C > A \quad , \quad C > B;$$

on les résoudra. Pour chaque solution, on prendra ensuite x inférieur à C et supérieur au plus grand des nombres A et B.

Dans le troisième cas, on opérera d'une façon analogue.

2ᵉ CAS. — *Quatre inégalités.*

On doit résoudre les quatre inégalités par rapport à x et l'on trouvera

$$x > A \quad , \quad x > B \quad , \quad x > C \quad , \quad x > D;$$

ou bien

$$x > A \quad , \quad x > B \quad , \quad x > C \quad , \quad x < D;$$

ou bien

$$x > A \quad , \quad x > B \quad , \quad x < C \quad , \quad x < D;$$

ou bien

$$x > A \quad , \quad x < B \quad , \quad x < C \quad , \quad x < D;$$

ou bien

$$x < A \quad , \quad x < B \quad , \quad x < C \quad , \quad x < D.$$

Dans le premier et le dernier cas, y et z sont complétement arbitraires et x est soit plus grand que le plus grand des quatre nombres, soit moindre que le plus petit.

Dans le second, y et z satisfont aux inégalités

$$D > A \quad , \quad D > B \quad , \quad D > C,$$

que l'on sait résoudre.

Dans le troisième, y et z satisfont aux inégalités

$$C > A \quad , \quad C > B \quad , \quad D > A \quad , \quad D > B,$$

que l'on sait résoudre.

Dans le quatrième, y et z satisfont aux inégalités

$$A < B \quad , \quad A < C \quad , \quad A < D,$$

que l'on sait résoudre

On continuerait ce raisonnement pour un plus grand nombre d'inégalités et aussi pour un plus grand nombre d'inconnues.

253. *Résoudre les inégalités*

$$(1) \quad \begin{cases} 2x - y + z + 1 > 0 \quad , \quad x + 2y - z - 2 < 0. \\ 3x + 2y - z - 1 > 0 \end{cases}$$

Résolvons par rapport à x, nous trouverons

$$(2) \quad \begin{cases} x > \dfrac{y - z - 1}{2} \\[2mm] x < z + 2 - 2y \\[2mm] x > \dfrac{z - 2y + 1}{3} \end{cases}$$

On voit donc que y et z satisfont aux deux inégalités

$$(3) \quad \begin{cases} z + 2 - 2y > \dfrac{y - 2 - 1}{2} \\[2mm] z + 2 - 2y > \dfrac{z - 2y + 1}{3} \end{cases}$$

Résolvons les inégalités (3) par rapport à y, nous trouvons

$$(4) \quad \begin{cases} y < \dfrac{3z + 5}{5} \\[2mm] y < \dfrac{2z + 5}{4} \end{cases}$$

Donnons maintenant à z une valeur arbitraire $z = 0$, par exemple, nous en déduirons

$$y < 1 \quad , \quad y < \frac{5}{4},$$

en prenant $y < 1$, nous satisferons aux deux inégalités, soit $y = -1$ par exemple.

Remplaçons dans le système (2) y par -1, z par 0, nous aurons

$$x > -1 \quad , \quad x < 4 \quad , \quad x > 1.$$

Donc en prenant $x > 1$ et $x < 4$ nous satisferons à ces trois inégalités ; donc en particulier

$$x = 2 \qquad , \qquad x = 2,5 \qquad , \qquad x = 3,$$
$$y = -1 \qquad , \qquad y = -1 \qquad , \qquad y = -1, \quad \text{etc.,}$$
$$z = 0 \qquad , \qquad z = 0 \qquad , \qquad z = 0,$$

satisfont aux inégalités données.

CHAPITRE X

CARRÉS. — RACINES CARRÉES. — IMAGINAIRES.

§ 1. — CARRÉS.

254. CARRÉ. — Le *carré* d'une grandeur a, c'est le produit de cette grandeur par elle-même; c'est le produit de deux facteurs égaux à cette grandeur. On désigne le carré de a par

$$a^2.$$

Si la grandeur est absolue, représentée par un nombre entier ou fractionnaire, le carré sera un nombre entier ou fractionnaire.

Si la grandeur absolue donnée est incommensurable, le carré sera une nouvelle grandeur absolue, qui, dans certains cas, pourra être commensurable, c'est-à-dire exprimable par un nombre entier ou fractionnaire.

Si la grandeur donnée est à deux sens opposés, elle sera exprimable par son module, précédé du signe $+$ ou du signe $-$. Or, d'après les règles de l'algèbre,

$$(\pm a)^2 = + a^2;$$

donc le carré d'une pareille grandeur est une autre grandeur directive, mais *toujours* positive.

Si la grandeur donnée est une grandeur directive quelconque, elle sera exprimable, comme nous l'avons vu (**23**, **26**), par l'un des deux symboles

$$a_\alpha \quad , \quad x + yi,$$

a désignant le module entier, fractionnaire ou incommensurable, α l'argument donnant la direction, x , y étant les projections positives ou négatives sur deux axes rectangulaires de la ligne représentative de a_α, i étant l'unité directive d'argument égal à $\dfrac{\pi}{2}$. — Cela posé, le carré de la grandeur sera

$$(a^2)_{2\alpha} \quad \text{ou} \quad x^2 - y^2 + 2xyi,$$

d'après les règles de l'algèbre. On voit que ce carré est une nouvelle grandeur directive, dont les projections sur les axes sont :

$$x^2 - y^2 \ldots\ldots \text{ sur l'axe des } x,$$
$$2xy \ldots\ldots\ldots \text{ sur l'axe des } y.$$

255. Théorème I. — *Le carré d'un produit s'obtient en élevant au carré chacun des facteurs.*

En effet, d'après la règle de la multiplication de deux monômes (**64**), on a

$$(abcd)^2 = abcd\,(abcd) = a^2 b^2 c^2 d^2. \quad \text{C. Q. F. D.}$$

Corollaire. — *Le carré d'une puissance s'obtient en doublant l'exposant.* En effet,

$$(a^m)^2 = a^m a^m = a^{2m}.$$

256. Théorème II. — *Le carré d'un polynôme est égal à la somme des carrés de ses termes,* plus *la somme des doubles produits des termes pris deux à deux.*

Admettons que le théorème soit vrai pour un polynôme de n termes $a + b + c + \ldots + k$, nous allons démontrer qu'il sera vrai pour un polynôme de $n + 1$ termes

$$a + b + c + \ldots + k + l.$$

En effet, nous avons d'après la formule du carré d'un binôme $a + b$

$$(a + b + c + \dots + k + l)^2 = (a + b + c + \dots + k)^2 + l^2 \\ + 2(a + b + c + \dots + k)\, l.$$

Or $(a + b + c + \dots + k)^2$ se compose, par hypothèse, de la somme des carrés de ses termes, plus la somme des doubles produits des termes qui ne renferment pas l; en y ajoutant l^2 et $2(a + b + c + \dots + k)\, l$ nous trouverons donc, dans le nouveau carré :

1° La somme des carrés de tous les termes ;

2° La somme des produits deux à deux de tous les termes.

Nous savons que cette loi est vraie pour un binôme; donc elle est vraie pour un trinôme, donc pour un quatrinôme, etc. ; donc elle est vraie pour un polynôme quelconque.

REMARQUE. — Il est bon de retenir les résultats suivants :

$$(a + b)^2 = a^2 + 2ab + b^2,$$
$$(a + 1)^2 = a^2 + 2a + 1,$$
$$(a - b)^2 = a^2 - 2ab + b^2.$$

§ II. — RACINES CARRÉES. → IMAGINAIRES.

257. DÉFINITION.—En arithmétique, où l'on ne considère que les grandeurs absolues, représentées par des nombres entiers, ou fractionnaires, ou incommensurables, on nomme racine d'une grandeur a une autre grandeur absolue r dont le carré soit égal à a, telle, par conséquent, que

$$r^2 = a,$$

et l'on écrit

$$r = \sqrt{a} \qquad \text{(racine de } a\text{)}.$$

Cette racine de a peut être un nombre entier, fractionnaire ou incommensurable.

En algèbre, le problème des racines se présente sous un aspect plus général. Comme le calcul algébrique s'applique aux grandeurs directives planes, dont toutes les autres ne sont que des cas particuliers, il s'agit en réalité de résoudre le problème suivant :

Étant donnée une grandeur a (*qui peut toujours être regardée comme directive*), *trouver une grandeur directive* x, *dont le carré soit égal à* a.

Il s'agit donc de résoudre, de la façon la plus générale, l'équation

$$x^2 = a.$$

258. THÉORÈME. — *Une grandeur quelconque a toujours deux racines opposées et n'en a que deux.*

1° Supposons que a représente une grandeur absolue, c'est-à-dire soit un nombre entier, fractionnaire ou incommensurable ; nous le regarderons comme le symbole d'une grandeur directive portée suivant OX ; nous lui donnerons donc le signe $+$.

Cela posé, prenons la racine *arithmétique* de a, désignons-la par $\sqrt{a}$, il est clair que

$$x' = +\sqrt{a} \qquad x'' = -\sqrt{a}$$

satisferont à l'équation ci-dessus.

On écrira donc, pour abréger,

$$x = \pm\sqrt{a}.$$

2° Supposons que a soit égal à -1. Nous pouvons écrire

$$-1 = I_{\pi + 2k\pi}$$

et nous sommes ramenés à trouver une quantité directive

$$x = r_\omega \, .$$

telle que

$$(r^2)_{2\omega} = I_{\pi + 2k\pi}.$$

Or, pour que deux grandeurs directives soient identiques, il faut que leurs modules soient égaux et que leurs arguments diffèrent d'un nombre pair de demï-circonférences. Donc

$$r^2 = 1 \quad \text{et} \quad 2\omega = \pi + 2k\pi,$$

d'où l'on tire

$$r = 1 \quad \text{et} \quad \omega = \frac{\pi}{2} + k\pi,$$

k étant un nombre entier nul ou positif. De là on conclut en donnant à k toutes les valeurs possibles.

$$x' = I_{\frac{\pi}{2}} \quad \text{et} \quad x'' = I_{\frac{\pi}{2} + \pi},$$

deux grandeurs directives égales et opposées suivant l'axe des Y perpendiculaire à OX. On peut écrire la seconde autrement, car

$$I_{\frac{\pi}{2} + \pi} I = I_{\frac{\pi}{2}} \cdot I_\pi = I_\pi \cdot (-1) = -I_{\frac{\pi}{2}};$$

donc enfin

La racine de -1 est $I_{\frac{\pi}{2}}$ ou $-I_{\frac{\pi}{2}}$ et ces deux symboles représentent l'unité dirigée soit suivant l'axe des y, soit suivant son prolongement.

On représente par i la grandeur directive $I_{\frac{\pi}{2}}$; donc l'équation $x^2 = -1$ a pour solutions

$$x = \pm i.$$

3° Supposons que a soit négatif et égal à $-b$. Nous pouvons écrire

$$-b = b_{\pi + 2k\pi},$$

et nous sommes ramenés à trouver une quantité directive

$$x = r_\omega$$

telle que

$$(r^2)_{2\omega} = b_{\pi + 2k\pi}.$$

Or, pour que deux grandeurs directives soient égales, il faut et il suffit que leurs modules soient les mêmes et que leurs arguments diffèrent d'un nombre pair de demi-circonférences; donc :

$$r^2 = b \quad \text{et} \quad 2\omega = \pi + 2k\pi,$$

d'où l'on tire

$$r = \sqrt{b} \quad \text{et} \quad \omega = \frac{\pi}{2} + k\pi,$$

k étant un nombre entier, nul ou positif ; de là on tire en donnant à k toutes les valeurs possibles.

$$x' = \left(\sqrt{b}\right)_{\frac{\pi}{2}}, \qquad x'' = \left(\sqrt{b}\right)_{\frac{\pi}{2} + \pi}$$

deux grandeurs directives égales et opposées.

On peut les écrire autrement. En effet,

$$x' = \left(\sqrt{b}\right)_0 \cdot I_{\frac{\pi}{2}} = \sqrt{b} \cdot i,$$

$$x'' = \left(\sqrt{b}\right)_\pi \cdot I_{\frac{\pi}{2}} = -\sqrt{b} \cdot i.$$

4° Supposons maintenant que a représente une grandeur directive quelconque, nous pourrons poser

$$a = b_{\alpha + 2k\pi},$$

b désignant le module et α l'argument positif, le plus petit donnant l'angle de b avec OX. Il s'agit de résoudre l'équation

$$(r^2)_{2\omega} = b_{\alpha + 2k\pi}.$$

Nous en déduisons

$$r^2 = b \quad \text{et} \quad 2\omega = \alpha + 2k\pi,$$

d'où l'on tire

$$r = \sqrt{b} \quad \text{et} \quad \omega = \frac{\alpha}{2} + k\pi.$$

De là on déduit, en donnant à k toutes les valeurs possibles conduisant à des directions différentes :

$$x' = \left(\sqrt{b}\right)_{\frac{\alpha}{2}} \qquad x'' = \left(\sqrt{b}\right)_{\frac{\alpha}{2} + \pi}$$

donc nous obtenons deux grandeurs directives égales de module et opposées de direction.

Si nous nommons u et v les projections de x' sur les axes OX et (Y), en grandeurs et en signes, nous pourrons écrire :

$$x' = u + vi, \qquad (\mathbf{26. 28.})$$

et alors x'' sera donné par

$$x'' = -u - vi.$$

5° Il résulte de notre calcul même que l'équation $x^2 = a$ ne peut pas avoir plus de deux solutions dans l'ordre des quantités directives; mais on peut s'en convaincre, a pos-teriori, par le raisonnement suivant :

Soient α, β, γ trois racines de *a*, nous aurons les trois identités

$$\alpha^2 = a,$$
$$\beta^2 = a,$$
$$\gamma^2 = a.$$

Par suite, les deux identités

$$\alpha^2 - \beta^2 = 0 \qquad \alpha^2 - \gamma^2 = 0,$$

ou bien

$$(\alpha - \beta)(\alpha + \beta) = 0 \qquad (\alpha - \gamma)(\alpha + \gamma) = 0.$$

Donc, si $\alpha \gtrless \beta$ et si $\alpha \gtrless \gamma$, on aura les deux identités

$$\alpha + \beta = 0 \qquad \alpha + \gamma = 0,$$

d'où l'on tire

$$\beta = \gamma.$$

Donc *l'équation* $x^2 = a$ *n'a pas plus de deux racines différentes.*

259. IMAGINAIRES. — Au début de l'algèbre, on ne s'est pas aperçu que les règles de calcul s'appliquaient aux grandeurs complexes planes, et l'on n'a considéré que deux sortes de grandeurs : les grandeurs absolues et les grandeurs à deux sens opposés, qui comprennent les premières, comme cas particulier, quand on représente toutes les grandeurs par des droites.

Il en est résulté que dans les problèmes où le calcul algébrique (plus général que ne le pensait le calculateur) donnait pour solution une expression de la forme

$$a + b\sqrt{-1} \quad , \quad a + bi$$

qui représente une grandeur dirigée, on en concluait que la solution, n'étant ni positive ni négative, n'existait pas.

Il n'y avait de *réel* que les quantités à deux sens opposés, les quantités positives ou négatives ; on a donc appelé
imaginaires les résultats de la forme

$$a + b\sqrt{-1}$$

que l'on trouvait dans certains cas.

Nous voyons que ces symboles représentent des grandeurs tout aussi réelles que les symboles $+a$ et $-a$ qui
n'en sont que des cas particuliers ; nous les appellerons donc
souvent *quantités complexes*, plutôt que *quantités imaginaires*.

Dans le plus grand nombre des cas où nous trouverons
de pareilles quantités comme solutions de problèmes dans
lesquels les grandeurs directives à deux sens opposés auront été seules considérées, ces solutions indiqueront l'*impossibilité* de résoudre le problème, de même que les solutions négatives marquent une impossibilité dans les problèmes où il n'est question que de grandeurs absolues.

Mais il y aura lieu de chercher si, par une modification
de l'énoncé primitif, on peut faire que le problème proposé
soit un cas particulier d'un problème plus général, où les
grandeurs seraient considérées comme directives dans
toute leur généralité. Nous verrons plus tard comment
s'opère cette interprétation.

§ III. — PROPRIÉTÉS DES RACINES ARITHMÉTIQUES

D'après le théorème précédent, la racine carrée d'une
grandeur quelconque se ramène à la racine arithmétique
du module. Nous allons rappeler quelques propriétés importantes de ces racines.

259. THÉORÈME I. — *La racine d'un produit peut s'obtenir en prenant la racine de chacun des facteurs.*

En effet, nous avons vu plus haut que

$$\left(\sqrt{a} \cdot \sqrt{b} \cdot \sqrt{c}\right)^2 = \left(\sqrt{a}\right)^2 \left(\sqrt{b}\right)^2 \left(\sqrt{c}\right)^2 = abc\,;$$

donc

$$\sqrt{abc} = \sqrt{a} \cdot \sqrt{b} \cdot \sqrt{c}.$$

COROLLAIRE. — On déduit de là

$$\sqrt{m^2 a} = m \sqrt{a},$$

transformation souvent employée qui indique comment on peut faire *sortir une quantité d'un radical* ou *l'y faire rentrer.*

260. THÉORÈME II. — *Pour extraire la racine d'un quotient, on peut extraire la racine des deux termes.*

En effet :

$$\left(\frac{\sqrt{a}}{\sqrt{b}}\right)^2 = \frac{\left(\sqrt{a}\right)^2}{\left(\sqrt{b}\right)^2} = \frac{a}{b}\,;$$

donc

$$\sqrt{\frac{a}{b}} = \frac{\sqrt{a}}{\sqrt{b}}.$$

261. THÉORÈME III. — *Pour élever un radical à une puissance, il suffit d'élever à cette puissance la quantité soumise au radical.*

En effet :

$$\left(\sqrt{a}\right)^m = \sqrt{a} \cdot \sqrt{a} \cdot \sqrt{a} \dots \text{ (} m \text{ facteurs.)}$$
$$= \sqrt{a \cdot a \cdot a \dots \dots}$$
$$= \sqrt{a^m}. \qquad\qquad \text{C. Q. F. D.}$$

262. Problème.— *Extraire la racine carrée d'un monôme.*

Soit un monôme

$$A = \frac{a^\alpha b^\beta c^\gamma}{m^\mu p^\pi}.$$

La racine sera exprimée par :

$$\sqrt{a} = \sqrt{\frac{a^\alpha b^\beta c^\gamma}{m^\mu p^\pi}}.$$

On appliquera les théorèmes précédents et on trouvera
d'abord :

$$\sqrt{A} = \frac{\sqrt{a^\alpha b^\beta c^\gamma}}{\sqrt{m^\mu p^\pi}}.$$

Puis on fera sortir des radicaux tous les carrés parfaits, ce
qui réduira la racine du monôme à son expression la plus
simple.

Si tous les exposants α, β, γ, μ, π étaient pairs, on aurait pour racine un monôme *rationnel*, c'est-à-dire ne con-
tenant plus de radicaux irréductibles.

§ IV.—RACINE CARRÉE D'UN POLYNOME.

263. 1ᵉʳ Cas. — *Le polynôme donné est le carré d'un autre.*

Désignons par

$$P = A + B + C + D + \ldots\ldots$$

le polynôme donné, et supposons-le ordonné suivant les
puissances décroissantes d'une lettre, x par exemple.

1° D'après les règles de la multiplication, A est le carré
du premier terme de la racine ; donc nous trouverons le
premier terme a de la racine en extrayant la racine de A.

Retranchons $a^2 = A$ de P, il restera le polynôme ordonné

$$R = B + C + D \ldots$$

2° Ce polynôme est identique à

$$2a \, (b + c + \ldots) + (b + c + \ldots)^2,$$

en désignant par $a + b + c + \ldots$ la racine inconnue. Donc le premier terme du reste est égal à $2ab$. Donc on trouvera b en divisant le premier terme du reste ordonné par le double du premier terme de la racine. — On retranchera alors de P le carré de $(a + b)$, mais on a déjà retranché a^2; il reste donc à retrancher de R

$$2ab + b^2 \quad \text{ou} \quad (2a + b) \, b.$$

Nous obtenons ainsi un nouveau reste

$$R' = C' + D' + \ldots$$

que nous supposons ordonné.

3° Ce reste est identique à

$$2 \, (a + b) \, (c + d \ldots) + (c + d + \ldots)^2$$

puisque $(a + b)^2$ a été retranché. — Donc le premier terme C' est égal à $2ac$ qui renferme la lettre ordonnatrice au

TABLEAU DU CALCUL THÉORIQUE.

$$P = A + B + C + \ldots \qquad a + b + c$$
$$R = B + C + \ldots \qquad 2a + b$$
$$R' = C' + D' + \ldots \qquad + b$$
$$\qquad\qquad\qquad\qquad\qquad 2a + 2b + c$$
$$R'' = D'' + E'' + \ldots \qquad + c$$

plus fort exposant. Donc on obtiendra encore le troisième

terme de la racine en divisant le premier terme du reste par le double du premier terme de la racine. Il faudra maintenant retrancher de P le carré $(a+b+c)^2$, ou bien retrancher de R′

$$2(a+b)c+c^2=(2a+2b+c)c,$$

ce qui conduira à un nouveau reste

$$R''=D''+E''+\ldots\ldots$$

4° On continuera ainsi pour la détermination des termes successifs de la racine, et comme chaque fois on retranche de P le carré de l'ensemble des termes obtenus, on arrivera à zéro pour reste, quand on aura atteint le dernier terme de la racine que nous supposons exister. L'opération sera alors terminée.

Éclaircissons ce que nous venons de dire par un exemple. Soit à extraire la racine du polynôme

$$x^6-6ax^5+19a^2x^4-42a^3x^3+61a^4x^2-60a^5x+36a^6.$$

Nous trouverons, en suivant la marche précédente,

$$x^3-3ax^2+5a^2x=6a^3$$

pour la racine.

DISPOSITION DES CALCULS.

$$x^6-6ax^5+19a^2x^4-42a^3x^3+61a^4x^2-60a^5x+36a^6 \quad\big|\quad x^3-3ax^2+5a^2x-6a^3$$

$$-9a^2x^4 \qquad\qquad\qquad\qquad\qquad\qquad 2x^3-3ax^2$$

$$R'=\quad 10a^2x^4-42a^3x^3+61a^4x^2-60a^5x+36a^6 \qquad -3ax^2$$

$$+30a^3x^3-25a^4x^2 \qquad\qquad\qquad 2x^3-6ax^2+5a^2x$$

$$R''=\quad -12a^3x^4+36a^4x^2-60a^5x+36a^6 \qquad +5a^2x$$

$$-36a^4x^2+60a^5x-36a^6 \qquad 2x^3-6ax^2+10a^2x-6a^3$$

$$R'''=0. \qquad\qquad\qquad\qquad -6a^3$$

264. 2° Cas. — *Le polynôme donné n'est pas le carré d'un autre.*

Nous ne pouvons pas raisonner comme précédemment, mais nous pouvons faire la série des calculs suivants :

1° Extrayons la racine de A et nommons-la a; puis retranchons de P le carré $a^2 = A$, il nous restera un polynôme ordonné R et nous aurons l'identité :

$$P = a^2 + R.$$

2° Divisons le premier terme de R par $2a$; soit b le quotient. Retranchons de P le carré de $a + b$, ou, ce qui revient au même, retranchons de R le produit $2ab + b^2 = (2a + b)b$. Nous obtiendrons un nouveau reste R' et nous aurons l'identité

$$P = (a + b)^2 + R'.$$

3° Divisons de même le premier terme de R' ordonné par $2a$; appelons c le quotient. Retranchons de P le carré de $a + b + c$; ou, ce qui revient au même, retranchons de R' le produit $2(a + b)c + c^2 = (2a + 2b + c)c$; nous aurons un nouveau reste R″, et par suite l'identité

$$P = (a + b + c)^2 + R'',$$

et nous pouvons continuer ainsi.

4° Nous n'obtiendrons jamais zéro comme reste, sans quoi il existerait un polynôme racine, ce qui est contraire à l'hypothèse.

5° Désignons par U le polynôme $a + b + c \ldots$ obtenu après un certain nombre d'opérations et par R le reste qu'on trouvera en retranchant U^2 de P, nous aurons l'identité

$$P = U^2 + R.$$

On pourra s'arrêter quand on voudra dans cette série d'opérations; le polynôme R sera d'un degré de plus en plus faible, si l'on a ordonné par rapport aux puissances décroissantes, car son degré diminue chaque fois au moins d'une unité. Soit $2m$ le degré de P et $2m - q$ le degré de R. U sera un polynôme dont le premier terme sera du degré m et le dernier du degré $m - q + 1$ au moins. Cela résulte de la règle suivie dans la série des opérations, puisque chaque terme de la racine, à partir du second, s'obtient en divisant le premier terme du reste par $2a$. Le premier terme du reste a donc un degré inférieur à celui du dernier obtenu à la racine, augmenté de m.

Cela posé, on peut démontrer le théorème suivant :

265. Théorème. — *La décomposition donnée par la formule*

$$P = U^2 + R$$

est unique, en supposant

P *du degré* 2m,

R *du degré* 2m — q,

U *du degré* m *et son dernier terme au moins du degré*

m — q + 1.

En effet, si l'on pouvait faire cette décomposition d'une autre manière, avec les mêmes conditions, on obtiendrait l'identité

$$U^2 + R = U'^2 + R';$$

d'où l'on déduirait cette autre

$$(U + U')(U - U') = R - R'.$$

Or, si dans l'un des deux facteurs du premier membre les premiers termes s'entre-détruisent, dans l'autre facteur ils s'ajouteront; donc l'un des facteurs est du degré m. L'autre facteur est au moins du degré du dernier terme; donc le degré du premier membre est au moins $2m - q + 1$. Celui du second est au plus $2m - q$; donc il ne peut pas y avoir identité. Pour échapper à cette absurdité, il faut supposer nuls les deux membres; c'est-à-dire

$$R = R',$$

puis l'un des facteurs du premier membre nul, c'est-à-dire

$$U = U' \quad \text{ou} \quad U = -U'.$$

REMARQUE. — Cette dernière observation nous montre qu'au point de vue algébrique on peut prendre pour racine soit le polynôme obtenu U par un premier système d'opérations, soit ce polynôme changé de signe. Dans l'exemple numérique ci-dessus, nous aurions pu en effet dès le début dire que $-x^3$ était le premier terme de la racine, et alors tous les termes suivants auraient changé de signe.

266. 3ᵉ CAS. — *On ignore si P est le carré d'un polynôme.*

C'est le cas habituel. — On procédera comme dans le second cas, en appliquant la règle de l'extraction de la racine carrée d'un polynôme carré parfait.

Si l'on obtient zéro pour reste dans le cours des opérations, le polynôme donné sera le carré de celui qu'on aura trouvé à la racine.

Si l'on n'obtient pas zéro, à quel caractère reconnaîtra-t-on que le polynôme donné n'est pas un carré parfait? — Quand conviendra-t-il de s'arrêter?

1º Si P était un carré parfait, son dernier terme serait

le carré du dernier terme de la racine; on peut donc savoir d'avance le degré du dernier terme de la racine quand il existe. Si donc l'on est amené à poser à la racine un terme de degré inférieur (en supposant les polynômes ordonnés par rapport aux puissances décroissantes de la lettre d'ordre), on peut affirmer que P n'est pas le carré d'un polynôme entier.

2° Si l'on a ordonné par rapport aux puissances décroissantes, on sera naturellement arrêté au moment où le premier terme du reste sera d'un degré inférieur au premier terme de la racine.

3° Si l'on a ordonné par rapport aux puissances croissantes, on peut continuer indéfiniment, et la décomposition de P donnée par la formule $P = U^2 + R$ est indéterminée.

EXEMPLE.

$$1 - 5x + 4x^2 - 6x^3 + 8x^4 \qquad\qquad 1 - \frac{5}{2}x - \frac{9}{8}x^2 - \frac{95}{16}x^3$$

$$- \frac{25}{4}x^2 \qquad\qquad\qquad 2 - \frac{5}{2}x$$

$$- \frac{9}{4}x^2 - 6x^3 + 8x^4 \qquad\qquad - \frac{5}{2}x$$

$$- \frac{45}{8}x^3 - \frac{81}{64}x^4 \qquad\qquad 2 - 5x - \frac{9}{8}x^2$$

$$- \frac{95}{8}x^3 + \frac{451}{64}x^4 \qquad\qquad - \frac{9}{8}x^2$$

$$- \frac{465}{16}x^4 - \frac{857}{64}x^5 - \frac{8649}{256}x^6 \qquad\qquad 2 - 5x - \frac{9}{4}x^2 - \frac{95}{16}x^3$$

etc... $\qquad\qquad\qquad - \frac{95}{16}x^3$

On s'aperçoit ici que le polynôme donné n'est pas un carré parfait, parce qu'on est amené à poser à la racine un terme d'un degré supérieur à 2, qui serait certainement le degré du dernier terme de la racine, si elle existait.

267. EXERCICES SUR LA RACINE CARRÉE DES POLYNOMES.

Trouver les racines carrées des polynômes suivants :

1. $16a^2 + 40ab + 25b^2$ . . . . . . R. $4a - 5b$.

2. $49a^4 - 84a^2b + 36b^2$ . . . . . R. $7a^2 + 6b$.

3. $36x^6 + 12x^3 + 1$ . . . . R. $6x^3 + 1$.

4. $64a^2 + 48abc + 9b^2c^2$ . . . . . R. $8a + 3bc$.

5. $\dfrac{25a^2 + 20ab + 4b^2}{25a^2 + 20ac + 4c^2}$ . . . . R $\dfrac{5a + 2b}{5a + 2c}$.

6. $\dfrac{9x^4 - 24x^2 + 16}{4x^2 - 12x + 9}$ . . . . R. $\dfrac{3x^2 - 4}{2x + 3}$.

7. $x^4 + 2x^3 + 3x^2 + 2x + 1$ . . . . R. $x^2 + x + 1$.

8. $1 - 2x + 5x^2 - 4x^3 + 4x^4$ . . . R. $1 - x + 2x^2$.

9. $x^4 + 6x^3 + 25x^2 + 48x + 64$ . . . R. $x^2 + 3x + 8$.

10. $x^4 - 4x^3 + 8x + 4$ . . . . . . R. $x^2 - 2x - 2$.

11. $1 - 4x + 10x^2 + 2x^3 + 9x^4$ . . . R. $1 - 2x + 3x^2$.

12. $4x^8 - 4x^6 - 7x^4 + 4x^2 + 4$ . . . R. $2x^4 - x^2 - 2$.

13. $x^4 - 2ax^3 + 5a^2x^2 - 4a^3x + 4a^4$. R. $x^2 - ax + 2a^2$.

14. $x^4 - 2ax^3 + (a^2 + 2b^2)x^2 - 2ab^2x$ $+ b^4$ . . . . R. $x^2 - ax + b^2$.

15. $x^6 - 12x^5 + 60x^4 - 160x^3 + 240x^2$ $- 192x + 64$ . . . . R. $x^3 - 6x^2 + 12x - 8$.

16. $x^6 + 4ax^5 - 10a^3x^3 + 4a^5x + a^6$. R. $x^3 + 2ax^2 - 2a^2x - a^3$.

17. $1 - 2x + 3x^2 - 4x^3 + 5x^4 - 4x^5$ $+ 5x^6 - 2x^7 + x^8$ . . . . . R. $1 - x + x^2 + x^4$.

18. $\dfrac{4x^2}{9y^2} - \dfrac{x}{z} - \dfrac{16x^2}{15yz} + \dfrac{9y^2}{16z^2} + \dfrac{6xy}{5z^2}$ $+ \dfrac{16x^2}{25z^2}$ . . . . R. $\dfrac{2x}{5y} - \dfrac{4x}{5z} - \dfrac{3y}{4z}$.

§ V. — PROPRIÉTÉS DES QUANTITÉS COMPLEXES, DITES QUANTITÉS IMAGINAIRES.

268. Nous avons vu que toute grandeur directive plane peut être représentée par l'un des deux symboles

$$m_\alpha \quad , \quad a + bi,$$

m désignant la longueur absolue de la ligne O M, ou son *mo-*
dule.

α désignant l'angle de OM
avec l'angle de OX, cet angle
étant compté dans le sens XOY.

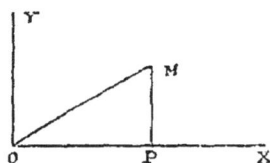

a, b étant les coordonnées du point M extrémité de la grandeur directive.

Ces deux notations sont bonnes; mais on emploie généralement la seconde, parce qu'elle réduit le calcul des
grandeurs complexes à celui des quantités positives et
négatives, pourvu que l'on traite i comme l'unité dirigée
suivant OY, ou comme $\sqrt{-1}$, c'est-à-dire que l'on pose :

$$i^2 = -1 \quad , \quad i^3 = -i \quad , \quad i^4 = 1 \quad , \quad i^{p+4q} = i^p.$$

Les calculs d'addition, de soustraction, de multiplication, de division, se font sur ces grandeurs suivant les règles générales que nous avons établies; en d'autres termes,
dans les expressions algébriques sur lesquelles nous opérons, les grandeurs représentées par les lettres soumises à
ces opérations doivent être regardées comme des grandeurs complexes, pouvant se réduire en particulier à des

grandeurs positives ou négatives. Nous n'avons donc pas de règles spéciales à donner pour le calcul des quantités dites imaginaires ; nous nous bornerons à signaler quelques-unes de leurs propriétés importantes.

269. THÉORÈME I. — *Si une grandeur complexe est représentée par le symbole* a + bi, *son module est mesuré par*

$$\sqrt{a^2 + b^2}.$$

En effet, a et b étant les coordonnées rectangulaires des extrémités de la grandeur, son module est l'hypoténuse d'un triangle rectangle dont les deux autres côtés sont les valeurs absolues de a et de b ; donc

$$m = \sqrt{a^2 + b^2}.$$

270. THÉORÈME II. — *Le module d'une somme de grandeurs complexes est inférieur ou au plus égal à la somme des modules.*

En effet, si l'on exécute l'addition

$$m_\alpha + m'_{\alpha'} + m''_{\alpha''} + \dots$$

on obtient une ligne polygonale ayant pour côtés successifs m, m', m''..., et la somme est la grandeur directive qui joint l'origine de la première grandeur à l'extrémité de la dernière. Or cette ligne est inférieure à la somme des lignes m, m', m''... elle lui serait égale si m, m', m'' devenaient des grandeurs complexes à deux sens opposés.

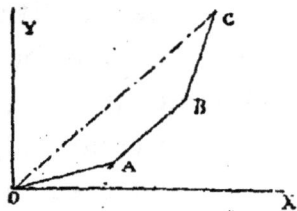

COROLLAIRE. — Pour trouver le module de la somme, posons

$$m_{\alpha'} = a + bi \ , \ m'_{\alpha_i} = a' + b'i \ , \ m''_{\alpha''} = a'' + b''i +,$$

la somme des grandeurs complexes données sera :

$$a + a' + a'' + \ldots + (b + b' + b'' \ldots)i;$$

donc son module sera

$$\sqrt{(a + a' + a'') + \ldots)^2 + (b + b' + b'' \ldots)^2} \,,$$

et, d'après le théorème, on est certain que

$$\sqrt{(a + a' + a'' + \ldots)^2 + (b + b' + b'' + \ldots)^2}$$
$$\leqslant \sqrt{a^2 + b^2} + \sqrt{a'^2 + b'^2} + \sqrt{a''^2 + b''^2} + \ldots$$

inégalité assez pénible à vérifier directement.

271. THÉORÈME III. — *Le module d'un produit est égal au produit des modules des facteurs.*

Ce théorème résulte de la définition même de la multiplication des grandeurs complexes. D'après cette définition,

$$m_\alpha \ . \ m'_{\alpha'} \ . \ m''_{\alpha''} \ldots = (m \, m' \, m'')_{\alpha + \alpha' + \alpha'' + \ldots}$$

Le produit a donc pour module le produit des divers modules des facteurs.

COROLLAIRE I. — Nous pouvons déduire de là diverses identités que l'on démontrerait plus difficilement par d'autres voies.

Représentons deux quantités complexes par leurs projections, c'est-à-dire posons

$$m_x = a + bi, \qquad m'_{\alpha_i} = a' + b'i,$$

leur produit sera

$$aa' - bb' + (ab' + ba')\,i,$$

dont le module est

$$\sqrt{(aa' - bb')^2 + (ab' + ba')^2}\,;$$

mais, d'après le théorème, ce produit est aussi égal à

$$\sqrt{a^2 + b^2}\ \sqrt{a'^2 + b'^2},$$

donc

$$(a^2 + b^2)\,(a'^2 + b'^2) = (aa' - bb')^2 + (ab' + ba')^2.$$

Cette identité démontre en particulier ce théorème sur les nombres entiers :

Si deux nombres sont chacun la somme de deux carrés, leur produit est aussi la somme de deux carrés.

Nous trouverions avec trois facteurs l'identité suivante :

$$(a^2 + b^2)\,(a'^2 + b'^2)\,(a''^2 + b''^2) = (aa'a'' - bb'a'' - ab'b'' - ba'b'')^2$$
$$+ (aa'b'' - bb'b''' + ab'a'' + ba'a'')^2.$$

On voit que l'on peut formuler le théorème général que voici :

Si plusieurs nombres sont chacun la somme de deux carrés, leur produit est aussi la somme de deux carrés.

COROLLAIRE II. — Dans le cas particulier où les deux facteurs sont conjugués, c'est-à-dire ne diffèrent que par le signe de i, on a

$$(a + bi)\,(a - bi) = a^2 + b^2.$$

Donc *le produit de deux quantités complexes conjuguées est positif et égal au carré du module de l'une d'elles.*

Corollaire III. — Considérons quatre grandeurs complexes,

$$m_\alpha \quad = a + bi$$
$$m_{2\pi-\alpha} = m_{-\alpha} = a - bi$$
$$m'_{\alpha'} \quad = a' + b'i$$
$$m'_{2\pi-\alpha'} = m'_{-\alpha'} = a' - b'i.$$

Leur produit sera

$$(a + bi)(a - bi)(a' + b'i)(a' - b'i).$$

On peut intervertir à volonté l'ordre des facteurs, donc ce produit est égal, soit à

$$(a^2 + b^2)(a'^2 + b'^2)$$

soit à

$$[(aa' - bb') + (ab' + ba')i] \ [(aa' - bb') - (ab' + ba')i]$$

qui revient à

$$(aa' - bb')^2 + (ab' + ba')^2,$$

soit à

$$[(aa' + bb') + (ba' - ab')i] \ [(aa' + bb') + (ab' - ba')i];$$

qui revient à

$$(aa' + bb')^2 + (ba' - ab')^2.$$

On est donc ramené, par cette voie, à l'identité

$$(a^2 + b^2)(a'^2 + b'^2) = (aa' - bb')^2 + (ab' + ba')^2,$$

ou à cette autre :

$$(a^2 + b^2)(a'^2 + b'^2) = (aa' + bb')^2 + (ab' - ba')^2,$$

272. Problème. — *Trouver le quotient de deux grandeurs complexes.*

Si les grandeurs complexes sont représentées par les symboles m_α , $m'_{\alpha'}$, leur quotient sera

$$\left(\frac{m}{m'}\right)_{\alpha - \alpha'},$$

c'est-à-dire une nouvelle grandeur complexe ayant pour module le quotient arithmétique des modules et pour argument la différence des arguments des facteurs de la division.

Si les grandeurs complexes sont représentées par les symboles $a + bi$, $a' + b'i$, leur quotient sera

$$\frac{a + bi}{a' + b'i}.$$

Ce quotient peut se mettre sous une autre forme. Multiplions les deux termes de la fraction par la grandeur $a' - b'i$ conjuguée du dénominateur, la fraction deviendra

$$\frac{(a + bi)(a' - b'i)}{a'^2 + b'^2},$$

ou bien

$$\frac{(aa' + bb') + (ba' - ab')i}{a'^2 + b'^2},$$

donc le quotient se présente bien sous la forme d'une grandeur complexe. Le module de cette grandeur est

$$\frac{\sqrt{(aa' + bb')^2 + (ba' - ab')^2}}{a'^2 + b'^2}$$

donc on doit avoir l'identité

$$\frac{(aa' + bb')^2 + (ba' - ab')}{(a'^2 + b'^2)^2} = \frac{a^2 + b^2}{a'^2 + b'^2},$$

ou bien

$$(aa' + bb')^2 + (ba' - ab')^2 = (a^2 + b^2)(a'^2 + b'^2)$$

que nous savons être vraie.

273. Autre mode de représentation des grandeurs complexes. — On peut au moyen des lignes trigonométriques exprimer a et b en fonction de m et de α, on a :

$$a = m \cos \alpha \quad , \quad b = m \sin \alpha,$$

et ces formules sont générales; m n'a pas de signe, $\cos \alpha$ et $\sin \alpha$ donneront les signes de a et b. Nous avons donc :

$$m_\alpha = a + bi = m(\cos \alpha + i \sin \alpha).$$

Ces relations permettent de trouver l'angle α, quand on connaît a et b en grandeurs et en signes.

On peut déduire de ce nouveau mode de représentation, qui ne suppose que la définition des lignes trigonométriques, une démonstration générale des formules fondamentales

$$\sin(a+b) \quad , \quad \cos(a+b).$$

274. *Démonstration générale des formules* $\sin(a+b)$, $\cos(a+b)$. — Soient deux grandeurs directives de modules égaux à l'unité

$$\mathrm{I}_\alpha = \cos \alpha + i \sin \alpha$$
$$\mathrm{I}_\beta = \cos \beta + i \sin \beta.$$

Leur produit sera

$$\mathrm{I}_{\alpha+\beta} = \cos(\alpha+\beta) + i \sin(\alpha+\beta).$$

D'autre part ce produit sera, par la multiplication des facteurs,

$$\mathrm{I}_{\alpha+\beta} = \cos \alpha \cos \beta - \sin \alpha \sin \beta + i(\sin \alpha \cos \beta + \cos \alpha \sin \beta.)$$

Donc on a les identités

$$\cos(\alpha + \beta) = \cos\alpha\cos\beta - \sin\alpha\sin\beta$$
$$\sin(\alpha + \beta) = \sin\alpha\cos\beta + \cos\alpha\sin\beta.$$

C. Q F. D.

Corollaire I. — On aurait de même

$$\cos(\alpha + \beta + \gamma + \ldots) + i\sin(\alpha + \beta + \gamma + \ldots)$$
$$= (\cos\alpha + i\sin\alpha)(\cos\beta + i\sin\beta)(\cos\gamma + i\sin\gamma)\ldots$$

En développant le second membre suivant les règles de la multiplication, on obtiendra

$$\cos(\alpha + \beta + \gamma ..), \text{ et } \sin(\alpha + \beta + \gamma + \ldots)$$

en fonction de

$$\sin\alpha , \sin\beta , \sin\gamma \ldots , \cos\alpha , \cos\beta , \cos\gamma \ldots$$

Corollaire II. — Dans cette dernière formule, faisons $\alpha = \beta = \gamma = \ldots$, nous aurons la formule de Moivre,

$$\cos m\alpha + i\sin m\alpha = (\cos\alpha + i\sin\alpha)^m,$$

qui donne immédiatement $\cos m\alpha$, $\sin m\alpha$, en fonction de $\sin\alpha$ et $\cos\alpha$, si l'on développe le second membre par les règles de la multiplication.

En particulier

$$\cos 2\alpha + i\sin 2\alpha = \cos^2\alpha - \sin^2\alpha + 2i\sin\alpha\cos\alpha;$$

donc :

$$\cos 2\alpha = \cos^2\alpha - \sin^2\alpha \quad , \quad \sin 2\alpha = 2\sin\alpha\cos\alpha.$$

275. Racine d'une grandeur complexe. — Nous avons vu que si une grandeur complexe est représentée par le symbole

$$m_\alpha,$$

sa racine carrée est

$$\left(\sqrt{m}\right)_{\frac{\alpha}{2}} \quad \text{ou} \quad \left(\sqrt{m}\right)_{\frac{\alpha}{2}+\pi},$$

ou bien encore par

$$\pm \left(\sqrt{m}\right)_{\frac{\alpha}{2}}.$$

Donc si l'on pose

$$m_{\alpha} = m(\cos \alpha + i \sin \alpha),$$

la racine sera

$$\pm \sqrt{m}\left(\cos \frac{\alpha}{2} + i \sin \frac{\alpha}{2}\right).$$

Supposons que l'on ait posé

$$m_{\alpha} = a + bi$$

m et α seront liés à a et b par les relations :

$$m \cos \alpha = a \quad , \quad m \sin \alpha = b,$$

de là on déduit sans ambiguïté la valeur de α, par suite celle de $\frac{\alpha}{2}$, ce qui donne la racine en fonction de a et b.

Mais on peut procéder directement de la manière suivante. Désignons la racine par $x + yi$, nous aurons

$$(x + yi)^2 = x^2 - y^2 + 2xyi = a + bi;$$

donc x et y doivent satisfaire aux deux équations

$$x^2 - y^2 = a$$
$$2xy$$

Nous savons d'ailleurs que le module de la racine est égal à la racine du module, donc

$$x^2 + y^2 = \sqrt{a^2 + b^2} = m;$$

donc, nous connaissons la somme et la différence des nombres x^2 et y^2, par suite

$$x^2 = \frac{m+a}{2} \quad , \quad y^2 = \frac{m-a}{2} ;$$

donc :

$$x = \pm \sqrt{\frac{m+a}{2}} \quad , \quad y = \pm \sqrt{\frac{m-a}{2}}.$$

Si b est positif, on devra prendre des signes semblables pour x et y; si b est négatif, on prendra des signes contraires.

Dans tous les cas on obtient, comme cela devait être, deux racines égales et de signes contraires de la grandeur complexe donnée.

On trouve, par exemple,

$$\pm (2 + i)$$

pour la racine carrée de l'expression $3 + 4i$.

CHAPITRE X

ÉQUATIONS DU SECOND DEGRE A UNE INCONNUE.
RÉSOLUTION. — PROPRIÉTÉS DES RACINES.

§ I. — RÉSOLUTION DE L'ÉQUATION DU SECOND DEGRÉ.

276. FORME GÉNÉRALE DE L'ÉQUATION DU SECOND DEGRÉ.
— Nous avons vu que l'équation du second degré pouvait
toujours se ramener à une autre équivalente de la forme

$$(1) \qquad ax^2 + bx + c = 0$$

x désignant l'inconnue; a, b, c désignant des quantités
entières ou positives, ou négatives ou complexes (**173**).

Dans cette équation a *est différent de zéro*, sans quoi elle
ne serait pas du second degré; les quantités désignées
par b et c peuvent être nulles.

Divisons tous les termes par a qui n'est pas nul, nous
obtiendrons l'équation équivalente :

$$(2) \qquad x^2 + px + q = 0$$

où $p = \dfrac{b}{a}$ et $q = \dfrac{c}{a}$. Les quantités p et q sont généralement
fractionnaires; elles sont d'ailleurs ou positives, ou néga-
tives, ou complexes.

Avant de résoudre une équation donnée, nous aurons
toujours soin de la ramener à l'une des formes précédentes.

277. PROBLÈME I. — *Résoudre l'équation incomplète*

$$x^2 + q = 0$$

en supposant p = 0.

Nous tirons de cette équation cette autre équivalente :

$$x^2 = -q,$$

que nous avons résolue dans le chapitre précédent.

Nous avons vu que cette équation a deux solutions égales et contraires, dans tous les cas, données par la formule

$$x = \pm \sqrt{-q}.$$

278. PROBLÈME II. — *Résoudre l'équation incomplète*

$$x^2 + px = 0$$

en supposant q = 0.

Mettons cette équation sous la forme suivante :

$$x(x + p) = 0.$$

Pour qu'un produit soit nul, il faut et il suffit que l'un des facteurs soit nul, quand aucun des autres ne devient infini ; donc on peut satisfaire à l'équation précédente par l'une des deux valeurs suivantes :

$$x' = 0 \qquad x'' = -p.$$

REMARQUE. — On déduit de là que si dans une équation du second degré le terme tout connu *tend* vers zéro, l'une des racines tend vers zéro.

279. PROBLÈME III. — *Résoudre l'équation générale*

$$x^2 + px + q = 0.$$

Faisons passer q dans le second membre, nous aurons l'équation équivalente

$$x^2 + px = -q.$$

Le premier membre est le commencement du carré du binôme $x + \dfrac{p}{2}$, qui est égal à $x^2 + px + \dfrac{p^2}{4}$. Ajoutons aux deux membres le terme $\dfrac{p^2}{4}$, afin de compléter le carré commencé, nous aurons l'équation équivalente :

$$x^2 + px + \frac{p^2}{4} = \frac{p^2}{4} - q,$$

ou bien

$$\left(x + \frac{p}{2}\right)^2 = \frac{p^2}{4} - q.$$

Nous déduisons de là que $x + \dfrac{p}{2}$ est l'une des racines du second membre, ce que nous écrivons ainsi :

$$x + \frac{p}{2} = \pm \sqrt{\frac{p^2}{4} - q}.$$

Nous nous trouvons ramenés à la résolution de deux équations du premier degré, d'où nous concluons enfin :

$$(3) \qquad x = -\frac{p}{2} \pm \sqrt{\frac{p^2}{4} - q},$$

ou bien, en séparant les deux solutions :

$$x' = -\frac{p}{2} + \sqrt{\frac{p^2}{4} - q} \quad , \quad x'' = -\frac{p}{2} - \sqrt{\frac{p^2}{4} - q}.$$

La formule (3) nous montre que :

x *est égal à la moitié du coefficient du second terme, pris* *en signe contraire; plus ou moins la racine carrée, du carré de* *cette moitié diminué du terme tout connu.*

REMARQUES. — Admettons que les coefficients p et q soient des nombres positifs ou négatifs :

1° Si $\dfrac{p^2}{4} - q > 0$, les deux solutions, qu'on nomme *racines*, seront réelles et inégales;

2° Si $\dfrac{p^2}{4} - q = 0$, les deux solutions seront réelles et égales; en d'autres termes, il n'y aura qu'une solution;

3° Si $\dfrac{p^2}{4} - q < 0$, les deux solutions seront complexes, ou autrement dit imaginaires et inégales ;

4° Si $q < 0$, la quantité $\dfrac{p^2}{4} - q$ est nécessairement positive, par conséquent les racines sont nécessairement réelles et inégales.

280. PROBLÈME IV. — *Résoudre l'équation*

$$ax^2 + bx + c = 0.$$

Première méthode.

Divisons par a, qui n'est pas nul, l'équation se transformera en cette autre équivalente :

$$x^2 + \frac{b}{a}x + \frac{c}{a} = 0,$$

d'où l'on déduit, par la formule (3),

$$x = -\frac{b}{2a} \pm \sqrt{\frac{b^2}{4a^2} - \frac{c}{a}}.$$

Réduisons au même dénominateur sous le radical, puis faisons sortir $4a^2$ du radical, il viendra enfin :

$$(4) \qquad x = \frac{-b \pm \sqrt{b^2 - 4ac}}{2a}.$$

Deuxième méthode.

Multiplions les deux nombres par $4a$, qui n'est pas nul, nous aurons l'équation équivalente :

$$4a^2x^2 + 4abx + 4ac = 0,$$

d'où l'on déduit

$$4a^2x^2 + 4abx = -4ac.$$

Ajoutons b^2 aux deux membres, afin d'avoir un carré parfait dans le premier, nous aurons l'équation équivalente

$$4ax^2 + 4abx + b^2 = b^2 - 4ac ;$$

ou bien

$$(2ax + b)^2 = b^2 - 4ac.$$

On en conclut que $2ax + b$ est l'une des racines du second membre, et l'on écrit :

$$2ax + b = \pm \sqrt{b^2 - 4ac}.$$

On est donc ramené à la résolution de deux équations du premier degré; d'où l'on déduit :

$$(4) \qquad x = \frac{-b \pm \sqrt{b^2 - 4ac}}{2a}.$$

Ou bien en séparant les solutions

$$x' = \frac{-b + \sqrt{b^2 - 4ac}}{2a} \quad , \quad x'' = \frac{-b - \sqrt{b^2 - 4ac}}{2a}.$$

COROLLAIRE. — Dans le cas particulier où

$$b = 2b',$$

la formule (4) se simplifie et donne

(5) $$x = \frac{-b' \pm \sqrt{b'^2 - ac}}{a}.$$

Les trois formules (3), (4), (5) doivent être retenues ; on les emploie alternativement, suivant les cas.

REMARQUES. — Admettons que a, b, c soient des quantités positives ou négatives :

1º Si $b^2 - 4ac > 0$, les deux *racines* de l'équation seront réelles (c'est-à-dire positives ou négatives), et inégales ;

2º Si $b^2 - 4ac = 0$, les deux racines de l'équation seront réelles et égales ;

3º Si $b^2 - 4ac < 0$, les deux racines de l'équation seront complexes, ou autrement dit imaginaires.

EXEMPLES.

Résoudre : $x^2 + 10x - 24 = 0$.

Il convient d'employer la formule (3) qui donne :

$$x = -5 \pm \sqrt{25 + 24} = -5 \pm 7$$
$$x' = 2 \quad , \quad x'' = -12.$$

Résoudre : $x^2 - 3x + 2 = 0$.

Il convient d'employer la formule (4), qui donne :

$$x = \frac{3 \pm \sqrt{9 - 8}}{2} = \frac{3 \pm 1}{2}$$
$$x' = 2 \quad , \quad x'' = 1.$$

Résoudre : $3x^2 - 17x + 10 = 0$.

Il convient d'employer la formule (4), qui donne

$$x = \frac{17 \pm \sqrt{289 - 120}}{6} = \frac{17 \pm 13}{6}$$

$$x' = 5 \quad , \quad x'' = \frac{2}{3}.$$

Résoudre : $3x^2 - 4x - 39 = 0.$

Il convient d'employer la formule (5) qui donne :

$$x . \frac{2 \pm \sqrt{4 + 117}}{6} = \frac{2 \pm \sqrt{121}}{6} = \frac{2 \pm 11}{6}$$

$$x' = \frac{13}{6} \quad , \quad x'' = -\frac{3}{2}.$$

281. EXERCICES SUR LA RÉSOLUTION DES ÉQUATIONS
DU SECOND DEGRÉ.

1. $2(x^2 - 7) + 3(x^2 - 11) = 33$ . . . . . Rép. $x = \pm 4.$

2. $(x - 15)(x + 15) = 400$ . . . . $x = \pm 25.$

3. $\dfrac{x^2 - 24}{5} + \dfrac{x^2 - 37}{4} = 8$ . . . . . . $x = \pm 7.$

4. $\dfrac{3(x^2 - 11)}{4} - \dfrac{2(x^2 - 60)}{7} = 36$ . . . . $x = \pm 9.$

5. $\dfrac{4}{x - 3} - \dfrac{4}{x + 3} = \dfrac{1}{5}$ . . . . $x = \pm 9.$

6. $\dfrac{x}{4} + \dfrac{4}{x} = \dfrac{x}{9} + \dfrac{9}{x}$ . . . . $x = \pm 6.$

7. $x^2 - 5x + 6 = 0$ . . . . $x = 2, 3.$

8. $2x^2 - 1 = 5x + 2$ . . . . $x = 3, -\dfrac{1}{2}.$

9. $x^2 + 10 + 3 = 2x^2 - 5x + 55$ . . . . $x = 10, 5.$

10. $(x + 1)(2x + 3) = 4x^2 - 22$ . . . . . $x = 5, -\dfrac{5}{2}.$

11. $(x - 1)(x - 2) = 20$ . . . . $x = 6, -3.$

12. $4(x^2 - 1) = 4x - 1$ . . . . $x = \dfrac{3}{2}, -\dfrac{1}{2}.$

13. $(2x-5)^2 = 8x$ . . . . $x = \dfrac{9}{2}, -\dfrac{1}{2}$.

14. $\dfrac{9}{x} - \dfrac{x}{3} = 2$ . . . . $x = 3, -9$.

15. $x = 2\dfrac{5}{4x}$ . . . . $x = \dfrac{5}{2}, -\dfrac{1}{2}$.

16. $x^2 - 5 = \dfrac{x-5}{6}$ . . . . $x = 1\dfrac{2}{3}, -1\dfrac{1}{2}$.

17. $\dfrac{2+x^2}{3} - \dfrac{x-x^2}{2} = 1 - x + x^2$ . . . . $x = 1, 2$.

18. $x + \dfrac{1}{x-3} = 5$ . . . . $x = 4$.

19. $4x - \dfrac{12-x}{x-3} = 22$ . . . . $x = 6, \dfrac{9}{4}$.

20. $\dfrac{2x+11}{x} = 5 - \dfrac{x-5}{5}$ . . . . $x = 11, 3$.

21. $\dfrac{x-1}{x-3} + 2x = 12$ . . . . $x = 5, \dfrac{3}{2}$.

22. $\dfrac{x}{7} + \dfrac{21}{x+5} = 6 + \dfrac{5}{7}$ . . . . . . $x = 44, -2$.

23. $8x + 11 + \dfrac{7}{x} = \dfrac{68x}{7}$ . . . . $x = 7, -\dfrac{7}{12}$.

24. $\dfrac{x+2}{x-2} + \dfrac{x-2}{x+2} = \dfrac{13}{6}$ . . . . $x = 10, -10$.

25. $\dfrac{2}{x+3} + \dfrac{x+3}{2} = \dfrac{10}{3}$ . . . . $x = 3, -2\dfrac{1}{3}$.

26. $\dfrac{3(x-1)}{x+1} - \dfrac{2(x+1)}{x-1} = 5$ . . . . . . $x = \dfrac{1}{2}, -3$.

27. $\dfrac{2x}{x+2} + \dfrac{x+2}{2x} = 2$ . . . . $x = 2$.

28. $\dfrac{x}{x+1} + \dfrac{x+1}{x} = \dfrac{13}{6}$ . . . . $x = 2, -3$.

29. $\dfrac{x}{x+1} + \dfrac{x}{x+4} = 1$ . . . . $x = \pm 2$.

30. $\dfrac{x+2}{x+1} + \dfrac{x+1}{x+2} = \dfrac{13}{6}$ . . . . $x = 1, -4$.

31. $\dfrac{x+1}{x-1} - \dfrac{x-2}{x+2} = \dfrac{9}{5}$ . . . . $x = 3, -\dfrac{3}{2}$.

32. $\dfrac{x+4}{x-4}+\dfrac{x+2}{x-2}=7$ . . . . $\left(6,\,2\dfrac{2}{5}\right)$.

33. $7x-4x^2-5=0$ . . . . $\left(\dfrac{7\pm i\sqrt{51}}{8}\right)$.

34. $\dfrac{x-2}{x-5}-\dfrac{x-4}{x-1}=\dfrac{14}{15}$ . . . . $\left(6,\,\dfrac{16}{7}\right)$.

35. $\dfrac{x-5}{x-2}-\dfrac{x-1}{x-4}=-\dfrac{6}{5}$ . . . . $\left(7,\,\dfrac{7}{5}\right)$.

36. $\dfrac{x-1}{x-4}-\dfrac{x-3}{x-2}=\dfrac{11}{12}$ . . . . $\left(8,\,2\dfrac{4}{11}\right)$.

37. $\dfrac{1}{x-2}-\dfrac{2}{x+2}=\dfrac{3}{5}$ . . . . $\left(3,\,-4\dfrac{2}{3}\right)$.

38. $\dfrac{5}{2(x^2-1)}-\dfrac{1}{4(x+1)}=\dfrac{1}{8}$ . . . . . $(3,\,-5)$.

39. $\dfrac{x}{x^2-1}=\dfrac{15-7x}{8(1-x)}$ . . . . $\left(3,\,\dfrac{5}{7}\right)$

40. $\dfrac{2x+1}{x-1}+\dfrac{3x-2}{3x+2}=\dfrac{11}{2}$ . . . . . . $(2,\,-1)$.

41. $\dfrac{2x-1}{x-1}-\dfrac{2x-3}{x-2}+\dfrac{1}{6}=0$ . . . . . . $(4,\,-1)$.

42. $\dfrac{3(x+1)}{3(x-5)}-\dfrac{2x-7}{2x-8}-\dfrac{5}{2}=0$ . . . . . . $\left(7,\,3\dfrac{14}{15}\right)$.

43. $\dfrac{2x-3}{3x-5}+\dfrac{3x-5}{2x-3}=\dfrac{5}{2}$ . . . . $\left(1\dfrac{3}{4},\,1\right)$.

44. $\dfrac{3x-2}{2x-5}+\dfrac{2x-5}{3x-2}=\dfrac{10}{3}$ . . . . . . $\left(4\dfrac{1}{5},\,\dfrac{1}{7}\right)$.

45. $\dfrac{x+2}{x-1}-\dfrac{4-x}{2x}=\dfrac{7}{3}$ . . . . $\left(3,\,-\dfrac{4}{5}\right)$.

46. $(x-3)^2=2(x^2-9)$ . . . . $(3,\,-9)$.

47. $(x+10)^2=144(100-x^2)$ . . . . . $\left(-10,\,9\dfrac{25}{29}\right)$.

48. $\dfrac{5}{x+2}+\dfrac{3}{x}=\dfrac{14}{x+4}$ . . . . $\left(3,\,-1\dfrac{1}{3}\right)$.

49. $\dfrac{4}{x+1}+\dfrac{5}{x+2}=\dfrac{12}{x+3}$ . . . . $\left(3,\,-1\dfrac{2}{3}\right)$.

50. $\dfrac{x+1}{x+2}+\dfrac{x-1}{x-2}=\dfrac{2x-1}{x-1}$ . . . . $(4,\,0)$.

51. $\dfrac{x-2}{x+2}+\dfrac{x+2}{x-2}=2\cdot\dfrac{x+3}{x-3}$ . . . . . . $\left(1\dfrac{1}{3},\,0\right)$.

52. $\dfrac{x-1}{x+1} - \dfrac{5}{6} = \dfrac{2}{7\,(x-1)}$ . . . . . . $\left(13\,,\dfrac{5}{7}\right).$

53. $\dfrac{4}{x+2} + \dfrac{5}{x+4} = \dfrac{12}{x+6}$ . . . . . . $\left(6\,,-3\dfrac{1}{3}\right).$

54. $\dfrac{x-1}{x+1} + \dfrac{x-2}{x+2} = \dfrac{2x+13}{x+16}$ . . . . . $\left(5\,,-1\dfrac{5}{13}\right).$

55. $\dfrac{x+1}{x-1} + \dfrac{x+2}{x-2} = \dfrac{2x+15}{x+1}$ . . . . . $\left(5\,,1\dfrac{1}{5}\right).$

56. $\dfrac{2x-1}{x+1} + \dfrac{3x-1}{x+2} = \dfrac{5x-11}{x-1}$ . . . . $\left(5\,,-1\dfrac{1}{4}\right).$

57. $x - \dfrac{14x-9}{8x-3} = \dfrac{x^2-5}{x+1}$ . . . . $\left(2\dfrac{2}{3}\,,0\right).$

58. $a^2x^2 - 2a^3x + a^4 - 1 = 0$ . . . . . . $\left(a \pm \dfrac{1}{a}\right).$

59. $4a^2x = (a^2 - b^2 + x)^2$ . . . . $(a \pm b)^2.$

60. $\dfrac{x}{a} + \dfrac{a}{x} = \dfrac{x}{b} + \dfrac{b}{x}$ . . . . $(\pm\sqrt{ab}).$

61. $\dfrac{1}{x} + \dfrac{1}{x+b} = \dfrac{1}{a} + \dfrac{1}{a+b}$ . . . . $\left(a\,,-\dfrac{b(a+b)}{2a+b}\right)$

62. Résoudre l'équation du second degré $x^2 + px + q$ en regardant $q + px$ comme le commencement du carré de $\sqrt{q} + \dfrac{px}{2\sqrt{q}}.$

On trouve d'abord

$$x = \cfrac{q}{-\dfrac{p}{2} \pm \sqrt{\dfrac{p^2}{4} - q}}$$

qu'il est facile de ramener à la forme

$$x = -\dfrac{p}{2} \pm \sqrt{\dfrac{p^2}{4} - q}\,.$$

§ II. — PROPRIÉTÉS DES RACINES DE L'ÉQUATION DU SECOND DEGRÉ $x^2 + px + q = 0$.

282. Nous supposerons, dans ce qui va suivre, que le coefficient du premier terme de l'équation soit l'unité, en d'autres termes, nous supposerons qu'il s'agisse uniquement de l'équation ramenée à la forme $x^2 + px + q = 0$.

B. ALG. ÉLÉM.   20

283. THÉORÈME I. — *La somme des racines est égale à* — p; *le produit des racines est égal à* q.

Ce double théorème se démontre immédiatement au moyen des formules qui donnent les deux racines x' et x'',

$$\left\{ \begin{aligned} x' &= -\frac{p}{2} + \sqrt{\frac{p^2}{4} - q} \\ x'' &= -\frac{p}{2} - \sqrt{\frac{p^2}{4} - q}. \end{aligned} \right.$$

En ajoutant, nous obtenons

$$x' + x'' = -p;$$

en multipliant membre à membre, nous obtenons ensuite

$$x'x'' = \frac{p^2}{4} - \left(\frac{p^2}{4} - q \right) = q.$$

Le théorème est donc démontré. Il a un grand nombre de conséquences que nous allons formuler.

284. THÉORÈME II. — *Le trinôme* x^2 + px + q *est décomposable en deux facteurs du premier degré en* x, *qui sont* x *moins chacune des racines de l'équation qu'on obtient en égalant ce trinôme à zéro.*

En effet, on déduit du théorème précédent l'identité :

$$x^2 + px + q = x^2 - (x' + x'')x + x'x''.$$

Or le second membre est identique au produit

$$(x - x')(x - x'');$$

donc

$$x^2 + px + q = (x - x')(x - x'').$$

C. Q. F. D.

Nous donnerons plus loin une démonstration directe de cette décomposition.

285. PROBLÈME. — *Former une équation du second degré ayant des racines données.*

On ajoute ces racines et l'on obtient — p. On les multiplie, ce qui donne q. On peut alors écrire immédiatement l'équation du second degré qui aurait pour racines les quantités données.

Par exemple, l'équation qui aura pour racines — 2 et 7 sera

$$x^2 - 5x + 14 = 0.$$

286. PROBLÈME. — *Trouver deux quantités, connaissant leur somme* a *et leur produit* b.

Désignons par x et y ces deux quantités, elles satisferont aux deux équations

$$x + y = a,$$
$$xy = b.$$

Ces deux quantités sont donc les racines de l'équation du second degré

$$z^2 - az + b = 0$$

que l'on sait résoudre.

287. PROBLÈME. — *Trouver les signes des racines d'une équation du second degré, sans la résoudre.*

Admettons que les racines soient réelles, nous savons les conditions que p et q doivent remplir pour qu'il en soit ainsi.

Si nous mettons en évidence les signes de p et q supposés réels, l'équation proposée aura l'une des quatre formes suivantes :

$$x^2 + px + q = 0,$$
$$x^2 - px + q = 0,$$
$$x^2 + px - q = 0,$$
$$x^2 - px - q = 0.$$

1° Les deux racines de la première auront le même signe, puisque leur produit q est positif; la somme des racines est $-p$, donc elle est négative, donc les deux racines sont négatives.

2° Dans le second cas, le produit des racines est q, donc il est positif, donc les racines ont le même signe; la somme est p, donc elle est positive, donc les deux racines sont positives;

3° Dans le troisième cas, le produit des racines est négatif $-q$, elles sont donc de signes contraires. Leur somme est négative $-p$, donc la négative est la plus grande en valeur absolue.

4° Dans le quatrième cas, les racines sont aussi de signes contraires, et comme la somme est positive p, c'est la racine positive qui a le plus grand module.

COROLLAIRE. — Si l'on nomme *variation* la succession de deux termes de signes contraires et *permanence* la succession de deux termes de mêmes signes, on peut formuler le théorème suivant :

Dans une équation du second degré dont les racines sont réelles, le nombre des racines positives est égal au nombre des variations; le nombre des racines négatives est égal au nombre des permanences.

Ce théorème est un cas particulier d'un théorème général de la théorie des équations ; il est dû à Descartes.

288. PROBLÈME. — *Trouver les conditions que* p *et* q *doivent remplir, pour que les racines* x′ *et* x″ *aient entre elles une relation donnée.*

Désignons par

$$(1) \qquad \mathrm{F}(x', x'') = 0.$$

la relation qui doit exister entre les deux racines.

Si à la place de x' et x'' nous mettons leurs valeurs en fonction de p et de q données par

$$(2) \qquad x' = -\frac{p}{2} + \sqrt{\frac{p^2}{4} - q},$$

$$(3) \qquad x'' = -\frac{p}{2} - \sqrt{\frac{p^2}{4} - q},$$

nous trouvons la relation demandée, qui sera :

$$\mathrm{F}\left[-\frac{p}{2} + \sqrt{\frac{p^2}{4} - q} \quad , \quad -\frac{p}{2} - \sqrt{\frac{p^2}{4} \cdot q} \right] = 0.$$

Mais remarquons que remplacer, dans la relation (1), x' et x'' tirés des relations (2) et (3), c'est éliminer x', x'' entre les trois équations. Or cette élimination peut se faire par divers procédés conduisant au même résultat, parce que c'est la substitution d'un système de trois équations à un autre système équivalent de trois équations. Nous pouvons remplacer les équations (2) et (3) par les deux suivantes équivalentes :

$$(4) \qquad x' + x'' = -p,$$

$$(5) \qquad x' x'' = q,$$

et éliminer x' et x'' entre la relation donnée et ces deux dernières, si cette élimination paraît plus simple que par le procédé primitivement indiqué.

EXEMPLE I.

Quelle relation doit-il exister entre p *et* q *pour que le rapport de deux racines soit égal à* m?

La relation donnée est ici

$$\frac{x'}{x''} = m \ ;$$

il faut éliminer x' et x'' entre cette relation et les deux suivantes :

$$x' + x'' = -p,$$
$$x' x'' = q.$$

De la première nous tirons x' que nous portons dans les deux autres ; il vient

$$(m + 1) x'' = -p,$$
$$m x''^2 = q.$$

En tirant x'' de la première pour la mettre dans la dernière, nous obtenons enfin

$$\frac{m p^2}{(m + 1)^2} = q \ ;$$

c'est la relation demandée. Si $m = 1$, cette relation devient $q = \frac{p^2}{4}$; c'est ce que nous savions déjà.

EXEMPLE II.

Quelle relation doit-il exister entre p *et* q *pour que la*

somme des carrés des racines soit égale à une quantité donnée
m²?

Il faut éliminer x' et x'' entre les trois équations

$$x'^2 + x''^2 = m^2$$
$$x' + x'' = -p$$
$$x'x'' = q.$$

Si nous élevons au carré les deux membres de la seconde,
il vaudra :

$$x'^2 + x''^2 + 2x'x'' = p^2 ;$$

tenons compte maintenant des deux autres relations données, nous obtiendrons

$$m^2 + 2q = p^2;$$

c'est la relation demandée.

289. Exercices.

1. Trouver en fonction de p et q les sommes

$$x'^3 + x''^3 \quad , \quad x'^4 + x''^4, \text{ etc.}$$

Rép. $x'^3 + x''^3 = 3pq - p^3$,
$\quad x'^4 + x''^4 = p^4 - 4p^2q - 2q^2$.

2. Trouver en fonction de p et q les sommes

$$\frac{1}{x'} + \frac{1}{x''} \quad , \quad \frac{1}{x'^2} + \frac{1}{x''^2}, \text{ etc.}$$

Rép. $\dfrac{1}{x'} + \dfrac{1}{x''} = -\dfrac{p}{q}$,

$\quad \dfrac{1}{x'^2} + \dfrac{1}{x''^2} = \dfrac{p^2 - 2q}{q^2}$.

3. Quelle relation doit-il y avoir entre p et q pour que

$$x' - x'' = d?$$

Rép. $q = \dfrac{p^2 - d^2}{4}$.

4. Quelle relation doit-il y avoir entre p et q pour que

$$x'^3 - x''^2 = d^2 ?$$

Rép. $q = \dfrac{p^4 - d^2}{4p^2}$.

5. Quelle relation doit-il exister entre p et q pour que

$$x'^3 - x''^3 = d ?$$

Rép. $q = \dfrac{p^2 (p^2 - q)^3 - d^2}{4 (p^2 - q)^2}$.

6. Quelle relation doit-il exister entre p et q pour que

$$\frac{x'}{x''} + \frac{x''}{x'} = m ?$$

Rép. $\dfrac{p^2 - 2q}{q} = m$.

7. Former l'équation aux inverses des racines, c'est-à-dire l'équation ayant pour racines $\dfrac{1}{x'}$, $\dfrac{1}{x''}$.

Rép. $x^2 + \dfrac{p}{q} \; x + \dfrac{1}{q} = 0$.

8. Former l'équation ayant pour racines $x' + h$, $x'' + h$.
Rép. $x^2 + (p - 2h) x + q - ph + h^2 = 0$.

9. Quelle relation doit-il exister entre les coefficients p et q pour que

$$ax' + bx'' = c ?$$

Rép. $q = -\dfrac{(c + ap) (c + bp)}{(a - b)^2}$.

10. Déterminer q de manière à ce que l'une des racines de l'équation $x^2 - 5x + q = 0$ soit égale à 5,5.
Rép. $q = 5,25$.

11. Déterminer q de manière à ce que les racines de l'équation $x^2 - 5x + q = 0$ remplissent la condition

$$5x' - 3x'' = 3.$$

Rép. $q = \dfrac{99}{16}$.

12. Déterminer le paramètre a de l'équation

$$x^2 - 4ax + a^2 = 0,$$

de manière que $x' - x'' = 2\sqrt{3}$.

Rép. $a = \pm 1$.

13. Déterminer a dans l'équation

$$x^2 - 4ax + a^2 = 0,$$

de manière que $x'^2 + x''^2 = 56$.

Rép. $a = \pm 2$.

14. Déterminer p dans l'équation

$$x^2 - px + 6 = 0,$$

de telle façon

1° Que $x' = 24x''$;
Ou 2° que $x'^2 + x''^2 = 24$;
Ou 3° que $5x'' - 4x' = 7$;
Ou 4° que $x'^2 - x''^2 = 35$.

Rép. 1° $p = \pm \dfrac{25}{2}$;

2° $p = \pm 6$;
3° $p = 5,35$, ou $- 5$;
4° $p = \pm 7$.

§ III. — VARIATIONS ET LIMITES DES RACINES DE L'ÉQUATION $ax^2 + bx + c = 0$, QUAND a TEND VERS ZÉRO.

290. — Nous avons dit en débutant dans l'étude de l'équation du second degré que a ne peut pas être nul, puisqu'alors l'équation serait du premier degré ; mais nous pouvons supposer que a tende vers zéro, en même temps que b et c restent constants ou tendent vers des limites déterminées différentes de zéro et nous demander ce que deviennent les racines de l'équation

$$ax^2 + bx + c = 0.$$

Voici le théorème qu'on peut démontrer :

291. Théorème. — *Si le coefficient* a *tend vers zéro, l'une des racines croît indéfiniment et l'autre tend vers* $-\dfrac{c}{b}$.

On suppose que b *et* c *restent invariables, ou tendent vers des limites finies différentes de zéro.*

Première démonstration.

Posons $x = \dfrac{1}{y}$; l'équation qui donnera y sera

$$cy^2 + by + a = 0,$$

c'est l'*équation aux inverses* des racines de la première. Faisons tendre a vers zéro, l'une des racines de l'équation en y tendra vers zéro (**278**), l'autre tendra vers $-\dfrac{b}{c}$; donc l'une des valeurs de x croît indéfiniment et l'autre tend vers $\dfrac{c}{b}$.   C. Q. F. D.

Deuxième démonstration.

Considérons les valeurs des deux racines

$$x' = \frac{-b - \sqrt{b^2 - 4ac}}{2a} \qquad x'' = \frac{-b + \sqrt{b^2 - 4ac}}{2a}.$$

Si dans la première formule on fait tendre a vers zéro, le numérateur tend vers $-2b$ et le dénominateur vers zéro, donc x' croît indéfiniment en valeur absolue.

Si dans la seconde formule on fait tendre a vers zéro, le numérateur et le dénominateur tendent simultanément vers zéro, et l'on n'aperçoit pas la limite vers laquelle tend x''. Pour lever cette indétermination, multiplions les deux termes de la fraction par $-b-\sqrt{b^2-4ac}$, il viendra

$$x'' = \frac{4ac}{2a(-b-\sqrt{b^2-4ac}}.$$

Supprimons le facteur $2a$, il viendra

$$x'' = \frac{2c}{-b-\sqrt{b^2-4ac}}.$$

Si maintenant nous faisons tendre a vers zéro, nous voyons que le dénominateur tend vers $-2b$, et par suite que x'' tend vers $-\dfrac{c}{b}$.

REMARQUE. — Pour exprimer que l'une des racines croît indéfiniment en valeur absolue, quand a tend vers zéro, et qu'il n'y a plus qu'une racine dans le cas où $a=0$, on dit d'une façon abrégée que, si $a=0$, *l'une des racines de l'équation du second degré est infinie.*

292. PROBLÈME. — *Calculer approximativement la racine la plus petite, quand* a *est très-petit.*

De l'équation

$$ax^2 + bx + c = 0,$$

nous tirons

(1) $$x = -\frac{c}{b} - \frac{ax^2}{b}.$$

Nous savons que si a tend vers zéro, l'une des racines tend vers $-\dfrac{c}{b}$; donc si a est très petit, $-\dfrac{c}{b}$ est une valeur approchée de cette racine ; posons

$$x = -\frac{c}{b} + y,$$

nous déduirons de l'équation précédente

$$y = -\frac{a}{b}\left(\frac{c^2}{b^2} - \frac{2cy}{6} + y^2\right).$$

a et y étant très-petits, ay est du second ordre de petitesse et ay^2 du troisième; donc, en ne conservant dans la valeur de y que les termes du premier ordre de petitesse, on aura

$$y = -\frac{ac^2}{b^3}$$

approximativement; donc

$$(2) \qquad x = -\frac{c}{b} - \frac{ac^2}{b^3}$$

en nous bornant aux termes du premier ordre de petitesse. On voit que cette valeur s'obtient en remplaçant, dans l'équation (1), x^2 par sa valeur approchée $+\frac{c^2}{b^2}$.

Remplaçons dans la même formule, au second membre, par la valeur nouvelle approchée que fournit la formule (2), négligeons les termes du troisième ordre de petitesse; en conservant ceux du second, nous aurons

$$x = -\frac{c}{b} - \frac{ac^2}{b^3} - \frac{2a^2c^3}{b^5},$$

et nous pourrions continuer ce système d'*approximations successives*.

Nous développerons ainsi x en une série de termes proportionnels aux puissances croissantes de la quantité petite a.

M. Gerono a montré que la condition nécessaire et suffisante pour que la série converge vers la racine, c'est que l'on ait entre abc la relation

$$\frac{ac}{b^2} < 2 - \sqrt{2} \text{ ou } \frac{ac}{b^2} < 0,5857\dots$$

Quand l'équation proposée a des racines de même signe et inégales, on a nécessairement

$$b^2 - 4ac > 0; \quad \text{donc } \frac{ac}{b} < \frac{1}{4};$$

donc la méthode des approximations successives n'est jamais en défaut dans ce cas. (Voir *Nouvelles Annales de math.* — Année 1857. — Page 436.)

EXEMPLES.

Dans l'équation $0,001, x^2 + x - 1 = 0$, on a

$$\frac{ac}{b^2} = 0,001 < 0,5857\dots$$

donc la méthode réussira.

Dans l'équation $0,001 x^2 + x - 1000 = 0$, on a

$$\frac{ac}{b^2} = 1 > 0,5857\dots$$

Donc la méthode ne réussira pas.

§ IV. — **PROPRIÉTÉS DES TRINOMES** $x^2 + px + q$, $ax^2 + bx + c$.

On peut considérer la fonction du second degré $y = x^2 + px + q$ indépendamment de la résolution de l'équation qu'on obtient en l'égalant à zéro et retrouver par une voie nouvelle les résultats importants des § I et II.

293. THÉORÈME. — *Tout trinôme du second degré*

en x *est décomposable en deux facteurs du premier degré en* x.

On a, en effet, la série des identités suivantes :

$$x^2 + px + q = x^2 + px + \frac{p^2}{4} - \frac{p^2}{4} + q$$

$$= \left(x + \frac{p}{2}\right)^2 - \left(\frac{p^2}{4} - q\right)$$

$$= \left(x + \frac{p^2}{2}\right)^2 - \left(\sqrt{\frac{p^2}{4} - q}\right)^2$$

$$= \left(x + \frac{p}{2} - \sqrt{\frac{p^2}{4} - q}\right)\left(x + \frac{p}{2} + \sqrt{\frac{p^2}{4} - q}\right).$$

La dernière identité démontre le théorème énoncé.

Nous pouvons tirer de ce théorème divers corollaires importants :

Corollaire I. — *Une équation du second degré a deux solutions et deux seulement au plus, réelles ou imaginaires.*

En effet, égalons le trinôme à zéro, nous aurons une équation du second degré que nous pourrons mettre sous la forme

$$\left(x + \frac{p}{2} - \sqrt{\frac{p^2}{4} - q}\right)\left(x + \frac{p}{2} + \sqrt{\frac{p^2}{4} - q}\right) = 0.$$

Or, pour qu'un produit soit nul, il faut et il suffit que l'un des facteurs soit nul ; donc il y a deux manières de satisfaire à cette équation, et il n'y en a que deux.

On obtient la première solution en posant :

$$x + \frac{p}{2} - \sqrt{\frac{p^2}{4} - q} = 0 \quad , \quad \text{d'où } x' = -\frac{p}{2} + \sqrt{\frac{p^2}{4} - q}.$$

On obtient la seconde solution en posant

$$x + \frac{p}{2} + \sqrt{\frac{p^2}{4} - q} = 0 \quad , \quad \text{d'où } x'' = -\frac{p}{2} - \sqrt{\frac{p^2}{4} - q}.$$

COROLLAIRE II. — En désignant par x' et x'' les deux solutions de l'équation du second degré $x^2 + px + q = 0$, on a l'identité

$$x^2 + px + q = (x - x')(x - x'').$$

COROLLAIRE III. — Si $\frac{p^2}{4} - q > 0$, les deux facteurs de la décomposition sont réels et inégaux, p et q étant réels. — Les deux racines de l'équation $x^2 + px + q = 0$ sont alors réelles et inégales.

Si $\frac{p^2}{4} - q = 0$, les deux facteurs de la décomposition sont égaux; le trinôme est le carré parfait d'un binôme $x + \frac{p}{2}$. — Les deux racines de l'équation $x^2 + px + q = 0$ sont alors égales à un même nombre $-\frac{p}{2}$.

Si $\frac{p^2}{4} - q < 0$, les deux facteurs de la décomposition sont imaginaires conjugués; le trinôme est la somme des carrés de deux quantités réelles, car on a identiquement

$$\left(x + \frac{p}{2} - \sqrt{\frac{p^2}{4} - q} \right) \left(x + \frac{p^2}{4} + \sqrt{\frac{p^2}{4} - q} \right)$$

$$= \left(x + \frac{p}{2} - i\sqrt{q - \frac{p^2}{4}} \right) \left(x + \frac{p}{2} + i\sqrt{q - \frac{p^2}{4}} \right)$$

$$= \left(x + \frac{p}{2} \right)^2 + \left(\sqrt{q - \frac{p^2}{4}} \right)^2,$$

ou bien encore

$$x^2 + px + q = x^2 + px + \frac{p^2}{4} - \frac{p}{2} + q$$

$$= \left(x + \frac{p}{2}\right)^2 + \left(q - \frac{p^2}{4}\right)$$

$$= \left(x + \frac{p}{2}\right)^2 + \left(\sqrt{q - \frac{p^2}{4}}\right)^2.$$

Dans ce cas, les racines de l'équation du second degré $x^2 + px + q = 0$ sont imaginaires conjuguées.

294. THÉORÈME. — *Le trinôme* $ax^2 + bx + c$ *est identique au produit* $a(x - x')(x - x'')$, *en nommant* x' *et* x'' *les racines de l'équation* $ax^2 + bx + c = 0$.

En effet, puisque a n'est pas nul, on a identiquement

$$ax^2 + bx + c = a\left(x^2 + \frac{b}{a}x + \frac{c}{a}\right)$$

$$= a(x^2 + px + q).$$

Or la parenthèse est décomposable en deux facteurs du premier degré en x, qui sont $x - x'$, $x - x''$, en désignant par x' et x'' les solutions de l'équation $x^2 + px + q = 0$; et ces solutions sont aussi celles de l'équation $ax^2 + bx + c = 0$, donc le théorème est démontré.

En admettant que a, b, c soient réels, nous concluons de l'identité

$$ax^2 + bx + c = a\left(x - \frac{-b + \sqrt{b^2 - 4ac}}{2a}\right)$$

$$\times \left(x - \frac{-b - \sqrt{b^2 - 4ac}}{2a}\right)$$

que

les facteurs sont réels et différents, si $b^2 - ac > 0$,

les facteurs sont réels et égaux, si $b^2 - 4ac = 0$,

les facteurs sont imaginaires conjugués, si $b^2 - 4ac < 0$.

295. — PROBLÈME. — *Étudier les variations de la fonction*

$$y = ax^2 + bx + c$$

quand a, b, c, x *sont des quantités réelles, et que* x *varie de* $-\infty$ à $+\infty$.

Nous distinguerons trois cas :

1° Si $b^2 - 4ac > 0$, on peut écrire

$$y = ax^2 + bx + c = a(x - x')(x - x''),$$

x' et x'' étant deux nombres réels différents ; ou encore

$$y = a\left(x + \frac{b}{2a}\right)^2 + \frac{4ac - b^2}{4a}.$$

Donc :

Si x est plus grand que le plus grand des deux nombres x', x'', ou moindre que le plus petit, le produit $(x - x')(x - x'')$ est positif, la fonction y est du signe de a.

Si x est compris dans l'intervalle des deux racines, le produit $(x - x')(x - x'')$ est négatif, y est de signe contraire à a.

Si $a > 0$, la seconde forme nous montre que y se compose d'une quantité constante $\dfrac{4ac - b^2}{4a}$, *augmentée* d'une quantité variable avec x, donc le *minimum* de la valeur de y sera $\dfrac{4ac - b^2}{4a}$, valeur que y atteindra quand on aura :

$$x + \frac{b}{2a} = 0 \qquad \text{ou} \quad x = -\frac{b}{2a}.$$

Si $a < 0$, la même forme nous montre que y se compose d'une quantité constante $\dfrac{4ac - b^2}{4a}$, *diminuée* d'une quantité variable avec x; donc le *maximum* de la valeur

de y sera $\dfrac{4ac - b^2}{4a}$, valeur que y atteindra quand on aura :

$$x + \frac{b}{2a} = 0 \qquad \text{ou} \quad x = -\frac{b}{2a}.$$

La même forme nous montre que la valeur absolue de
y croît au delà de toute limite, quand la valeur absolue
de x croît elle-même au delà de toute limite.

Enfin, la même forme montre que la fonction y prend
deux valeurs égales et de même signe, pour deux valeurs
de x à égales distances de celle qui correspond au maximum ou au minimum. En effet, si l'on pose :

$$x = -\frac{b}{2a} \pm \varepsilon$$

on trouve

$$y = a\varepsilon^2 + \frac{4ac - b^2}{4a}.$$

On peut représenter la fonction y par l'ordonnée d'une
courbe, x étant l'abscisse correspondante. Voici les formes
générales de ces courbes dans les deux cas examinés :

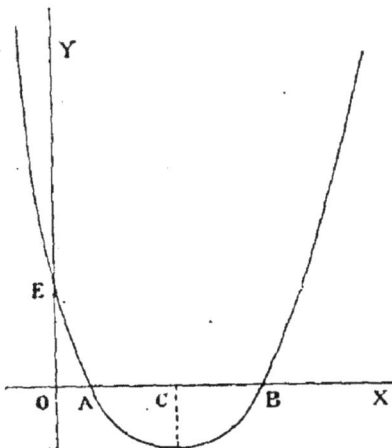

(Fig. 1.)

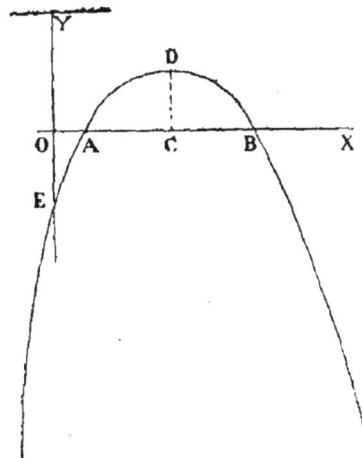

(Fig. 2.)

La figure (1) correspond au cas où $a > 0$, et l'on a :

$$OA = x' \quad , \quad OB = x''$$

$$OC = \frac{x' + x''}{2} = -\frac{b}{2a}$$

$$CD = \frac{4ac - b^2}{4a}$$

$$OE = c.$$

La figure (2) correspond au cas où $a < 0$, et l'on a :

$$OA = x' \quad , \quad OB = x''$$

$$OC = \frac{x' + x''}{2} = -\frac{b}{2a}$$

$$CD = \frac{4ac - b^2}{4a}$$

$$OE = c.$$

La représentation graphique a évidemment l'avantage de montrer clairement les variations de valeurs et de signes de la fonction, le maximum et le minimum.

2° Si $b^2 - 4ac = 0$, on a

$$y = ax^2 + bx + c = ax^2 + bx + \frac{b^2}{4a}$$

$$\left(x + \frac{b}{2a}\right)^2.$$

Donc :

Si $a > 0$, y est constamment positif, quel que soit x.

Si $a > 0$, y est constamment négatif, quel que soit x.

y s'annule pour une seule valeur de x égale à $\frac{b}{2a}$, et, pour cette valeur de x, la fonction atteint son *minimum* si $a > 0$, son *maximum* si $a < 0$.

y prend des valeurs égales pour deux valeurs de la variable x équidistantes de $\dfrac{b}{2a}$; car, si l'on pose,

$$x = -\frac{b.}{2a} \pm \varepsilon$$

on obtient

$$y = a\varepsilon^2.$$

La représentation graphique montre bien tous les détails de cette discussion.

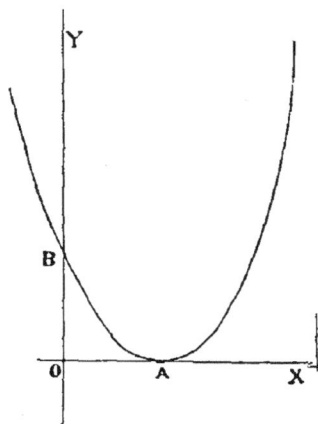

(Fig. 1.)

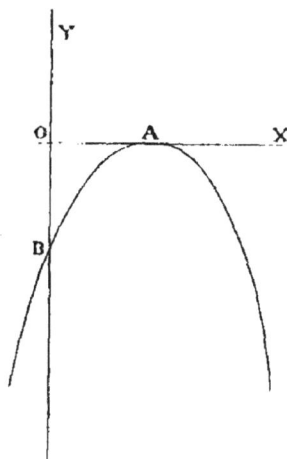

(Fig. 2.)

La figure (1) correspond au cas où $a > 0$, et l'on a :

$$OA = -\frac{b}{2a} \quad , \quad OB = c.$$

La figure (2) correspond au cas où $a < 0$, et l'on a :

$$OA = -\frac{b}{2a} \quad , \quad OB = c.$$

En résumé, dans les deux premiers cas, y est du signe

de a toutes les fois que x est en dehors de l'intervalle des racines; il est d'un signe contraire à celui de a, si x est dans l'intervalle des racines; il est *minimum* ou *maximum*, suivant le signe de a, pour la valeur de x moyenne arithmétique entre les deux racines,

3° Si $b^2 - 4ac < 0$, y ne peut pas se décomposer en deux facteurs réels du second degré, mais il est égal à la somme de deux quantités de même signe, car on a identiquement :

$$y = ax^2 + bx + c = a\left(x + \frac{b}{2a}\right)^2 + \frac{4ac - b^2}{4a}.$$

On tire de cette identité les conséquences suivantes :

Si $a > 0$, y est toujours positif, quel que soit x. — La valeur de la fonction se compose d'une quantité constante positive, *augmentée* d'une quantité variable. La valeur *minimum* de y a donc lieu pour $x = -\frac{b}{2a}$, qui annule cette quantité variable.

Si $u < 0$, y est toujours négatif, quel que soit x. — La valeur de y se compose d'une quantité constante *diminuée* d'une quantité variable $-a\left(x + \frac{b}{2a}\right)^2$. La valeur *maximum* de y a lieu pour $x = -\frac{b}{2a}$ qui annule cette quantité variable.

y prend des valeurs égales pour deux valeurs de x équidistantes de $-\frac{b}{2a}$, et sa valeur absolue croît au delà de toute limite pour des valeurs de x croissant sans limite.

La représentation graphique montre clairement tous les détails de cette discussion.

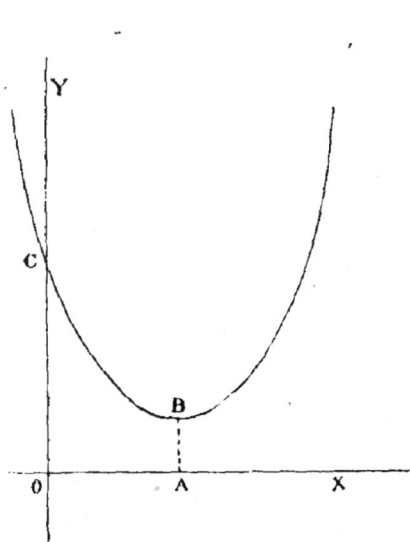

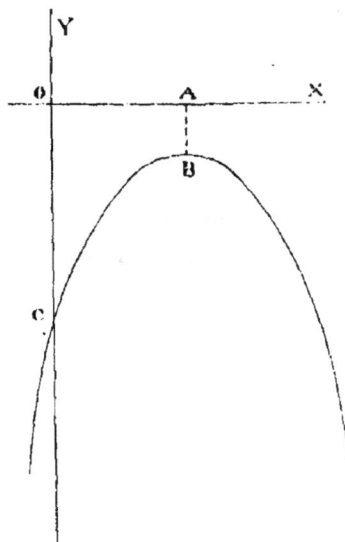

(Fig. 1.)   (Fig. 2.)

La figure (1) correspond au cas ou $a > 0$, et l'on a :

$$OA = -\frac{b}{2a} \quad , \quad AB = \frac{4ac - b^2}{4a} \quad , \quad OC = c.$$

La figure (2) correspond au cas ou $a < 0$, et l'on a :

$$OA = -\frac{b}{2a} \quad , \quad AB = \frac{4ac - b^2}{4a} \quad , \quad OC = c.$$

296. Exercices.

1. Conditions pour que $ax^2 + bx + c$ soit le carré parfait d'un binôme $\alpha x + \beta$.

2. Discuter et construire les fonctions :

$$y = 6x^2 + 6x - 1$$
$$y = 2x^2 + 5x - 1$$
$$y = x^2 + 2x - 1$$
$$y = 15x^2 + 26x - 8$$

$$y = 4x^2 - 4x + 5$$
$$y = 9x^2 + 6x + 6$$
$$y = -x^2 - 2x - 3$$
$$y = -x^2 - x - 1.$$

3. Résoudre les inégalités :

$$x^2 - 7x + 12 > 0 \qquad 49x^2 + 28x + 4 > 0$$
$$x^2 - 7x + 12 < 0 \qquad 49x^2 + 28x + 4 < 0$$
$$21x^2 - 59x + 8 > 0 \qquad 4x^2 + 4x + 5 > 0$$
$$21x^2 - 59x + 8 < 0 \qquad 4x^2 + 4x + 5 < 0$$
$$-10x^2 + 29x - 21 > 0 \qquad -x^2 + x - 1 > 0$$
$$-10x^2 + 29x - 21 < 0 \qquad -x^2 + x - 1 < 0$$

§ V. — CONDITIONS POUR QUE DEUX ÉQUATIONS DU SECOND DEGRÉ AIENT UNE RACINE COMMUNE.

297. — Soient les deux équations du second degré

$$ax^2 + bx + c = 0$$
$$a'x^2 + b'x + c' = 0$$

a et a' sont différents de zéro, donc on peut remplacer ces deux équations par les deux suivantes qui leur sont équivalentes :

$$aa'x^2 + ba'x + ca' = 0$$
$$aa'x^2 + ab'x + ac' = 0$$

on déduit de là quelques remarques importantes pour ce qui va suivre :

1° Si $ab' - ba' = 0$, les deux équations ne peuvent avoir aucune solution commune, à moins qu'en même temps l'on ait $ac' - ca' = 0$, et alors les deux équations sont identiques ;

2° Si $ac' - ca' = 0$, les deux équations ne peuvent avoir aucune solution commune, à moins qu'en même temps l'on ait $ab' - ba' = 0$, et alors les deux équations sont identiques.

3° Si deux équations du second degré ont une racine commune et une seule, les deux déterminants

$$ab' - ba' \quad , \quad ac' - ca'$$

sont différents de zéro; par suite l'un au moins des deux nombres c, c' est différent de zéro.

298. — Cela posé, admettons qu'il y ait une racine commune α aux deux équations et une seule, nous aurons les deux identités suivantes :

$$a\alpha^2 + b\alpha + c = 0$$
$$a'\alpha^2 + b'\alpha + c' = 0$$

par suite les deux suivantes :

$$aa'\alpha^2 + ba'\alpha + ca' = 0$$
$$aa'\alpha^2 + ab'\alpha + ac' = 0$$

d'où l'on déduit :

$$(ab' - ba')\alpha + ac' - ca' = 0$$

qui fait connaître la racine commune. Mais des deux premières identités on tire aussi les suivantes :

$$ac'\alpha^2 + bc'\alpha + cc' = 0$$
$$ca'\alpha^2 + cb'\alpha + cc' = 0'$$

d'où l'on déduit :

$$(ac' - ca')\alpha^2 + (bc' - cb')\alpha = 0$$

Mais $\alpha = 0$ ne peut pas être la racine commune puisque c et c' ne sont pas nuls tous deux, donc on peut diviser les deux membres par α, ce qui donne l'identité

$$(ac' - ca')\alpha + bc' - cb' = 0$$

qui fait connaître de nouveau la racine commune. Égalant les deux valeurs de α, nous trouvons entre les six coefficients a, b, c, a', b', c', la condition :

$$(1) \qquad (ac' - ca')^2 - (ab' - ba')(bc' - cb') = 0.$$

299. REMARQUE I. — Si après avoir tiré la valeur de α

$$\alpha = -\frac{ac' - ca'}{ab' - ba'},$$

on l'eut substitué dans l'équation $a\alpha^2 + b\alpha + c = 0$, on au·rait obtenu la condition :

$$(2) \quad a(ac' - ca')^2 - b(ac' - ca')(ab' - ba') + c(ab' - ba')^2 = 0.$$

On peut s'assurer, en développant les relations (1) et (2) qu'elles sont au fond identiques. La relation (1) est simple, symétrique et facile à retenir.

300. REMARQUE II. — Développons la relation (1), elle donnera, en multipliant tous les termes par 4,

$$4a^2c'^2 + 4c^2a'^2 - 8aca'c' - 4ab'bc' - 4ba'cb'$$
$$+ 4b^2a'c' + 4b'^2ac = 0$$

ajoutons et retranchons $b^2b'^2$, cette condition pourra s'écrire :

$$b^2b'^2 + 4a^2c'^2 + 4c^2a'^2 - 4bb'ac' - 4bb'ca' + 8ac'ca'$$
$$- b^2b'^2 + 4acb'^2 + 4a'c'b^2 - 16aca'c' = 0$$

ou bien :

$$(3) \quad (bb' - 2ac' - 2ca')^2 - (b^2 - 4ac)(b'^2 - 4a'c') = 0$$

c'est une nouvelle forme très simple aussi de la condition pour que deux équations du second degré aient une racine commune.

301. REMARQUE. III. — La racine commune α est rationnelle, elle ne peut donc pas être imaginaire. Donc quand deux équations du second degré ont une racine commune, leurs racines sont toutes réelles et par consé·quent

$$b^2 - 4ac > 0 \quad \text{et} \quad b'^2 - 4a'c' > 0.$$

C'est d'ailleurs ce qu'il est facile de voir directement. Si une équation du second degré admet la racine $\alpha + \beta i$, l'autre racine sera $\alpha - \beta i$; si donc deux équations ont une racine imaginaire commune, elles ont les mêmes racines et sont par suite identiques.

302. REMARQUE IV. — Nous avons dit en débutant que les deux équations

$$ax^2 + bx + c = 0$$
$$a'x' + b'x + c' = 0$$

ne peuvent pas avoir de racine commune si $ac' - ca' = 0$ et qu'en même temps $ab' - ba'$ soit différent de zéro. *Il faut toutefois excepter le cas ou* $c = c' = 0$.

En effet, dans ce cas, $ac' - ca' = 0$ et les deux équations deviennent :

$$ax^2 + bx = 0$$
$$a'x^2 + b'x = 0$$

il est clair qu'elles ont $x = 0$ pour racine commune et que les deux autres racines, données par les équations

$$ax + b = 0$$
$$a'x + b' = 0$$

sont différentes, puisque $ab' - ba' \gtrless 0$, par hypothèse.

Remarquons maintenant que la relation (1) est satisfaite, si $c = c' = 0$; donc cette condition est générale et s'applique au cas exceptionnel dont nous parlons.

CHAPITRE XI

REPRÉSENTATION GRAPHIQUE DES RACINES D'UNE ÉQUATION
DU SECOND DEGRÉ. — INVOLUTION.

303. CONVENTIONS ET DÉFINITIONS. — Convenons de regarder les racines d'une équation du second degré comme des grandeurs directives et portons-les, à partir d'une origine O, sur un axe X'OX.

Soient x' x'' les deux racines d'une équation à coefficients réels :

$$ax^2 + bx + c = 0.$$

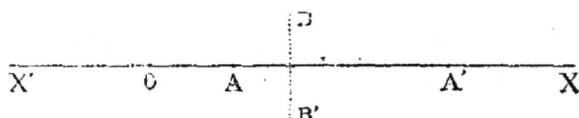

(Fig. 1.)

Si ces deux racines sont réelles, leur représentation donnera deux points (A, A') situés sur la droite X'X. — Si ces deux racines sont égales, les deux points (A, A') se confondront en un seul, qu'on nommera *point double*. — Si ces deux racines sont imaginaires, leur représentation donnera deux points (B, B') symétriquement placés de part et d'autre de l'axe, car elles sont conjuguées; nous les nommerons *points imaginaires de l'axe* X'OX.

304. INVOLUTION. — Considérons maintenant deux

équations :

$$ax^2 + bx + c = 0$$
$$a'x^2 + b'x + c' = 0$$

n'ayant pas de racines communes. Chacune d'elles détermine un couple de points réels ou imaginaires de l'axe X'X; soient (A, A'), (B, B') ces couples.

Posons :

(1) $$\lambda = \frac{ax^2 + bx + c}{a'x^2 + b'x + c'}$$

à chaque valeur donnée au paramètre réel λ, correspondent deux valeurs réelles ou imaginaires de x, par suite un couple (M, M') de points réels ou imaginaires sur l'axe X'OX. Nous dirons que ces deux points (M, M') forment *un couple de points en involution* sur l'axe. L'équation (1) définit *un système de points en involution.*

Chaque système de points en involution sur une droite est donc défini par le rapport de deux trinômes du second degré, premiers entre eux, égalé à un paramètre λ qu'on fait varier de $-\infty$ à $+\infty$.

Les deux points donnés par les racines du numérateur égalé à zéro font partie du système et correspondent à $\lambda = 0$. — Les deux points donnés par les racines du dénominateur égalé à zéro, font aussi partie du système et correspondent à $\lambda = \infty$.

305. THÉORÈME. — *Deux couples de points réels ou imaginaires donnés sur un axe suffisent pour déterminer un système d'involution.*

En effet, soient (A, A'), (B, B') deux couples de points donnés et soit O une origine arbitraire.

Posons :

$$OA = \alpha \quad , \quad OA' = \alpha'$$
$$OB = \beta \quad , \quad OB' = \beta'$$

les lignes étant directives, les nombres $\alpha \, \alpha' \, \beta \, \beta'$ étant réels on imaginaires conjugués, suivant les cas. Formons maintenant l'équation du second degré ayant α, α' pour racines, savoir :

$$(x - \alpha)(x - \alpha') = 0.$$

Formons de même l'équation du second degré ayant β, β' pour racines, savoir :

$$(x - \beta)(x - \beta') = 0$$

l'équation

$$\lambda = \frac{(x - \alpha)(x - \alpha')}{(x - \beta)(x - \beta')}$$

définira un système d'involution, dont $(A, A')(B, B')$ seront des couples de points conjugués.

En faisant maintenant varier λ de $-\infty$ à $+\infty$ on obtiendra une infinité d'autres couples de points faisant partie du système.

306. THÉORÈME II. — *Quelle que soit la valeur de λ, les deux racines x', x'' de l'équation*

(1) $$\lambda = \frac{ax^2 + bx + c}{a'x^2 + b'x + c'}$$

satisfont toujours à une équation de la forme

(2) $$x'x'' - \mu(x' + x'') + \nu = 0$$

μ et ν étant des constantes qui dépendent des constantes

$$\frac{b}{a}, \quad \frac{c}{a}, \quad \frac{b'}{a'}, \quad \frac{c'}{a'}.$$

En effet, de l'équation (1) nous tirons

$$(a'\lambda - a)x^2 + (b'\lambda - b)x + (c'\lambda - c) = 0$$

donc :

$$x'x'' = \pi = \frac{c'\lambda - c}{a'\lambda - a} \quad , \quad x' + x'' = \sigma = -\frac{b'\lambda - b}{a'\lambda - a} .$$

Éliminons λ entre ces deux équations, nous obtiendrons :

$$(ab' - ba')\pi + (ac' - ca')\sigma + bc' - cb' = 0$$

ou bien :

$$x'x'' - \frac{ca' - ac'}{ab' - ba'}(x' + x'') + \frac{bc' - cb'}{ab' - ba'} = 0.$$

Cette relation est bien de la forme (2).

Cette relation montre qu'à chaque point x'' correspond sur la droite un point x' et un seul. Elle dispense de la considération du paramètre λ. Dans cette équation l'un des nombres x' ou x'' varie, et l'autre donne le second point du couple dont le premier point est choisi arbitrairement.

307. THÉORÈME III. — *Réciproquement si x' et x'' sont liés par la relation*

$$(2) \qquad x'x'' - \mu(x' + x'') + \nu = 0$$

μ *et* ν *étant deux constantes réelles, ces deux nombres détermi-nent un couple de deux points dans une involution.*

En effet, soit un premier couple (x', x'') satisfaisant à l'équation (2). On peut regarder ces deux nombres comme étant les racines de l'équation du second degré

$$ax^2 + bx + c = 0$$

dont les coefficients sont assujettis à la relation

$$(3) \qquad c + \mu b + \nu a = 0$$

soit de même un second couple (x', x'') satisfaisant à l'équation (2) et

$$a'x^2 + b'x + c' = 0$$

l'équation du second degré ayant ces nombres pour racines; les coefficients a' b' c' satisferont à la relation

(4) $c' + \mu b' + \nu a' = 0,$

Considérons maintenant l'équation :

(5) $\lambda = \dfrac{ax^2 + bx + c}{a'x^2 + b'x + c'}$

et soient $(x'_2 x''_2)$ les deux racines correspondantes à une valeur quelconque de λ, nous aurons

$$x'_2 x''_2 = \frac{c'\lambda - c}{a'\lambda - a} \quad , \quad x'_2 + x''_2 = -\frac{b'\lambda - b}{a'\lambda - b}$$

et le premier membre de la relation (2) deviendra en substituant ces valeurs :

$$(c'\lambda - c) + \mu(b'\lambda - b) + \nu(a'\lambda - a),$$

ou bien :

$$(c' + \mu b' + \nu a')\lambda - (c + \mu b + \nu a).$$

Or chacune des parenthèses est nulle, en vertu des relations (3) et (4).

Donc, quel que soit λ, l'équation (5) détermine un couple de points en involution, donnés par la relation (2).

308. CorollaIre. — Les deux théorèmes qui précèdent montrent que les relations

(2) $x'x'' - \mu(x' + x'') + \nu = 0,$

(5) $\lambda = \dfrac{ax^2 + b'x + c'}{a'x^2 + b'x + c'}$

sont *équivalentes* pour définir un système de points en in-volution.

Dans la première équation, μ et ν sont deux constantes que l'on détermine par la donnée de deux couples de points réels ou imaginaires sur l'axe X'X ; x'' varie et x' s'en déduit, ou réciproquement.

Dans la seconde équation, $\dfrac{b}{a}$, $\dfrac{c}{a}$, $\dfrac{b'}{a'}$, $\dfrac{c'}{a'}$, sont quatre constantes que l'on détermine aussi par la donnée de deux couples de points sur l'axe, λ est une variable réelle. — A chaque valeur du paramètre λ, correspond un couple de points de l'involution.

La relation (2) est généralement employée pour étudier un système de points en involution.

309. CENTRE D'UNE INVOLUTION. — La relation (2) peut se mettre sous la forme

$$(x' - \mu)(x'' - \mu) = \mu^2 - \nu$$

posons

$$x' - \mu = y' \quad , \quad x'' - \mu = y''$$

elle deviendra :

(6) $$y'y'' = \mu^2 - \nu.$$

Cette transformation revient à transporter l'origine O des distances en I, à une distance μ.

$$\overline{\text{X}' \qquad \text{O} \qquad \text{I A} \qquad \text{A}' \qquad \text{X}}$$

(Fig. 2.)

Cette nouvelle origine I se nomme le *centre* de l'involu-tion.

Si $y'' = 0$, on a $y' = \infty$, donc le point I a pour conjugué un point à l'*infini* dans l'involution.

Si $\mu^2 - \nu > 0$, y' et y'' sont de même signe. Donc deux points conjugués (A', A'') de l'involution sont du même côté du point I. — Si y' augmente, y'' diminue, donc le segment BB' correspondant à deux autres points conju-

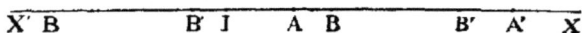

X' B   B' I A B   B' A' X

(Fig. 3.)

gués de la même involution est tout entier compris dans le segment AA' (fig. 3), ou bien comprend le segment AA' tout entier, ou bien est tout entier de l'autre côté du point I.

Si $\mu^2 - \nu < 0$, y' et y'' sont de signes contraires. Donc le centre I est toujours entre deux points conjugués. — D'ailleurs si le module de y' augmente, celui de y'' diminue, puisque leur produit est constant; donc les deux segments AA', BB' empiètent l'un sur l'autre, comme l'indique la figure 4.

X'   B A I   B' A'   X

(Fig. 4.)

310. REMARQUE. — Il est facile de démontrer que si l'on a déterminé μ et ν par la donnée de deux couples de points formant quatre points distincts, le binôme $\mu^2 - \nu$ est différent de zéro.

En effet, si les couples de points (A, A'), (B, B') sont les racines de deux équations :

$$ax^2 + bx + c = 0$$
$$a'x^2 + b'x + c' = 0$$

les coefficients μ et ν seront assujettis aux conditions

$$c + \mu b + \nu a = o$$
$$c' + \mu b' + \nu a' = o$$

d'où l'on tire :

$$\mu = \frac{ac' + ca'}{ba' - ab'} \quad , \quad \nu = \frac{cb' - bc'}{ba' - ab'}$$

donc :

$$\mu^2 - \nu = \frac{(ac' - ca')^2 - (bc' - cb')(ab' - ba')}{(ab' - ba')^2} .$$

Or, nous avons vu, dans le chapitre précédent, que si les deux équations de second degré n'ont aucune racine commune, les déterminants :

$$ab' - ba'$$
$$(ac' - ca)^2 - (bc' - cb')(ab' - ba')$$

sont nécessairement différents de zéro, donc $\mu^2 - \nu$ ne peut pas être nul dans ce cas.

311. POINTS DOUBLES D'UNE INVOLUTION. — Prenons le centre pour origine des distances, les points doubles seront donnés par l'équation :

$$y'^2 = \mu^2 - \nu \quad , \quad \text{d'où } y' = \pm \sqrt{\mu^2 - \nu}.$$

Donc :

Si $\mu^2 - \nu > o$, les deux points doubles sont réels, a égale distance du centre I.

Si $\mu^2 - \nu < o$, les deux points doubles sont imaginaires, par conséquent sur une perpendiculaire à l'axe menée par le centre, symétriquement placés par rapport à l'axe. Nous les désignerons, comme Chasles, par E et F.

312. Si l'involution est définie par l'équation

$$\lambda = \frac{ax^2 + bx + c}{a'x^2 + b'x + c'}$$

les points doubles correspondront à la valeur de λ qui rendra égales les deux racines de l'équation

$$(a'\lambda - a)x^2 + (b'\lambda - b)x + (c'\lambda - c) = 0.$$

Cette valeur de λ est fournie par l'équation

$$(b'\lambda - b)^2 - 4(a'\lambda - a)(c'\lambda - c) = 0$$

ou bien

$$(7) \quad (b'^2 - 4a'c')\lambda^2 - 2(bb' - 2ac' - 2ca')\lambda + b^2 - 4ac = 0.$$

Cette équation étant résolue, le point double sera donné par l'équation

$$(8) \qquad x = -\frac{b'\lambda - b}{2(a'\lambda - a)}.$$

Or l'équation (7) ne peut pas avoir ses racines égales, car alors on aurait l'identité

$$(bb' - 2ac' - 2ca')^2 - (b^2 - 4ac)(b' - 4a'c') = 0,$$

par suite, les trinômes qui forment les termes de la fraction λ auraient une racine commune, ce qui est contraire à nos hypothèses. Donc l'équation (7) a deux racines inégales réelles ou imaginaires. — Si les deux racines sont réelles, nous obtiendrons deux points doubles réels; si au contraire elles sont imaginaires, nous obtiendrons deux points doubles imaginaires conjugués au moyen de l'équation (8).

Nous avons supposé au début de cette étude que λ ne recevrait que des valeurs réelles, parce que les coefficients a, b, c, a', b', c', étant réels, les valeurs de x ne peuvent *en*

général être imaginaires conjuguées que si λ est réel. Il y a
pourtant exception si la valeur de λ, imaginaire, satisfait
à l'équation (7), parce qu'alors l'équation (8) fournira bien
pour x deux valeurs imaginaires conjuguées pour deux
valeurs imaginaires conjuguées de λ; mais c'est le seul
cas où λ puisse recevoir des valeurs imaginaires.

313. — Nous avons remarqué précédemment que les
points doubles ne sont imaginaires que si $\mu^2 - \nu < 0$. —
C'est le cas où les segments AA', BB' relatifs à deux
groupes de points conjugués empiètent l'un sur l'autre.

Dans ce cas, les deux points doubles forment les seuls
groupes de points imaginaires conjugués de l'involution ;
car, en prenant pour origine le centre, le produit de deux
rayons conjugués

$$y' = \alpha + \beta i \quad , \quad y'' = \alpha - \beta i$$

est égal à $\alpha^2 + \beta^2$ quantité essentiellement positive, et il
faudrait qu'elle fût négative.

Si, au contraire, $\mu^2 - \nu > 0$, les points doubles E et F
sont réels. Si sur EF comme diamètre, nous décrivons une
circonférence, les deux extrémités d'une corde MM' perpendiculaire à l'axe formeront un couple de points imagi-

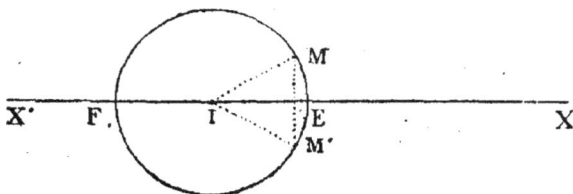

(Fig. 5.)

naires de l'involution. En effet, en nommant R le module
du rayon de la circonférence (fig. 5), et α l'angle MIE, les

deux rayons dirigés IM, IM' seront exprimés par les formules

$$R_\alpha \qquad R_{2\pi}$$

leur produit sera

$$(R^2)_{2\pi} = (R^2)_0 = (IE)^2 = \mu^2 - \nu.$$

On voit donc que les couples de points imaginaires de
l'involution sont distribués sur la circonférence décrite
sur la distance des points doubles réels prise comme diamètre, et que ces couples n'existent que si les deux segments AA', BB', correspondant aux couples déterminateurs de l'involution, n'empiètent pas l'un sur l'autre, sont
extérieurs l'un à l'autre, ou se comprennent entièrement
l'un l'autre.

314. Problème. — *Étant donnés deux couples de points
déterminateurs d'une involution, trouver géométriquement le
centre et les points doubles de l'involution.*

Distinguons plusieurs cas :

1° *Les deux couples sont réels et les segments* AA', BB'
n'empiètent pas l'un sur l'autre.

Soient (A, A'), (B, B') les deux couples réels donnés
(fig. 6).

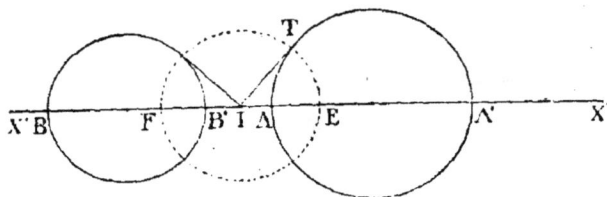

(Fig. 6)

En nommant I le centre de l'involution, on doit avoir

$$IA.IA' = IB.IB',$$

donc le point I est un point d'égale puissance par rapport
à deux cercles décrits sur les segments AA′, BB′ pris
comme cordes ou comme diamètres; donc le point I est
l'intersection avec l'axe X′X de l'axe radical des deux
cercles.

Une fois le centre trouvé, on mènera par ce point une
tangente IT à l'un des cercles, puis du point I comme centre, avec IT pour rayon, on décrira une circonférence;
elle coupera l'axe aux deux points doubles E et F. Ce cercle sera aussi le lieu des points imaginaires de l'involution.

2° *Les deux couples donnés sont réels; les segments* AA′, BB
empiètent l'un sur l'autre.

Soient (A, A′), (B, B′) les deux couples donnés (fig. 7).

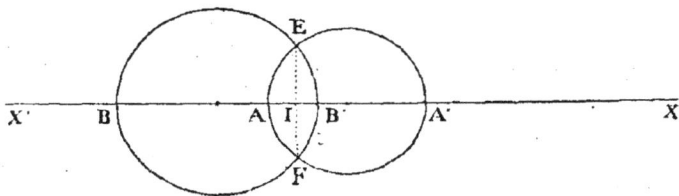

(Fig. 7.)

Sur AA et BB′ comme diamètres, décrivons des circonférences. L'axe radical des deux circonférences est la corde
commune EIF. Le point I sera le centre et les deux points
E et F les points doubles, car :

$$IA \; IA′ = IB.IB′ = \overline{IE}^2.$$

3° *Un couple est réel, l'autre imaginaire.*

Soit (A, A′) le couple réel, (B, B′) le couple imaginaire
(fig. 8),

Décrivons une circonférence sur AA′ comme diamètre.

Le centre I étant connu, on aurait

$$IA.IA' = IT^2 = \overline{IB}^2$$

donc le point I est d'égale puissance par rapport au cercle

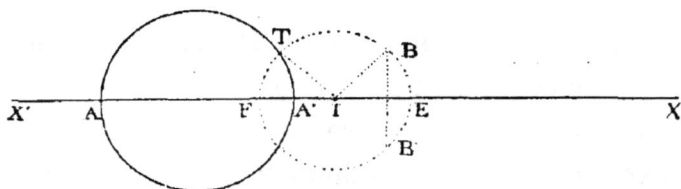

(Fig. 8)

AA' et par rapport au point B considéré comme un cercle de rayon nul; donc le point I est l'intersection avec la droite X'X de l'axe radical du cercle AA' et du cercle B de rayon nul.

Ce point I étant déterminé, on décrira de ce point comme centre avec IB comme rayon, une circonférence qui donnera les points doubles E et F.

Dans ce cas, les points doubles sont nécessairement réels, car lorsqu'ils sont imaginaires, l'involution ne présente pas de couples de points imaginaires tels que (B, B').

4° *Les deux couples donnés sont imaginaires.*

Soient (A,A '), (, BB') les deux couples donnés (fig. 9).

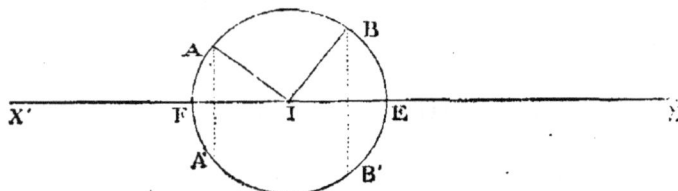

(Fig. 9.)

Dans ce cas, les points doubles sont réels. Faisons

passer une circonférence par les quatre points A, A', B, B'. Son centre I sera le centre de l'involution, et elle coupera l'axe aux points doubles E et F.

315. REMARQUE. — L'étude que nous venons de faire montre toute l'utilité de la représentation des nombres imaginaires par les lignes dirigées. Cette représentation donne une réalité géométrique aux conceptions abstraites des imaginaires dans la géométrie supérieure, comme l'avait déjà remarqué Abel Transon. Elle conduit naturellement à des généralisations difficiles à comprendre sans son secours.

CHAPITRE XII

ÉQUATION BICARRÉE. — ÉQUATIONS DE DEGRÉS SUPÉRIEURS QUI SE RAMÈNENT AU SECOND DEGRÉ.

§ I. — ÉQUATION BICARRÉE.

316. DÉFINITION. — On nomme équation bicarrée l'équation

(1) $$ax^4 + bx^2 + c = 0$$

qui contient le carré de x et la quatrième puissance ou le carré du carré de x.

a, b, c, sont des quantités connues quelconques, mais nous les supposerons réelles.

a n'est pas nul, sans quoi l'équation serait du second degré; on peut donc diviser les deux membres par a et l'équation prend alors la forme

(2) $$x^4 + px^2 + q = 0,$$

p et q étant des quantités réelles quelconques.

317. RÉSOLUTION. — Ne considérons que la forme (2); les raisonnements que nous ferons sont applicables, avec quelques modifications, à la forme (1).

L'équation bicarrée peut se mettre sous la forme

$$(x^2)^2 + px^2 + q = 0;$$

elle est donc du second degré, en prenant x^2 pour inconnue; donc

(3) $$x^2 = -\frac{p}{2} \pm \sqrt{\frac{p^2}{4} - q}.$$

Chaccne des valeurs de x^2 fournira deux valeurs égales et de signes contraires pour x; donc nous obtenons quatre solutions, qu'on peut rassembler dans la formule unique

$$(4) \qquad x = \pm \sqrt{-\frac{p}{2} \pm \sqrt{\frac{p^2}{4} - q}}$$

les signes des deux radicaux ne se correspondent pas et chacun des signes extérieurs doit être pris successivement avec chacun des signes du second radical.

Il y a donc autant de solutions qu'il y a d'unités dans le degré; c'est un principe général.

318. DISCUSSION. — Faisons sur p et q diverses hypothèses et voyons ce que deviennent les solutions de la formule (4).

1° Si, en même temps,

$$\frac{p^2}{4} - q > 0 \quad , \quad q > 0 \quad , \quad p < 0$$

les deux valeurs de x^2, données par l'équation (3), sont réelles et positives; donc *les quatre solutions* (4) *sont réelles et deux à deux égales et de signes contraires.*

2° Si, en même temps,

$$\frac{p^2}{4} - q > 0 \quad , \quad q > 0 \quad , \quad p > 0,$$

les deux valeurs (3) de x^2 sont réelles et négatives, donc *les quatre solutions* (4) *sont imaginaires.*

3° Si

$$q < 0,$$

les deux valeurs de x^2 sont nécessairement réelles, car

$\dfrac{p^2}{4} - q$ est nécessairement positif ; mais elles sont de si-gnes contraires ; donc *deux solutions de l'équation bicarrée sont réelles, les deux autres sont imaginaires.*

4° Si

$$\frac{p^2}{4} - q < 0$$

les deux valeurs de x^2 sont imaginaires, et comme la ra-cine carrée d'une quantité imaginaire est aussi imagi-naire (**258**), *les quatre solutions de l'équation bicarrée sont imaginaires.*

319. Exercices.

Résoudre les équations :

$x^4 - 7x^2 + 12 = 0$. . Solution :	4 rac. réelles.
$x^4 - 9x^2 + 14 = 0$.	id.
$x^4 - 13x^2 + 36 = 0$.	id.
$x^4 + 12x^2 - 64 = 0$.	2 rac. réelles. — 2 imag.
$6x^4 - x^2 - 1 = 0$.	id.
$2x^4 + 4x^2 + 3 = 0$.	4 rac. imag.
$15x^4 + 13x^2 + 2 = 0$.	id.
$x^4 - 2x^2 + 2 = 0$.	id.
$4x^4 + 4x^2 + 5 + 0$	id.

§ II. — DÉCOMPOSITION DU TRINOME $x^4 + px^2 + q$ EN DEUX FACTEURS RÉELS DU SECOND DEGRÉ.

320. Théorème. — *Le trinôme* $x^4 + px^2 + q$ *est toujours décomposable en deux facteurs réels du second degré en* x.

Nous distinguerons plusieurs cas.

1° Supposons réelles les quatre racines du trinôme égalé à zéro, c'est-à-dire

$$\frac{p^2}{4} - q > 0 \quad , \quad q > 0 \quad , \quad p < 0 ;$$

nous pourrons, dans ce cas, opérer la décomposition en facteurs de trois manières, car nous pouvons compléter le carré $x^4 + px^2$, ou bien le carré $x^4 + q$ et poser les identités

$$x^4 + px^2 + q = \left(x^2 + \frac{p}{2}\right)^2 - \left(\frac{p^2}{4} - q\right)$$

$$x^4 + px^2 + q = (x^2 + \sqrt{q})^2 - (2\sqrt{q} - p)\,x^2$$

$$x^4 + px^2 + q = (x^2 - \sqrt{q})^2 - (-p - 2\sqrt{q})\,x^2.$$

D'après nos hypothèses, les secondes parties des seconds membres sont positives et peuvent être regardées comme des carrés; par suite, on obtient les décompositions suivantes :

$$x^4 + px^2 + q = \left(x^2 + \frac{p}{2} - \sqrt{\frac{p^2}{4} - q}\right)\left(x^2 + \frac{p}{2} + \sqrt{\frac{p^2}{4} - q}\right)$$

$$x^4 + px^2 + q = (x^2 + \sqrt{q} - x\sqrt{2\sqrt{q} - p})$$
$$\times (x^2 + \sqrt{q} + x\sqrt{2\sqrt{q} - p})$$

$$x^4 + px^2 + q = (x^2 - \sqrt{q} - x\sqrt{-p - 2\sqrt{q}})$$
$$\times (x^2 - \sqrt{q} + x\sqrt{-p - 2\sqrt{q}}).$$

2° Supposons que le trinôme égalé à zéro donne deux racines réelles et deux imaginaires, c'est-à-dire *supposons* $q < 0$. Dans ce cas, $\frac{p^2}{4} - q$ est nécessairement positif, la première des décompositions ci-dessus peut se faire, et l'on a

$$x^4 + px^2 + q = \left(x^2 + \frac{p}{2} - \sqrt{\frac{p^2}{4} - q}\right)\left(x^2 + \frac{p}{2} + \sqrt{\frac{p^2}{4} - q}\right)$$

les deux autres présenteraient des imaginaires.

3° Supposons les valeurs de x^2 réelles, mais négatives, quand on égale le trinôme à zéro, c'est-à-dire

$$\frac{p^2}{4} - q > 0 \quad , \quad q > 0 \quad , \quad p > 0;$$

la première des décompositions ci-dessus est possible et c'est la seule; donc

$$x^4 + px^2 + q = \left(x^2 + \frac{p}{2} - \sqrt{\frac{p^2}{4} - q}\right)\left(x^2 + \frac{p}{2} + \sqrt{\frac{p^2}{4} - q}\right)$$

4° Supposons les valeurs de x^2 imaginaires; par suite,

$$\frac{p^2}{4} - q < 0 \cdot$$

Dans ce cas, q est nécessairement positif, donc la seconde formule de décomposition réussira, et l'on aura

$$x^4 + px^2 + q = \left(x^2 + \sqrt{q} - x\sqrt{2\sqrt{q} - p}\right)$$
$$\times \left(x^2 + \sqrt{q} + x\sqrt{2\sqrt{q} - p}\right) \cdot$$

Ces formules conduisent naturellement à la résolution de l'équation bicarrée, quand on égale à zéro le produit des deux facteurs du second degré. Ce procédé de résolution montre bien que si les racines sont imaginaires elles sont conjuguées, qu'il y a toujours quatre solutions, etc.

Inversement, on pourrait tirer la possibilité de la décomposition de la résolution même, en prouvant d'abord que

$$+\alpha \quad , \quad -\alpha \quad , \quad +\beta \quad , \quad -\beta$$

étant les racines, on a identiquement

$$x^4 + px^2 + q = (x - \alpha)(x + \alpha)(x - \beta)(x + \beta).$$

Nous ne nous arrêterons pas à développer cette seconde méthode.

321. EXERCICES.

Décomposer en facteurs réels les trinômes suivants :

$$x^4 + 1 \qquad\qquad x^4 + 2x^2 + 4$$
$$x^4 - 1 \qquad\qquad 9x^4 - 6x^2 + 6$$
$$x^4 - 2x^2 - 3 \qquad\qquad -4x^4 + 4x^2 - 7$$
$$4x^4 + 12x^2 - 7 \qquad\qquad x^4 + 6x^2 + 8$$
$$9x^4 + x^2 + 1 \qquad\qquad x^4 + 5x^2 + 6$$
$$25x^4 - 19x^2 + 1$$

§ III. — TRANSFORMATION DES EXPRESSIONS DE LA FORME

$$\sqrt{A \pm \sqrt{B}}.$$

322. PROBLÈME I. — *Trouver deux quantités* x *et* y *telles que l'on ait identiquement*

$$\sqrt{x} \pm \sqrt{y} = \sqrt{A \pm \sqrt{B}}$$

les signes se correspondant.

Ce problème est évidemment indéterminé, puisque nous avons une seule relation entre deux inconnues ; nous allons en donner *une* solution qui est souvent utile.

Si x et y satisfont à l'équation précédente, ils satisferont aussi à celle qu'on obtient en élevant les deux membres au carré, savoir :

$$x + y \pm 2\sqrt{xy} = A \pm \sqrt{B}.$$

La réciproque est vraie, si l'on prend des signes convenables pour les racines des deux membres. Or on *peut* satisfaire à la dernière équation en posant

$$x + y = A \quad , \quad xy = \frac{B}{4}$$

d'où l'on tire pour x et y les valeurs

$$x = \frac{A + \sqrt{A^2 - B}}{2} \quad ; \quad y = \frac{A - \sqrt{A^2 - B}}{2}.$$

On peut donc écrire :

$$\sqrt{\frac{A + \sqrt{A^2 - B}}{2}} \pm \sqrt{\frac{A - \sqrt{A^2 - B}}{2}} = \sqrt{A \pm \sqrt{B}}.$$

On aurait pu satisfaire à l'équation

$$x + y \pm 2\sqrt{xy} = A + \sqrt{B}$$

autrement et on aurait obtenu d'autres valeurs pour x et y. Nous nous bornons à la solution que nous venons de donner.

La transformation que nous venons de faire donne pour une expression de la forme $\sqrt{A \pm \sqrt{B}}$ la somme de deux autres de même forme, en général; donc elle n'est pas toujours une simplification. Mais si la quantité $A^2 - B$ est un carré parfait, si

$$A^2 - B = C^2,$$

C étant rationnel, on aura :

$$\sqrt{A \pm \sqrt{B}} = \sqrt{\frac{A + C}{2}} \pm \sqrt{\frac{A - C}{2}}$$

et le second membre est d'un calcul plus simple dans les applications. Dans ce cas, la transformation est utile et fréquemment employée.

323. PROBLÈME. — A *et* B *étant des quantités rationnelles,* $\sqrt{B}$ *étant irrationnel, trouver, si c'est possible, des* *quantités rationnelles* x *et* y *telles que l'on ait identiquement*

$$\sqrt{x} \pm \sqrt{y} = \sqrt{A \pm \sqrt{B}}.$$

Admettons que le problème soit résolu, on aura aussi l'identité

$$x + y \pm 2\sqrt{xy} = A \pm \sqrt{B}.$$

$\sqrt{B}$ étant irrationnel, le premier membre doit être irrationnel; or $x + y$ est rationnel par hypothèse; donc $\sqrt{xy}$ est irrationnel. Donc, on doit avoir identiquement

$$x + y = A$$
$$xy = \frac{B}{4}$$

puisque les quantités rationnelles ne peuvent pas se réduire avec des quantités irrationnelles. De là on déduit :

$$x = \frac{A + \sqrt{A^2 - B}}{2} \quad , \quad y = \frac{A - \sqrt{A^2 - B}}{2},$$

d'où l'on voit que la transformation n'est possible que si $A^2 - B$ est un carré parfait, si

$$A^2 - B = C^2,$$

C étant rationnel. Donc, si cette condition est remplie, le problème proposé sera résolu par l'identité

$$\sqrt{A \pm \sqrt{B}} = \sqrt{\frac{A + C}{2}} \pm \sqrt{\frac{A - C}{2}}.$$

et c'est le seul procédé possible de transformation.

324. REMARQUE. — On voit, par notre analyse, que *si l'on n'assujettit* x *et* y *à aucune condition*, la transformation

$$\sqrt{A \pm \sqrt{B}} = \sqrt{x} \pm \sqrt{y}$$

est un problème *indéterminé*, présentant une infinité de conditions.

Mais si l'on veut que x et y soient *rationnels*, le problème n'est possible que si $A^2 - B = C^2$ et il présente une seule solution.

325. EXERCICES.

Transformer les expressions suivantes :

$$\sqrt{\frac{a^2 \pm \sqrt{a^4 - 4m^4}}{2}} \qquad \text{Sol.} \quad \tfrac{1}{2}\sqrt{a^2 + 2m^2} \pm \tfrac{1}{2}\sqrt{a^2 - 2m^2}$$

$$\sqrt{6 \pm \sqrt{11}} \qquad\qquad \sqrt{\frac{11}{2}} \pm \sqrt{\frac{1}{2}}$$

$$\sqrt{6 \pm 4\sqrt{2}} \qquad\qquad = 2 \pm \sqrt{2}$$

$$\sqrt{7 \pm 2\sqrt{6}} \qquad\qquad = \sqrt{6} \pm 1$$

§ IV. — ÉQUATIONS RÉCIPROQUES DU 4ᵉ DEGRÉ.

326. — On nomme ainsi des équations de la forme

$$Ax^4 + Bx^3 + Cx^2 \pm Bx + A = 0$$

dans lesquelles :

1° Les termes extrêmes ont même coefficient;

2° Le second et l'avant-dernier terme ont des coefficients égaux et de même signes, ou bien égaux et de signes contraires.

Nous traiterons successivement les deux formes.

327. PROBLÈME I. — *Résoudre l'équation*

$$Ax^4 + Bx^3 + Cx^2 + Bx + A = 0.$$

On peut, en divisant les deux membres par x^2, mettre cette équation sous la forme

$$A\left(x^2 + \frac{1}{x^2}\right) + B\left(x + \frac{1}{x}\right) + C = 0.$$

On voit alors que si un nombre x satisfait à l'équation, le nombre $\frac{1}{x}$, *réciproque* du premier, y satisfera aussi. C'est la raison du nom donné à cette forme d'équation du 4° degré.

Posons :

$$x + \frac{1}{x} =$$

nous en déduirons, en élevant au carré les deux membres,

$$x^2 + \frac{1}{x^2} = y^2 - 2$$

donc l'équation se transformera dans la suivante :

$$Ay^2 + By + C - 2A = 0.$$

Désignons les deux racines par y' et y''; nous aurons à résoudre ensuite les deux équations

$$x + \frac{1}{x} = y' \quad , \quad \text{ou} \quad x^2 - y'x + 1 = 0$$

$$x + \frac{1}{x} = y'' \quad , \quad \text{ou} \quad x^2 - y''x + 1 = 0.$$

Chacune de ces équations fournira deux racines, réciproques l'une de l'autre, puisque leur produit est égal à *un*. Donc l'équation proposée aura quatre racines, autant qu'il y a d'unités dans son degré.

Exemple. — Soit à résoudre l'équation

$$6x^4 + 5x^3 - 38x^2 + 5x + 6 = 0.$$

Nous la mettrons sous la forme :

$$6\left(x^2 + \frac{1}{x^2}\right) + 5\left(x + \frac{1}{x}\right) - 38 = 0.$$

Nous posons :

$$x + \frac{1}{x} = y \quad \text{d'où} \quad x^2 + \frac{1}{x^2} = y^2 - 2.$$

Nous avons à résoudre l'équation

$$6y^2 + 5y - 50 = 0,$$

d'où

$$y' = \frac{15}{6} \quad , \quad y'' = -\frac{10}{3} .$$

De là on conclut les équations

$$6x^2 - 15x + 6 = 0 \quad , \quad 3x^2 + 10x + 3 = 0,$$

qui donnent :

$$x' = 2 \quad , \quad y'' = \frac{1}{2} \quad ; \quad x_1' = -3 \quad , \quad x_1'' = -\frac{1}{3} .$$

328. **Problème II.** — *Résoudre l'équation*

$$Ax^4 + Bx^3 + Cx^2 - Bx + A = 0.$$

On peut, en divisant les deux membres par x^2, mettre cette équation sous la forme

$$A\left(x^2 + \frac{1}{x^2}\right) + B\left(x - \frac{1}{x}\right) + C = 0.$$

On voit alors que, si un nombre x satisfait à l'équation, le nombre $-\frac{1}{x}$, *réciproque* du premier et de signe contraire, y satisfera aussi.

Posons :

$$x - \frac{1}{x} = y$$

nous en déduirons

$$x^2 + \frac{1}{x^2} = y^2 + 2$$

puis l'équation primitive se transformera dans la suivante :

$$Ay^2 + By + C + 2A = 0.$$

Désignons par y' et y'' ses deux racines; nous aurons à résoudre ensuite les deux équations

$$x - \frac{1}{x} = y' \quad , \quad \text{ou} \quad x^2 - y'x - 1 = 0$$

$$x - \frac{1}{x} = y'' \quad , \quad \text{ou} \quad x^2 - y''x - 1 = 0.$$

Chacune de ces équations fournira deux racines réciproques l'une de l'autre et de signes contraires. L'équation proposée aura donc 4 racines.

329.   EXERCICES.

Résoudre les équations réciproques suivantes :

1. $x^4 - 7x^4 - 10x^2 + 7x + 1 = 0.$
2. $x^4 - 8x^3 - 17x^2 - 8x + 1 = 0.$
3. $15x^4 + x^3 + 28x^2 + x + 15 = 0.$
4. $x^4 - 5x^3 - 12x^2 + 3x + 1 = 0.$
5. $x^4 - 2x^3 - 75x^2 + 2x + 1 = 0.$
6. $10x^4 + 7x^3 + 21x^2 + 7x + 10 = 0.$
7. $3x^4 - 11x^3 + 12x^2 - 11x + 3 = 0.$
8. $x^4 - 2x^3 + 7x^2 - 2x + 1 = 0.$
9. $x^4 - 4x^3 + 12x^2 + 4x + 1 = 0.$

§ V. — **ÉQUATIONS BINOMES.**

330. DÉFINITION. — On nomme ainsi des équations de la forme :

$$x^m = A,$$

m étant entier et positif, A étant une quantité quelconque positive ou négative, réelle ou imaginaire. Cette équation n'est pas autre chose que l'énoncé du problème suivant :

Trouver la racine m^e *d'une quantité quelconque.*

Pour éviter les distinctions, nous pouvons supposer que A soit une quantité complexe; cette quantité comprend, comme cas particuliers, les quantités réelles positives ou négatives, et même les quantités absolues.

331. THÉORÈME I. — *Toute quantité a m racines* m^es *réelles ou imaginaires.*

La quantité A étant complexe peut être mise sous la forme a_α, a étant son module et α son argument. Trouver la racine m^e de A c'est trouver une grandeur complexe R_ω dont la m^e puissance soit égale à a_α, il faut donc que l'on ait l'identité

$$(r^m)_{m\omega} = a_\alpha,$$

mais, pour que deux grandeurs complexes soient égales, il faut et il suffit que leurs modules soient égaux et que leurs arguments diffèrent d'un nombre pair de demi-circonférences, donc :

$$r^m = a \quad , \quad m\omega = \alpha + 2k\pi,$$

donc r est la racine m^e *arithmétique* du module a, et l'on a :

$$\omega = \frac{\alpha}{m} + \frac{2k}{m}\pi,$$

k est un nombre entier positif ou négatif; on peut le supposer positif, car une quantité complexe ne change pas, quand on ajoute à l'argument un nombre quelconque de circonférences.

En résumé, on a pour x la formule

$$x = \left(\sqrt[m]{a}\right)_{\frac{\alpha}{m} + \frac{2k}{m}\pi}$$

il faut entendre par $\sqrt[m]{a}$ la racine arithmétique du module a.

Donnons à k toutes les valeurs comprises dans la série :

$$0 \quad 1 \quad 2 \quad 3 \ldots \ldots (m-1)$$

nous obtiendrons m valeurs pour x, savoir :

$$\left(\sqrt[m]{a}\right)_{\frac{\alpha}{m}} \;,\; \left(\sqrt[m]{a}\right)_{\frac{\alpha}{m}+\frac{2\pi}{m}} \;,\; \ldots \ldots \left(\sqrt[m]{a}\right)_{\frac{\alpha}{m}+(m-1)\frac{2\pi}{m}},$$

ces m solutions sont différentes et toute autre :

$$\left(\sqrt[m]{a}\right)_{\frac{\alpha}{m}+k\frac{2\pi}{m}}$$

est comprise dans cette série, car si k est supérieur à m, posons :

$$k = mq + k'$$

nous aurons :

$$\left(\sqrt[m]{a}\right)_{\frac{\alpha}{m}+k\frac{2\pi}{m}} = \left(\sqrt[m]{a}\right)_{\frac{\alpha}{m}+q.2\pi+k'\frac{\pi}{m}} = \left(\sqrt[m]{a}\right)_{\frac{\alpha}{m}+k'\frac{2\pi}{m}}.$$

Donc le théorème est démontré.

332. COROLLAIRE I. — Si A est un nombre positif, α est nul, donc un nombre a positif a m racines m^{es} qui sont :

$$\left(\sqrt[m]{a}\right) \;,\; \left(\sqrt[m]{a}\right)_{\frac{2\pi}{m}} \;,\; \left(\sqrt[m]{a}\right)_{2.\frac{2\pi}{m}} \ldots \ldots \left(\sqrt[m]{a}\right)_{(m-1)\frac{2\pi}{m}},$$

Si m est impair, la première seule est réelle, mais si m est pair, la série présentera la racine

$$\left(\sqrt[m]{a}\right)_{\frac{m}{2}\cdot\frac{2\pi}{m}} = \left(\sqrt[m]{a}\right)_{\pi} = -\sqrt[m]{a},$$

quantité réelle, négative.

333. C<small>OROLLAIRE</small> **II.** — Si A est un nombre réel positif ou négatif, l'équation binôme affectera l'une des formes

$$x^m = a \quad , \quad x^m = -a$$

en appelant a le module de A, Posons :

$$x = y\sqrt[m]{a},$$

$\sqrt[m]{a}$ étant la racine arithmétique du module a, les équations en x se transformeront dans les suivantes :

$$y^m = 1 \quad , \quad y^m = -1.$$

On peut donc toujours ramener à ces deux formes les équations binômes quand A est réel.

334. T<small>HÉORÈME</small> **II.** — *La division d'une circonférence en* m *parties égales revient à la résolution d'une équation binôme.*

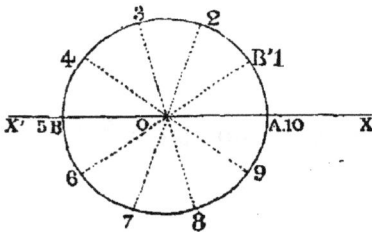

Soit à diviser une circonférence en m parties égales, à partir d'un point A. Supposons le rayon égal à l'unité, pour plus de simplicité, et soit B la première division. La grandeur directrice OB sera représentée par $I_{\frac{2\pi}{m}}$.

Cette grandeur élevée à la m^e puissance donnera :

$$I_{2\pi} = I_0 = I,$$

donc elle est l'une des racines de l'équation binôme

$$x^m = 1.$$

Nous venons de voir (**331**) que les diverses racines de cette équation sont :

$$I \quad , \quad I_{\frac{2\pi}{m}} \quad , \quad I_{2.\frac{2\pi}{m}} \ldots I_{(m-1)\frac{2\pi}{m}},$$

donc ce sont les rayons équidistants correspondants aux divers points de division, d'après les règles de la multiplication des grandeurs complexes.

335. THÉOREME III. — *Si* p *est premier avec* m, *les diverses puissances de la racine*

$$I_{p.\frac{2\pi}{m}}$$

reproduisent toutes les racines de l'unité dans un ordre autre que le premier où p = 1.

Nous savons en effet que si l'on joint de p en p les divisions d'une circonférence partagée en m parties égales, p étant premier avec m, on passe par tous les points avant de revenir au premier. Cette proposition de géométrie démontre le théorème d'algèbre énoncé.

Mais on peut en donner une démonstration directe, comme il suit.

Formons les puissances successives de $I_{\frac{p.2\pi}{m}}$, nous aurons :

$$I_{\frac{p.2\pi}{m}} \quad , \quad I_{2.\frac{p}{m}2\pi} \quad , \quad I_{3.\frac{p}{m}2\pi} \ldots I_{(m-1)\frac{p}{m}2\pi}.$$

Tous les résultats obtenus seront différents, car si on avait :

$$I_{q'\frac{p}{m}.2\pi} = I_{q\frac{p}{m}2\pi},$$

on en déduirait, en supposant $q' > q$,

$$q'\frac{p}{m}.2\pi = q\frac{p}{m} 2\pi + 2i\pi \qquad (i \text{ étant entier et positif}),$$

d'où

$$(q' - q)\frac{p}{m} = i,$$

or, par hypothèse, m est premier avec p, donc m devrait diviser $q' - q$, ce qui est impossible puisque q' et q sont inférieurs à m. — D'un autre côté si qp est supérieur à m, on peut poser :

$$qp = ms + r,$$

r étant inférieur à m et l'on a :

$$I_{pq.\frac{2\pi}{m}} = I_{(ms+r)\frac{2\pi}{m}} = I_{2\pi s.} \times I_{r\frac{2\pi}{m}} = I_{r\frac{2\pi}{m}},$$

donc, chacun des résultats de la série ci-dessus est bien égal à l'une des racines m^{es} de l'unité, et comme ces résultats différents sont au nombre de m, nous avons dans un nouvel ordre toutes les racines de l'unité. C. Q. F. D.

Si par exemple on désigne par 1, α, β, les trois racines cubiques de l'unité, on est sûr que les trois nombres

$$\alpha \qquad \alpha^2 \qquad \alpha^3 = 1$$

sont aussi les trois racines cubiques de l'unité, ainsi que trois nombres

$$\beta \qquad \beta^2 \qquad \beta^3 = 1.$$

D'où l'on conclut

$$\alpha^2 = \beta \quad , \quad \alpha = \beta^2$$

336. Ces théorèmes étant démontrés, il est facile de voir que l'on peut ramener au second degré le résolution d'un certain nombre d'équations binômes: c'est ce que nous allons faire dans la résolution des problèmes suivants.

337. PROBLÈME I. — *Résoudre l'équation binôme*
$$x^3 - 1 = 0.$$

On peut l'écrire sous la forme
$$(x-1)(x^2+x+1)=0,$$
d'où l'on déduit :
$$x-1=0 \quad, \quad \text{d'où } x=1,$$
puis :
$$x^2+x+1=0,$$
d'où
$$x=\frac{-1\pm i\sqrt{3}}{2}.$$

Donc les trois racines cubiques de l'unité sont :
$$1 \quad, \quad \frac{-1+i\sqrt{3}}{2} \quad, \quad \frac{-1-i\sqrt{3}}{2},$$

et l'on peut vérifier que le carré de l'une des deux dernières est égal à l'autre.

338. PROBLÈME II. — *Résoudre l'équation binôme*
$$x^3 + 1 = 0.$$

On peut l'écrire sous la forme
$$(x+1)(x^2-x+1)=0,$$
d'où l'on déduit
$$x+1=0 \quad, \quad \text{par suite } x=-1,$$

puis

$$x^2 - x + 1 = 0$$

qui donne :

$$x = \frac{1 \pm i\sqrt{3}}{2}.$$

donc les trois racines cubiques de l'unité négative sont :

$$-1 \quad, \quad \frac{1 + i\sqrt{3}}{2} \quad, \quad \frac{1 - i\sqrt{3}}{2}.$$

339. PROBLÈME III. — *Résoudre l'équation binôme*

$$x^4 - 1 = 0.$$

On peut l'écrire sous la forme

$$(x^2 - 1)(x^2 + 1) = 0,$$

ou bien encore sous la forme

$$(x - 1)(x + 1)(x - i)(x + i) = 0$$

dont la résolution est immédiate.

340. PROBLÈME IV. — *Résoudre l'équation binôme*

$$x^4 + 1 = 0.$$

Cette équation est réciproque, on pourrait donc la traiter par la méthode exposée dans le paragraphe précédent. On peut encore décomposer le premier membre en deux facteurs réels du second degré, car

$$x^4 + 1 = (x^2 + 1)^2 - 2x^2 = (x^2 - x\sqrt{2} + 1)(x^2 + x\sqrt{2} + 1).$$

Donc les racines de l'équation binôme s'obtiendront en résolvant les deux équations

$$x^2 - x\sqrt{2} + 1 = 0 \quad, \quad x^2 + x\sqrt{2} + 1 = 0,$$

d'où l'on tire

$$x = \frac{\sqrt{2} \pm i\sqrt{2}}{2} \quad \text{et} \quad x = \frac{-\sqrt{2} \pm i\sqrt{2}}{2}$$

pour les racines quatrièmes de l'unité négative.

341. PROBLÈME V. — *Résoudre l'équation binôme*

$$x^5 - 1 = 0.$$

On peut écrire cette équation sous la forme

$$(x-1)(x^4 + x^3 + x^2 + x + 1) = 0.$$

d'où l'on tire

$$x - 1 = 0 \quad , \quad \text{par suite } x = 1,$$

puis :

$$x^4 + x^3 + x^2 + x + x + 1 = 0,$$

équation réciproque du 4ᵉ degré que l'on sait résoudre, et qui donne :

$$x = \frac{1 - \sqrt{5} \pm i\sqrt{10 + 2\sqrt{5}}}{4},$$

$$x = \frac{1 + \sqrt{5} \pm i\sqrt{10 - 2\sqrt{5}}}{4},$$

pour les racines cinquièmes imaginaires de l'unité.

342. PROBLÈME VI. — *Résoudre l'équation binôme*

$$x^5 + 1 = 0.$$

On peut l'écrire sous la forme

$$(x+1)(x^4 - x^3 + x^2 - x + 1) = 0,$$

d'où l'on tire

$$x + 1 = 0 \quad , \quad \text{d'où } x = -1,$$

puis

$$x^4 - x^3 + x^2 - x + 1 = 0,$$

équation réciproque du 4ᵉ degré que l'on sait résoudre et
qui donne :

$$x = \frac{1 + \sqrt{5} \pm i \sqrt{10 - 2\sqrt{5}}}{4},$$

$$x = \frac{1 - \sqrt{5} \pm i \sqrt{10 + 2\sqrt{5}}}{4},$$

pour les racines cinquièmes imaginaires de l'unité négative.

343. REMARQUE. — On peut se demander de quelle
forme m doit être pour que la résolution de l'équation binôme $x^m = 1$ puisse être ramenée à une série d'équations
du second degré ; ou, ce qui est la même chose, de quelle
forme m doit être pour que l'on puisse diviser, par la
règle et le compas, une circonférence en m parties égales.
Gauss a traité cette question dans son livre intitulé *Dis-
quisitiones arithmeticæ*, il a trouvé que m doit être 2 ou une
puissance de 2, ou bien un nombre premier de la forme
$2^p + 1$, ou bien le produit d'une puissance de 2 par un ou
plusieurs nombres premiers différents de la forme $2^p + 1$.
Voici au dessous de 300 les 38 valeurs de m qui remplissent cette condition :

2, 3, 4, 5 6, 8, 10, 12, 15, 16, 17, 20, 24, 30, 52, 34,
40, 48, 51, 60, 64, 68, 80, 85, 96, 102, 120, 128, 136,
160, 170, 192, 204, 240, 255, 256, 257, 272.

§ VI. — RÉSOLUTION D'UN SYSTÈME DE DEUX ÉQUATIONS DU SECOND DEGRÉ A DEUX INCONNUES.

344. PROBLÈME I. — *Résoudre le système des deux équations :*

$$(1) \begin{cases} Ax^2 + 2Bxy + Cy^2 + 2Dx + 2Ey + F = 0, \\ A'x^2 + 2B'xy + C'y^2 + 2D'x + 2E'y + F' = 0. \end{cases}$$

Nous supposerons que ces deux équations soient du second degré par rapport à chacune des inconnues, c'est-à-dire qu'aucun des quatre coefficients A, C, A', C' ne soit égal à zéro.

1° Nous pouvons rendre égaux les deux coefficients de y^2 et remplacer le système (1) par le système (2) équivalent :

$$(2) \begin{cases} AC'x^2 + 2BC'xy + CC'y^2 + 2DC'x + 2EC'y \\ \qquad + FC' = 0, \\ CA'x^2 + 2CB'xy + CC'y^2 + 2CD'x + 2CE'y \\ \qquad + CF' = 0. \end{cases}$$

2° Nous pouvons maintenant retrancher membre à membre les équations (2) et remplacer le système (2) ou le système (1) par le système (3) équivalent :

$$(3) \begin{cases} Ax^2 + 2Bxy + Cy^2 + 2Dx + 2Ey + F = 0, \\ (AC' - CA')x^2 + 2(BC' - CB')xy + 2(EC' - CE')y \\ \qquad + FC' - CF' = 0. \end{cases}$$

3° La dernière, étant du premier degré en y, peut être mise sous la forme

$$y = \frac{mx^2 + nx + p}{rx + s},$$

donc, au moyen du principe de substitution (**177**), on

pourra remplacer le système (3) et par suite le système (1) par le système (4) équivalent

$$(4) \begin{cases} y = \dfrac{mx^2 + nx + p}{rx + s}, \\[2mm] Ax^2 + 2Bx\left(\dfrac{mx^2 + nx + p}{rx + s}\right) + C\left(\dfrac{mx^2 + nx + p}{rx + s}\right)^2 \\[2mm] \qquad + 2Dx + 2E\left(\dfrac{mx^2 + nx + p}{rx + s}\right) + F = 0. \end{cases}$$

4° La dernière est en général une équation complète du 4° degré. Elle donnera quatre solutions pour x, inégales ou égales, réelles ou imaginaires. A chacune d'elles correspondra une seule valeur de y donnée par la première des équations (4).

Nous ne pousserons pas plus loin la théorie de cette résolution, que l'on traite complètement dans les cours de géométrie analytique, lorsque l'on parle de l'intersection de deux coniques.

REMARQUE. — Si un ou plusieurs des quatre coefficients A, C, A', C' était nul, l'une des équations au moins serait du premier degré par rapport à l'une des inconnues et l'élimination de cette inconnue pourrait se faire immédiatement en faisant usage du principe de substitution.

Nous allons traiter quelques problèmes particuliers où l'on peut opérer l'élimination et la résolution au moyen d'artifices de calcul qu'il est bon de connaître.

345. PROBLÈME II. — *Trouver deux nombres, connaissant leur somme et celle de leurs carrés.*

Il s'agit de résoudre les deux équations :

$$x + y = a \quad , \quad x^2 + y^2 = b^2.$$

On peut opérer suivant la méthode générale, mais on peut aussi remarquer que

$$x^2 + y^2 = (x + y)^2 - 2xy,$$

donc la seconde équation peut se mettre sous la forme

$$a^2 - 2xy = b^2$$

d'où l'on conclut xy.

On connaît donc la somme et le produit de deux nombres, il est facile d'en déterminer la valeur (**285**).

346. PROBLÈME III. — *Trouver deux nombres connaissant leur somme et celle de leurs cubes.*

Il s'agit de résoudre les deux équations :

$$x + y = a \quad , \quad x^3 + y^3 = b^3.$$

On a identiquement :

$$(x + y^3) = x^3 + 3x^2y + 3xy^2 + y^3 = x^3 + y^3 + 3xy\,(x + y);$$

donc la seconde des équations peut se mettre sous la forme :

$$a^3 - 3axy = b^3;$$

elle fait connaître xy et le problème s'achève alors sans difficulté.

347. — PROBLÈME IV. — *Trouver deux nombres connaissant leur produit et la somme de leurs carrés.*

Il s'agit de résoudre les deux équations :

$$xy = a \quad , \quad x^2 + y^2 = b.$$

On peut déduire de ces équations la somme et la différence des inconnues, car on a :

$$(x + y)^2 = b + 2a \quad \text{d'où} \quad x + y = \pm\sqrt{b + 2a},$$

$$(x - y)^2 = b - 2a \quad \text{d'où} \quad x - y = \pm\sqrt{b - 2a}.$$

les doubles signes sont indépendants dans les deux formules; on a donc quatre systèmes d'équations du premier
degré. On en déduit :

$$x = \pm \frac{1}{2}\sqrt{b+2a} \pm \frac{1}{2}\sqrt{b-2a},$$

$$y = \pm \frac{1}{2}\sqrt{b+2a} \mp \frac{1}{2}\sqrt{b-2a}.$$

Dans ces deux dernières formules les signes se correspondent.

348. Problème V. — *Trouver deux nombres, connaissant leur produit et leur différence.*

Il s'agit de résoudre les deux équations :

$$xy = a \quad , \quad x - y = b.$$

On peut mettre ces équations sous la forme

$$x(-y) = -a \quad , \quad x + (-y) = b,$$

et l'on voit que l'on connaît la somme et le produit de
deux quantités x et y. Ces quantités sont donc les racines
de l'équation du second degré :

$$z^2 - bz - a = 0,$$

d'où

$$x = \frac{b + \sqrt{b^2 + 4a}}{2} \quad , \quad -y = \frac{b - \sqrt{b^2 + 4a}}{2}$$

ou bien

$$x = \frac{b + \sqrt{b^2 + 4a}}{2} \quad , \quad y = \frac{-b + \sqrt{b^2 + 4a}}{2}.$$

349. Problème VI. — *Trouver deux nombres, connaissant leur produit et la différence de leurs carrés.*

Il s'agit de résoudre les équations :

$$xy = a \quad , \quad x^2 - y^2 = b.$$

De la première on déduit

$$x^2 y^2 = a^2,$$

on connaît donc le produit et la différence des quantités x^2 et y^2; on les détermine et on en déduit x et y.

La méthode directe conduirait à l'équation du 4° degré bicarrée.

$$x^2 - \frac{a^2}{x^2} = b \quad \text{ou} \quad x^4 - bx^2 - a^2 = 0,$$

d'où l'on tirerait quatre valeurs pour x, à chacune desquelles correspondrait une seule valeur pour y, donnée par la formule $y = \dfrac{a}{x}$.

On peut facilement montrer l'identité de ces deux solutions.

350. EXERCICES.

1. **Trouver deux nombres, connaissant leur somme et celle de leurs quatrièmes puissances.**
Rép. On prendra le produit comme inconnue.

2. **Trouver deux nombres, connaissant leur somme et celle de leurs cinquièmes puissances.**
Rép. On prendra le produit comme inconnue.

3. Résoudre les équations binômes :

$x^6 - 1 = 0$	*Rép.* $(x^3 - 1)(x^3 + 1) = 0,$
$x^6 + 1 = 0$	On pose $x = yi,$
$x^8 - 1 = 0$	$(x^4 - 1)(x^4 + 1) = 0,$
$x^8 + 1 = 0$	On pose $x^8 + 1 = (x^4 + 1)^2 - 2x^4,$
$x^{12} - 1 = 0$	$(x^6 - 1)(x^6 + 1) = 0.$

4. Résoudre les équations :

$$\left. \begin{array}{l} x^2 y + xy^2 = 30 \\[4pt] \dfrac{1}{x} + \dfrac{1}{y} = \dfrac{5}{6} \end{array} \right\} \quad \textit{Rép.} \; \text{On prend pour inconnues} \quad x + y \text{ et } xy.$$

5. Résoudre le système :

$$\left.\begin{array}{l} \dfrac{1}{x} + \dfrac{1}{y} = \dfrac{1}{a} \\[2mm] \dfrac{1}{x^2} + \dfrac{1}{y^2} = \dfrac{1}{b^2} \end{array}\right\} \; Rep. \text{ On prend } \dfrac{1}{x} \text{ , } \dfrac{1}{y} \text{ comme inconnues.}$$

6. Résoudre le système :

$$\left.\begin{array}{l} \sqrt{x} + \sqrt{y} = \sqrt{a} \\ x + y = b \end{array}\right\} \; \begin{array}{l} Rép. \text{ On prend pour inconnues} \\ \sqrt{x} \text{ et } \sqrt{y}. \end{array}$$

7. Résoudre l'équation trinôme :

$$x^{2m} + px^m + q = 0.$$

Combien aura-t-on de solutions ?

Rép. On prend x^m pour inconnue.

8. Trouver toutes les solutions des équations :

$$x^6 - 7x^3 + 12 = 0$$
$$x^8 - 8x^4 + 15 = 0$$
$$x^6 - 9x^3 + 8 = 0.$$

9. Résoudre le système des équations :

$$x^2 + 2xy + y^2 - 2x - y - 5 = 0$$
$$x + y - 3 = 0.$$

Rep. $\qquad\qquad x = 1 \quad , \quad y = 2.$

§ VII. — ÉQUATIONS IRRATIONNELLES SE RAMENANT AU SECOND DEGRÉ.

351. Quand l'inconnue entre sous des radicaux on cherche, en élevant au carré les deux membres de l'équation convenablement préparée, à les faire disparaître. Mais on obtient ainsi une équation plus générale que la première et il faut s'assurer, après la résolution, si les racines trouvées conviennent toutes à l'équation primitive.

Soit, par exemple, à résoudre l'équation :

$$mx + n + \sqrt{ax^2 + bx + c} = 0.$$

On isole le radical dans un membre, ce qui donne

$$(1) \qquad \sqrt{ax^2 + bx + c} = -mx - n,$$

puis on élève au carré les deux membres et l'on a l'équation :

$$(2) \qquad ax^2 + bx + c = (mx + n)^2,$$

que l'on sait résoudre et qui donne en général deux solutions x' et x''. — Mais il n'est pas certain que ces solutions conviennent à l'équation (1); car l'équation (2) d'où elles sont tirées provient tout aussi bien de l'équation (3)

$$(3) \qquad -\sqrt{ax^2 + bx + c} = -mx - n$$

que de l'équation (1), et l'on voit à priori qu'il peut arriver trois cas :

1° Ou bien les solutions trouvées conviennent toutes deux à l'équation proposée ;

2° Ou bien l'une convient à l'équation où le radical est pris avec le signe $+$ et l'autre à l'équation où le radical est pris avec le signe $-$

3° Ou bien les deux racines trouvées conviennent toutes deux à l'équation où le radical est pris avec un signe autre que celui de l'équation proposée, et alors aucune des racines trouvées ne convient à l'équation proposée.

C'est donc en vérifiant après coup les solutions trouvées que l'on connaîtra celles qu'il faut prendre.

352. EXEMPLE I. — *Résoudre l'équation*

$$x + \sqrt{25 - x^2} = 7.$$

Cette équation mise sous la forme

$$\sqrt{25 - x^2} = 7 - x$$

conduit, en élevant les deux membres au carré, à l'équation

$$x^2 - 7x + 12 = 0,$$

dont les racines sont :

$$x' = 3 \quad , \quad x'' = 4,$$

les deux racines conviennent à l'équation proposée, aucune à l'équation :

$$x - \sqrt{25 - x^2} = 7.$$

353. EXEMPLE II. — *Résoudre l'équation*

$$x - \sqrt{15 - x^2} = 1.$$

Cette équation conduit, par la disparition du radical, à cette autre :

$$x^2 - x - 12 = 0$$

qui a pour racines :

$$x' = 4 \quad , \quad x'' = 3,$$

La racine 4 convient, la racine — 3 ne convient pas et résout l'équation :

$$x + \sqrt{25 - x^2} = 1.$$

354. EXEMPLE III. — *Résoudre l'équation*

$$x - \sqrt{169 - x^2} = 17.$$

Après la disparition du radical, on obtient l'équation

$$x^2 - 17x + 60 = 0$$

dont les racines sont :

$$x' = 12 \quad , \quad x'' = 5.$$

Aucune des racines ne convient à l'équation proposée.

Elles satisfont toutes deux à l'équation

$$x + \sqrt{169 - x^2} = 17.$$

355. EXEMPLE IV. — *Résoudre l'équation*

$$x + \sqrt{a^2 - x^2} = b.$$

Après la disparition du radical, en obtient l'équation

$$2x^2 - 2bx + b^2 - a^2 = 0.$$

qui donne :

$$x' = \frac{b + \sqrt{2a^2 - b^2}}{2} \quad , \quad x'' = \frac{b - \sqrt{2a^2 - b^2}}{2}.$$

Ces deux racines ne satisfont pas toujours à l'équation donnée, en les supposant réelles, c'est-à-dire en supposant $b^2 \leq 2a^2$. En effet, le radical étant pris avec le signe $+$, il faut que $b - x$ soit positif. Or

$$b - x' = \frac{b - \sqrt{2a^2 - b^2}}{2} \quad , \quad b - x'' = \frac{b + \sqrt{2a^2 - b^2}}{2}.$$

Si $b > 0$, $b - x''$ est nécessairement positif, donc x'' convient. Mais $b - x'$ n'est positif que si $b \geq a$, donc x' ne convient que dans ce cas-là. — Si $b < a$, x' convient à l'équation

$$x - \sqrt{a^2 - x^2} = b.$$

Si $b < 0$, $b - x'$ est nécessairement négatif, donc x' convient à l'équation $x - \sqrt{a^2 - x^2} = b$. Quant à $b - x''$, il sera positif si $b \leq a$, donc dans ce cas x conviendra à l'équation donnée. Mais si $b > a$, $b - x''$ sera négatif et les deux solutions x' x'' se rapporteront au cas où le radical est pris avec le signe $-$.

On peut trouver une interprétation géométrique de

l'équation donnée, dans le cas où a et b sont positifs ; on voit alors clairement dans quel cas chacune des solutions trouvées est admissible.

Proposons-nous le problème suivant : *Étant donné un cercle de diamètre* AB $= a$, *trouver sur la circonférence un point* M, *tel que*

$$AM + MB = b,$$

b *étant une longueur donnée.*

Si nous prolongeons AM d'une longueur MC $=$ MB, le triangle MBC est isocèle, et puisque l'angle M est droit, l'angle C vaut 45°. Donc le point C est sur un segment capable de 45° décrit sur AB. Ce segment a pour centre l'extrémité E du rayon perpendiculaire à AB.

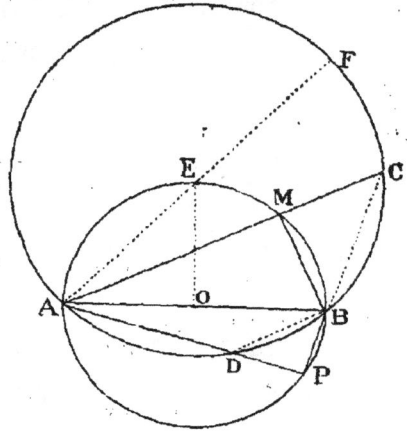

Soit D un point de la partie inférieure, joignons AD et prolongeons jusqu'à la circonférence O en P. Le triangle DBP sera isocèle et BP $=$ DP, donc AP $-$ BP $=$ AD. La partie inférieure du premier segment correspond donc au cas où l'on voudrait que la différence

$$PA - PB = AD = b.$$

Cela posé, pour résoudre le problème, on tracera le segment capable de 45° sur AB, puis du point A comme centre, avec b comme rayon, on tracera une circonférence qui coupera le segment au point C. En tirant AC, on déterminera le point M sur la circonférence du diamètre AB.

Pour que le problème soit possible, il faut que b soit inférieur au diamètre AF du segment ou à $a\sqrt{2}$. Si cette condition est remplie et que b soit en même temps supérieur à $AB = a$, on obtiendra deux points C satisfaisant à la question.

Si $b < a$, on aura encore deux points d'intersection avec le segment, l'un au-dessus de AB, l'autre au-dessous. L'une des solutions conviendra à l'équation

$$x + \sqrt{a^2 - x^2} = b,$$

l'autre conviendra à l'équation

$$x - \sqrt{a^2 - x^2} = b.$$

356. Exercices.

1. *Résoudre l'équation*

$$\sqrt{2x + 1} + \sqrt{x + 1} = 12.$$

Sol. Il faut élever deux fois au carré pour faire disparaître les radicaux, on trouve enfin l'équation

$$x^2 - 864x + 20\,160 = 0,$$

qui donne $x' = 24$, $x'' = 840$.
La première convient seule.

2. *Résoudre l'équation*

$$x - \sqrt{x^2 + 2x + 8} = 6.$$

Sol. On trouve $x = 2$, qui ne convient pas.

3. *Résoudre l'équation*

$$2x^2 + 3x - 3 + \sqrt{2x^2 + 3x + 9} = 30.$$

Sol. On la ramène à la forme étudiée en posant

$$2x^2 + 3x + 9 = y.$$

On est conduit à l'équation $y^2 - 84y + 1764 = 0$, qui donne $y' = 49$, $y'' = 36$. On en déduit ensuite les quatre valeurs

$$x' = 3 \quad x'' = -\frac{9}{2} \quad (x''', x'''') = \frac{-3 \pm \sqrt{329}}{4}.$$

Les deux dernières ne conviennent pas.

4. *Résoudre l'équation*

$$\sqrt{1 + x + x^2} = a - \sqrt{1 - x + x^2}.$$

Sol. En élevant au carré on obtient une équation incomplète du second degré, qui donne

$$x = \pm \frac{a}{2} \sqrt{\frac{a^2 - 4}{a^2 - 1}}.$$

5. *Résoudre l'équation*

$$\sqrt{3 + x} + \sqrt{8 + x} = \sqrt{24 + x}.$$

Sol. On trouve

$$x' = 1 \qquad x'' = -\frac{73}{3}.$$

La seconde solution convient à l'équation :

$$\sqrt{3 + x} - \sqrt{8 + x} = \sqrt{24 + x}.$$

CHAPITRE XIII.

QUESTION DE MAXIMUM ET DE MINIMUM QUI DÉPENDENT DU SECOND DEGRÉ.

§ I. — MÉTHODE GÉNÉRALE.

357. DÉFINITIONS. — Si on donne à la variable x d'une fonction réelle $F(x)$, toutes les valeurs depuis $-\infty$ jusqu'à $+\infty$, il peut arriver que la fonction reste constamment *au-dessous* d'une certaine valeur qu'elle atteint une fois; cette valeur est son *maximum*. — Il peut arriver qu'elle reste constamment *au-dessus* d'une certaine valeur qu'elle atteint une fois; cette valeur est son *minimum*.

Nous avons vu, au chapitre X, que la fonction

$$y = ax^2 + bx + c$$

a un minimum si a est positif; a un maximum si a est négatif. Ce minimum ou ce maximum a pour formule

$$\frac{4ac - b^2}{4a}.$$

La fonction l'atteint quand

$$x = -\frac{b}{2a}.$$

Pour une fonction quelconque réelle $y = F(x)$, la définition que nous venons de donner est trop particulière; voici celle qu'il faut adopter et qui comprend la définition que nous avons donnée pour le trinôme du second degré.

En supposant toujours que x varie de $-\infty$ à $=\infty$, on nomme *maximum* de la fonction $F(x)$ une valeur *plus grande* que les valeurs voisines; *minimum*, une valeur *plus petite* que les valeurs voisines. — En d'autres termes, on dit que $F(x)$ atteint un maximum pour $x=a$, si $F(a)$ est supérieur à $F(a-h)$ et à $F(a+h)$, h étant aussi petit qu'on voudra. — De même, on dit que $F(x)$ atteint un minimum pour $x=a$, si $F(a)$ est inférieur à $F(a-h)$ et à $F(a+h)$, quelque petit que soit h.

On voit par cette nouvelle définition que le maximum d'une fonction n'est pas toujours la plus grande valeur qu'elle puisse acquérir, et que le minimum n'est pas toujours la plus petite valeur de la fonction.

La représentation graphique d'une fonction

$$y = F(x)$$

par l'ordonnée d'une courbe fait bien comprendre ce qu'il faut entendre par maximum ou minimum.

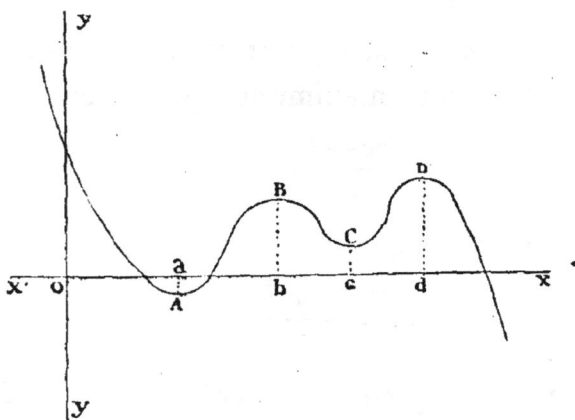

Admettons que la courbe représentative présente la figure ci-dessus. Les ordonnées Bb, Dd, seront des maxima de la fonction ; Aa, Cc, seront des minima. On voit que les maxima ne sont pas les plus grandes valeurs de l'ordonnée et que les minima ne sont pas non plus les plus petites valeurs.

358. PROBLÈME. — *Trouver le maximum ou le minimum d'une fonction*

$$y = \mathrm{F}(x).$$

On peut indiquer deux méthodes générales pour résoudre ce problème.

Première méthode.

1° Au lieu de chercher quelle est la valeur réelle de x qui rend la fonction maximum ou minimum, on cherche *quelle est la valeur réelle de* x *qui rend la fonction égale à une quantité donnée* y *qu'on laisse indéterminée.*

2° On est aussi ramené à résoudre par rapport à x l'équation $y = \mathrm{F}(x)$. Admettons qu'on puisse effectuer cette résolution.

3° Pour que le nouveau problème soit possible, il faut que x soit réel, et cela peut ne pas suffire. On est ainsi amené à certaines *inégalités* auxquelles y doit satisfaire. Ces inégalités résolues font connaître les maxima ou les minima de y, c'est-à-dire de la fonction.

4° En donnant à y ces valeurs limites, maxima ou minima, on obtient les valeurs correspondantes de x.

REMARQUE. — Il peut arriver que la fonction renferme plusieurs variables et soit, par exemple, de la forme

$$\mathrm{F}(x, y, z),$$

mais que y et z soient liés à x par deux équations, de telle sorte qu'au fond la fonction ne dépende que d'une seule variable. On raisonnera de la même manière, on égalera la fonction à une indéterminée u et on aura l'équation

$$F(x, y, z) = u$$

qui, unie aux deux équations liant x à y et z, forme un système de trois équations à trois inconnues. En éliminant y et z, on aura l'équation qui permettra de trouver x en fonction de u. La discussion de la valeur de x donnera le maximum ou le minimum de u.

Deuxième méthode.

La définition générale que nous avons donnée du maximum et du minimum nous montre qu'une fonction possède de part et d'autre, de cette valeur remarquable, deux valeurs égales, l'une correspondante à $x + h$, l'autre à $x - k$, h et k étant des quantités que l'on peut supposer aussi voisine de zéro qu'on voudra, x étant la valeur inconnue de la variable qui correspond au maximum ou au minimum.

Posons donc l'équation

$$F(x + h) = F(x - k),$$

ou bien

$$F(x + h) - F(x - k) = 0.$$

Le premier membre s'annulant pour $h = k$ est divisible par $h + k$. Nous réduirons autant que possible le premier membre, puis nous diviserons par $h + k$ tant que nous le pourrons; nous obtiendrons ainsi une équation entre x, h et k. Si nous faisons tendre h et k simultanément vers zéro, nous obtiendrons comme limite une équation en x

$$\varphi(x) = 0$$

à laquelle satisfera la valeur de la variable qui correspond soit au maximum, soit au minimum de la fonction.

On résoudra cette équation. Elle pourra avoir plusieurs solutions

$$x = a,\ b,\ c,\ \ldots\ldots$$

On n'est pas assuré que toutes donnent un maximum ou un minimum de la fonction; il y a donc, pour chacune, à opérer une vérification *à posteriori.*

Si l'équation $\varphi(x)$ n'a qu'une solution et que la nature de la question montre à priori que $F(x)$ a un maximum ou un minimum, la vérification sera inutile.

359. EXEMPLE. — *Soit à trouver le maximum ou le minimum de la fonction*

$$y = ax^2 + bx + c$$

déjà traitée.

1re MÉTHODE. — Nous cherchons la valeur de x qui rend la fonction égale à une quantité donnée y; nous avons donc à résoudre l'équation :

$$ax^2 + bx + c - y = o$$

qui donne :

$$x = -b \pm \frac{\sqrt{b^2 - 4ac + 4ay}}{2a}.$$

Pour que le problème soit possible, il faut que x soit réel; il faut donc que

$$4ay + b^2 - ac > o.$$

Si $a > o$, on en déduit :

$$y > \frac{4ac - b^2}{4a};$$

dans ce cas y a un minimum, $\dfrac{4ac - b^2}{4a}$. — Si $a < 0$, on en déduit

$$y < \frac{4ac - b^2}{4a};$$

dans ce cas y a un maximum, $\dfrac{4ac - b^2}{4a}$.

La formule de la valeur de x qui correspond à l'un ou à l'autre cas est

$$x = \frac{-b}{2a}.$$

2° MÉTHODE. — Posons l'équation

$$a(x + h)^2 + b(x + h) + c = a(x - k)^2 + b(x - k) + c.$$

Nous en déduisons :

$$a(2x + h - k)(h + k) + b(h + k) = 0,$$

puis :

$$a(2x + h - k) + b = 0.$$

Si nous faisons tendre h et k vers zéro simultanément, l'équation limite

$$2ax + b = 0$$

nous donnera la valeur de x qui correspond au maximum ou au minimum; cette valeur est $x = -\dfrac{b}{2a}$.

On peut vérifier que $F\left(-\dfrac{b}{2a}\right)$ est inférieur à

$$F\left(-\frac{b}{2a} \pm h\right),$$

quel que soit h, si $a > 0$; et que $F\left(-\dfrac{b}{2a} \pm h\right)$ est supé rieur à

$$F\left(-\frac{b}{2a}\right)$$

quel que soit h, si $a < 0$.

La dernière méthode a l'inconvénient de ne pas indiquer immédiatement si la valeur trouvée pour la variable
x donne un maximum ou un minimum; mais elle a l'avantage de pouvoir s'appliquer à des cas où la première ne
réussirait pas. Si, par exemple, on voulait trouver le
maximum ou le minimum d'une fonction du 3° degré de la
forme

$$y = ax^3 + bx^2 + cx + d,$$

la seconde méthode donnerait l'équation

$$3ax^2 + 2bx + c = 0$$

pour déterminer les valeurs de $\dot{x}$ qui répondent soit au
maximum, soit au minimum. La première méthode serait
inapplicable.

360. REMARQUE. — Dans l'étude des fonctions abstraites il convient de recourir à la représentation graphique pour suivre facilement les lois qui lient les variations des fonctions à celles de la variable. On aperçoit, à
l'aide de ces représentations, les régions où se trouvent
les maxima et les minima, s'il y en a.

Considérons, par exemple, la fonction du troisième
degré

$$y = x^3 - 6x^2 + 11x - 6 = (x-1)(x-2)(x-3).$$

La représentation graphique nous donne la figure ci-
contre :

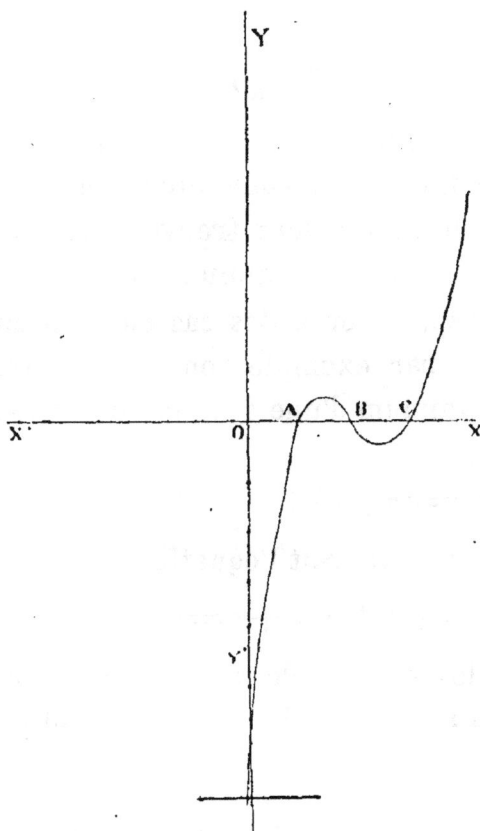

Dans cette figure
$$OA = 1 \ , \ OB = 2 \ , \ OC = 3.$$

On voit que la fonction a un maximum pour une valeur de x comprise entre 1 et 2, et qu'elle a un minimum pour une valeur de x comprise entre 2 et 3. — Les valeurs exactes de la variable qui correspondent à ces valeurs de la fonction sont données par l'équation :

$$3x^2 - 12x + 11 = 0,$$

qui conduit à

$$x' = 2,45. \ . \ . \quad , \quad x'' = 2,57. \ . \ . \ . \ .$$

EXEMPLES.

361. *Inscrire dans un triangle un rectangle de surface donnée* m^2. — *Rectangle de surface maxima.*

Solution. — On désignera par b et h la base et la hauteur du triangle, par x et y la base et la hauteur du rectangle inscrit. Les équations du problème seront :

$$xy = m^2 \quad , \quad \frac{x}{b} + \frac{y}{h} = 1.$$

D'où l'on tire :

$$x = \frac{b}{2} \pm \frac{1}{2h} \sqrt{bh(bh - 4m^2)}.$$

Pour que le problème soit possible, il faut et il suffit que

$$m^2 < \frac{bh}{4}.$$

Donc $\dfrac{bh}{4}$ est la valeur maximum de la surface du rectangle inscrit.

Ses dimensions sont :

$$x = \frac{b}{2} \quad , \quad y = \frac{h}{2}.$$

362. *Inscrire dans un cercle de rayon* R *un rectangle de surface donnée* m^2. — *Rectangle maximum.*

En désignant par x et y les dimensions du rectangle inscrit, les équations du problème sont :

$$xy = m^2 \quad , \quad x^2 + y^2 = 4R^2.$$

D'où l'on tire, en nommant x, la plus grande dimension :

$$x = \frac{1}{2}\sqrt{4R^2 + 2m^2} + \frac{1}{2}\sqrt{4R^2 - 2m^2},$$

$$y = \frac{1}{2}\sqrt{4R^2 + 2m^2} - \frac{1}{2}\sqrt{4R^2 - 2m^2}.$$

Pour que le problème soit possible, il faut et il suffit que

$$m^2 < 2R^2.$$

Donc $2R^2$ est la surface maxima du rectangle inscrit. Ses dimensions sont :

$$x = R\sqrt{2} \quad , \quad y = R\sqrt{2}.$$

Le *rectangle maximum inscrit est donc le carré.*

363. *Inscrire dans un cercle le triangle isocèle de surface maximum.*

Ce problème va nous offrir une application de la seconde méthode; la première ne réussirait pas. — Désignons par R le rayon du cercle, par x la distance du centre à la base du triangle, la surface S sera donnée par la formule

$$S = (R + x)\sqrt{R^2 - x^2}.$$

Si la surface est maximum, son carré sera maximum, et réciproquement; il s'agit donc de rendre maximum la fonction

$$S^2 = (R + x)^2 (R - x).$$

La première méthode nous conduirait à résoudre une équation du 4° degré

$$S^2 = R^4 + 2R^3x - 2Rx^3 - x^4.$$

Appliquons la seconde, nous tomberons sur l'équation du 3° degré

$$2x^3 + 3Rx^2 - R^3 = o.$$

Le premier nombre s'annule pour $x = -R$, donc il est divisible par $x + R$ et peut se mettre sous la forme

$$(x + R)(2x^2 + Rx - R^2) = o.$$

x étant nécessairement positif et inférieur à R, la solution $x = -R$ ne convient pas; la valeur de x cherchée est donc racine de l'équation

$$2x^2 + Rx - R^2 = o.$$

dont le premier membre est encore divisible par $x + R$. On obtient donc comme solution unique :

$$2x - R = o, \quad \text{d'où} \quad x = \frac{R}{2}.$$

Donc *le triangle maximum est le triangle équilatéral.*

§ II. — THÉORÈMES SUR LES MAXIMA ET LES MINIMA.

364. THÉORÈME I. — *Le maximum d'un produit de deux facteurs dont la somme est constante a lieu quand les deux facteurs sont égaux.*

Soit a la somme des deux facteurs. Si l'un est $\frac{a}{2} + \varepsilon$, l'autre sera $\frac{a}{2} - \varepsilon$; leur produit est donc :

$$\frac{a^2}{4} - \varepsilon^2.$$

On voit que ce produit acquiert sa plus grande valeur $\frac{a^2}{4}$ quand $\varepsilon = 0$; c'est-à-dire quand les deux facteurs sont égaux chacun à la moitié de la somme, et par suite égaux entre eux.

REMARQUE. — On pourrait traiter cette question par la méthode générale. En nommant x et y les deux facteurs du produit qu'on supposerait donné et égal à une quantité m, on aurait les équations suivantes à résoudre :

$$x + y = a,$$
$$xy = m.$$

Ces deux facteurs sont donc les racines de l'équation du second degré

$$z^2 - az + m = 0.$$

D'où l'on tire :

$$x = \frac{a}{2} + \sqrt{\frac{a^2}{4} - m} \quad , \quad y = \frac{a}{2} - \sqrt{\frac{a^2}{4} - m}.$$

Pour que x et y soient réels, il faut et il suffit que

$m < \dfrac{a^2}{4}$; tel est donc le maximum du produit qui corres-

pond à $x = y = \dfrac{a}{2}$.

365. Théorème II. — *Le maximum du produit d'un nombre quelconque de facteurs positifs dont la somme est constante a lieu quand tous les facteurs sont égaux.*

Soit un produit de facteurs :

$$x \, y \, z \, t \ldots \ldots$$

tels que

$$x + y + z + t + \ldots \ldots = a.$$

Admettons que tous les facteurs ne soient pas égaux et soient x et y différents. D'après le théorème précédent on aura :

$$xy < \left(\frac{x+y}{2} \right) \left(\frac{x+y}{2} \right),$$

par suite, puisque les facteurs sont positifs.

$$x \, y \, z \, t \ldots \ldots < \left(\frac{x+y}{2} \right) \left(\frac{x+y}{2} \right) z \, t \ldots \ldots$$

Donc on peut, sans changer la somme des facteurs, trouver un produit plus grand tant que deux facteurs sont inégaux; donc le produit est maximum quand tous les facteurs sont égaux.   C. Q. F. D.

Corollaire I. — *La moyenne arithmétique de plusieurs nombres est plus grande que la moyenne géométrique.*

En effet, d'après le théorème précédent,

$$\left(\frac{x + y + z + t + \ldots \ldots}{n} \right)^n > x \, y \, z \, t, \ldots \ldots$$

en nommant n le nombre des facteurs, donc :

$$x+y+z+t+\ldots > \sqrt[n]{xyzt\ldots}$$

C. Q. F. D.

En particulier :

$$\frac{x+y}{2} > \sqrt{xy}.$$

COROLLAIRE II. — *Le minimum de la somme de nombres dont le produit est constant a lieu quand tous ces nombres sont égaux.*

Soient $x, y, z, t\ldots n$, facteurs dont le produit soit égal à b, de telle sorte que l'on ait :

$$xyzt\ldots = b.$$

D'après le corollaire précédent, nous avons

$$x+y+z+t\ldots > n\sqrt[n]{b}.$$

Le minimum de la somme est donc $n\sqrt[n]{b}$, et la somme atteint cette valeur quand $x=y=z=t\ldots = \sqrt[n]{b}.$

366. THÉORÈME III. — *Le maximum du produit de puissances de facteurs, dont la somme, abstraction faite des puissances, est constante, a lieu quand les facteurs sont proportionnels à leurs puissances.*

Soient, par exemple, trois facteurs x, y, z, tels que

$$x+y+z=a \text{ (constante)},$$

et considérons la fonction

$$x^m y^p z^r,$$

m, p, r, étant des puissances entières et positives.

Cette fonction atteint son maximum en même temps

que la fraction

$$\frac{x^m \, y^p \, z^r}{m^m \, p^p \, r^r},$$

et réciproquement; de telle sorte que les conditions que doivent remplir les facteurs variables x, y, z, pour que ces deux fonctions soient maxima, sont exactement les mêmes. Or cette dernière fonction peut se mettre dans la forme

$$\left(\frac{x}{m}\right)^m \left(\frac{y}{p}\right)^p \left(\frac{z}{r}\right)^r$$

et l'on voit que la somme des facteurs

$$m\frac{x}{m} + p\frac{y}{p} + r\frac{z}{r} = x + y + z$$

est constante; donc, d'après le théorème précédent, le produit

$$\left(\frac{x}{m}\right)^m \left(\frac{y}{p}\right)^p \left(\frac{z}{r}\right)^r$$

et par suite le produit

$$x^m \, y^p \, z^r$$

sera maximum, quand on aura :

$$\frac{x}{m} = \frac{y}{p} = \frac{z}{r}.$$

C. Q. F. D.

REMARQUE. — Dans le théorème précédent que nous invoquons, les facteurs x, y, z, t . . . . . n'étaient assujettis qu'à la condition d'avoir une somme constante, dans le cours de leurs variations; mais le théorème ne cesserait pas d'être vrai, si l'on assujettissait ces facteurs à d'autres conditions non contradictoires avec la première. En d'autres termes, il y a une infinité de manières de faire varier les facteurs en laissant leur somme constante;

parmi ces manières, on peut en choisir une particulière : on peut, par exemple, faire varier les facteurs de telle sorte que les m premiers facteurs soient égaux, les p suivants égaux, les r suivants égaux entre eux, leur ensemble gardant une somme constante. On voit donc que le théorème II est applicable à la fonction

$$\left(\frac{x}{m}\right)^{m}\left(\frac{y}{p}\right)^{p}\left(\frac{z}{r}\right)^{r}$$

du théorème III.

367. PROBLEME. — *Trouver le maximum ou le minimum du produit*

$$(1) \qquad (ax+b)^{m}\,(a'x+b')^{m'}\,(a''x+b'')^{m''}$$

quand x *varie*; m', m'', m'''..... *étant entiers et positifs.*

Considérons la fonction :

$$(2) \qquad \left(\frac{ax+b}{\alpha}\right)^{m}\left(\frac{a'x+b'}{\alpha'}\right)^{m'}\left(\frac{a''x+b''}{\alpha''}\right)^{m''}$$

α, α', α''.... représentant des constantes.

Si nous déterminons α, α', α'' de façon à rendre constante et positive la somme des facteurs du produit (2), ce produit sera maximum quand tous ces facteurs seront égaux. Or, pour que la somme des facteurs du produit (2) soit constante, il suffit que les quantités α, α', α''.., .. satisfassent à l'équation :

$$(3) \qquad \frac{ma}{\alpha}+\frac{m'a'}{\alpha'}+\frac{m''a''}{\alpha''}+\ \dots = 0,$$

et pour que les facteurs soient égaux, il faut que x et ces mêmes quantités satisfassent aux équations :

$$(4) \qquad \frac{ax+b}{\alpha}=\frac{a'x+b'}{\alpha'}=\frac{a''x+b''}{\alpha''}\dots$$

Nous avons donc entre les $n+1$ quantités x, α, α', α''.....
n équations, l'une de ces quantités est donc arbitraire.

Nous déterminerons d'abord x par l'équation

$$(5) \qquad \frac{ma}{ax+b} + \frac{m'a'}{a'x+b'} + \frac{m''a''}{a''x+b''} \cdots = 0.$$

Supposons-la résolue et considérons une de ses racines ξ.
Nous pouvons choisir arbitrairement α de même signe que
$ax+b$; les équations (4) détermineront pour α', α'', ...
des valeurs de même signe que les numérateurs respectifs
de ces quantités et l'expression (2), composée de facteurs
positifs atteindra son maximum pour la valeur ξ de x que
nous considérons, puisque tous ces facteurs dont la somme
est constante deviendront égaux pour cette valeur de x.

Mais les valeurs absolues des expressions (1) et (2) ne
diffèrent que par un multiplicateur; si donc ce multiplicateur est positif, l'expression (1) sera maximum quand
l'expression (2) le sera; si le multiplicateur est négatif,
l'expression (1) sera minimum, quand l'expression (2) sera
maximum.

368. Applications

PROBLÈME I. — *De tous les triangles de même périmètre
quel est celui qui a la plus grande surface?*

Nous savons que la surface d'un triangle, en fonction des trois
côtés, a pour formule :

$$S = \sqrt{p(p-a)(p-b)(p-c)},$$

p étant le demi-périmètre. Si a, b, c varient, p restant constant,
la somme des trois facteurs variables

$$p-a \ , \ p-b \ , \ p-c$$

reste constante et égale à p. Donc S sera maximum quand ces trois facteurs seront égaux, c'est-à-dire quand le triangle sera équilatéral.

PROBLÈME II. — *Parmi tous les triangles isoscèles inscrits dans une circonférence, quel est celui dont la surface sera maxima ?*

Nous avons déjà traité ce problème (**363**);.mais nous pouvons en donner maintenant une nouvelle solution plus simple.
Le carré de la surface est :

$$S^2 = (R + x)^3 (R - x).$$

La somme des facteurs de cette fonction est constante, quand on fait abstraction des puissances donc S^2 sera maximum quand on aura :

$$\frac{R + x}{3} = \frac{R - x}{1} = \frac{R}{2} = x.$$

Donc le *triangle maximum est le triangle équilatéral.*

PROBLÈME III. — *On donne dans un trapèze isoscèle la petite base* a *et la longueur commune* b *des deux côtés non parallèles, on demande le maximum de l'aire du trapèze.*

Désignons par x la demi différence des bases; la grande base sera $a + 2x$, la hauteur sera $\sqrt{b^2 - x^2}$. La surface sera donc

$$S = (a + x) \sqrt{b^2 - x^2}.$$

Considérons comme fonction le carré de la surface

$$S^2 = (a + x)^2 (b + x) (b - x).$$

Cette fonction est de la forme étudiée au n° **367**. Divisons chacun des facteurs par des constantes indéterminées α, β, γ, nous obtiendrons la fonction

$$\left(\frac{a + x}{\alpha}\right)^2 \left(\frac{b + x}{\beta}\right) \left(\frac{b - x}{\gamma}\right).$$

Choisissons les constantes de manière à rendre la somme des facteurs indépendante de x; il suffit de poser :

$$\frac{1}{\alpha} + \frac{1}{\beta} - \frac{1}{\gamma} = 0.$$

Les constantes étant ainsi choisies, le produit ci-dessus sera maximum quand les facteurs seront proportionnels à leurs puissances, quand on aura :

$$\frac{a+x}{2\alpha} = \frac{b+x}{\beta} = \frac{b-x}{\gamma} \; .$$

Donc l'équation qui donnera x sera :

$$\frac{2}{a+x} + \frac{1}{b+x} - \frac{1}{b-x} = 0,$$

ou bien

$$3x^2 + ax - b^2 = 0,$$

d'où l'on tire :

$$x' = \frac{-a + \sqrt{a^2 + 8b^2}}{4} \quad , \quad x'' = \frac{-a - \sqrt{a^2 + 8b^2}}{4}$$

La solution positive convient seule au problème de géométrie.

Remarque. — Il est facile de voir, en construisant la courbe représentative de la fonction

$$y = (a+x)^2 (b+x)(b-x),$$

que la valeur négative trouvée donne un minimum de y, si $a > b$, et un maximum si $a < b$. On voit aussi que y est maximum pour $x = -a$, si $a > b$, et minimum pour $x = -a$, si $a < b$.

Problème IV. — *Aux quatre coins d'un carré de côté* a *on découpe quatre carrés égaux de côté* x. *On replie les parties restantes de manière à former une boîte. Que doit être le côté* x *pour que le volume de la boîte formée soit maximum?*

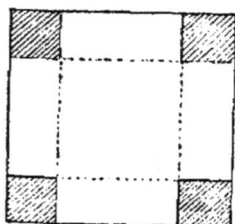

Le volume V de la boîte est donné par l'équation

$$V = (a - 2x)^2 x.$$

D'où l'on déduit

$$2V = (a - 2x)^2 \, 2x.$$

La fonction $2V$, et par suite la fonction V, sera maximum, pour les valeurs de x satisfaisant à la relation :

$$\frac{a - 2x}{2} = \frac{2x}{1} = \frac{a}{5},$$

d'où l'on tire :

$$x = \frac{a}{6}.$$

PROBLÈME V. — *Aux quatre coins d'un rectangle ayant* a *et* b *pour dimensions, on découpe quatre carrés égaux de côté* x *; on replie les parties restantes de manière à former une boîte. Que doit être le côté* x *pour que le volume de la boîte formée soit maximum ?*

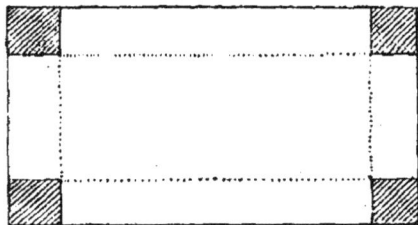

Le volume V a pour expression

$$V = (a - 2x)(b - 2x)x.$$

Nous considérons la fonction

$$\frac{a - 2x}{\alpha} \cdot \frac{b - 2x}{\beta} \cdot \frac{x}{\gamma}$$

qui atteint son maximum pour la même valeur de x, si α, β, γ sont des constantes. La somme des trois facteurs sera constante, si α, β, γ satisfont à la condition :

$$(1) \qquad \frac{2}{\alpha} + \frac{2}{\beta} = \frac{1}{\gamma}.$$

Cela étant, la fonction atteindra son maximum, si les trois facteurs sont égaux, c'est-à-dire si

$$(2) \qquad \frac{a - 2x}{\alpha} = \frac{b - 2x}{\beta} = \frac{x}{\gamma}.$$

En éliminant α, β, γ entre les équations (1) et (2), on obtient l'équation qui donne x, savoir :

$$\frac{2}{a - 2x} + \frac{2}{b - 2x} = \frac{1}{x},$$

ou bien

$$12x^2 - 4(a + b)x + ab = 0,$$

d'où l'on déduit :

$$x = \frac{a + b \pm \sqrt{a^2 + b^2 - ab}}{6}.$$

La seule solution admissible est

$$x' = \frac{a + b - \sqrt{a^2 + b^2 - ab}}{6}.$$

Il faut en effet que x soit inférieur à la moitié du plus petit côté b, et l'on vérifie facilement que $b - 2x''$ est négatif.

Si $b = a$, on trouve

$$x' = \frac{a}{6}$$

conformément au problème précédemment résolu.

PROBLÈME VI. — *Inscrire dans une sphère le cylindre de surface extérieure maximum.*

Nommons R le rayon de la sphère, x le rayon du cylindre, y sa demi-hauteur. La surface extérieure sera

$$S = 2\pi.2y = 4\pi xy;$$

x et y sont liés par la relation

$$x^2 + y^2 = R^2.$$

La surface se met sous la forme

$$S = 4\pi x \sqrt{R^2 - x^2}.$$

Au lieu de S considérons S^2 qui devient maximum en même temps,

$$S^2 = 4\pi^2 x^2 (R^2 - x^2).$$

Donc S deviendra maximum quand on aura :

$$x^2 = (R^2 - x^2),$$

d'où

$$x = \frac{R\sqrt{2}}{2}$$

PROBLÈME VII. — *Inscrire dans une sphère le cylindre de volume maximum.*

Avec les mêmes notations que dans le problème précédent on aura :

$$V = \pi x^2 . 2y \quad \text{ou} \quad V^2 = 4\pi^2 x^4 y^2,$$

mais on a toujours

$$x^2 + y^2 = R^2 ;$$

donc :

$$V^2 = 4\pi^2 x^4 (R^2 - x^2) = 4\pi^2 (x^2)^2 (R^2 - x^2).$$

Pour le maximum il faut que

$$\frac{x^2}{2} = \frac{R^2 - x^2}{1} = \frac{R^2}{3} ,$$

d'où

$$x = \frac{R\sqrt{6}}{3} .$$

PROBLÈME VIII. — *Inscrire dans une sphère le cône de surface latérale maximum.*

On trouve que la distance du centre à la base du cône doit être le tiers du rayon.

PROBLÈME IX. — *Inscrire dans une sphère le cône de volume maxima.*

On trouve le même cône que précédemment.

Nous ne multiplierons pas davantage les exemples.

§ III. — **MAXIMA ET MINIMA DE LA FONCTION**

$$\lambda = \frac{ax^2 + bx + c}{a'x^2 + b'x + c'}$$

QUAND x **RÉEL VARIE DE** $-\infty$ $+\infty$.

369. HYPOTHÈSES. — Dans ce qui va suivre nous supposerons :

1° Que les six coefficients a, a', b, b', c, c' sont réels;
2° que les équations du second degré

$$ax^2 + bx + c = 0 \quad , \quad a'x^2 + b'x + c' = 0$$

n'ont pas de racines communes; que par suite on n'a pas,
entre les six coefficients, la relation :

$$(ac' - ca')^2 - (ab' - ba')(bc' - cb') = 0,$$

ou encore, ce qui est la même chose, la relation :

$$(bb' - 2ac' - 2ca')^2 - (b^2 - 4ac)(b'^2 - 4a'c') = 0.$$

La fonction λ n'est donc pas le rapport de deux binômes du premier degré, ni égale à une constante.

Nous n'éliminons pas le cas où l'*un* des coefficients a ou a' serait égal à zéro, mais l'un au moins des deux termes de λ est du second degré.

Les racines des deux équations :

$$ax^2 + bx + c = 0 \ (\alpha, \alpha') \quad ; \quad a'x^2 + b'x + c' = 0 \ (\beta, \beta')$$

peuvent être réelles ou imaginaires. Nous convenons de porter ces racines, quand elles sont réelles, sur l'axe OX ou son prolongement OX'. Nous désignerons par A, A' les points de l'axe déterminés par les racines réelles de la première équation, par B, B' ceux qui sont déterminés par les racines de la seconde. Les points A, A' se confondraient et formeraient un point double, si les racines de la première équation étaient égales, si l'on avait l'identité $b^2 - 4ac = 0$. Même observation pour les points B, B'.

Nous avons vu, dans le chapitre XI relatif à la théorie l'involution, que si λ varie *réellement* de $-\infty$ à $+\infty$, l'équation

$$\lambda = \frac{ax^2 + bx + c}{a'x^2 + b'x + c'}$$

détermine, pour chaque valeur de λ, deux points réels ou imaginaires, qui sont dits en *involution*. Si les deux points *réels* sont confondus, si les valeurs x', x'' tirées de l'équation ci-dessus sont égales, on a un *point double* de l'involution.

Nous avons vu aussi que le seul cas où les points doubles n'existent pas sur l'axe, sont imaginaires, est celui où, les racines des deux termes de λ étant réelles, les segments AA', BB' qu'elles déterminent empiètent l'un sur l'autre. Cette conclusion est importante à retenir pour bien comprendre ce qui suit.

370. *Maxima et minima de la fonction* λ.

Pour déterminer ces maxima ou ces minima, nous suivons la 1re méthode générale que nous avons indiquée plus haut. Nous cherchons quelle est la valeur réelle de x qui rend la fraction égale à une quantité donnée λ; nous résolvons donc l'équation

$$\lambda = \frac{ax^2 + bx + c}{a'x^2 + b'x + c'} \; .$$

Nous en tirons :

$$x = \frac{-(b'\lambda - b) \pm \sqrt{P\lambda^2 - 2Q\lambda + R}}{2(a'\lambda - a)}$$

en posant

$$P = b'^2 - 4a'c' \quad , \quad R = b^2 - 4ac$$
$$Q = bb' - 2ac' - 2ca'.$$

Nous distinguons maintenant plusieurs cas :

1er CAS : $\quad P \gtreqless 0 \quad , \quad Q^2 - PR > 0.$

Le trinôme en λ, sous le radical de x, peut être décomposé en deux facteurs réels, différents, du premier degré, et si l'on désigne par λ' et λ'' les racines de ce trinôme rangées par ordre de grandeurs croissantes, on aura :

$$x = \frac{-(b'\lambda - b) \pm \sqrt{P(\lambda - \lambda')(\lambda - \lambda'')}}{2(a'\lambda - a)}.$$

Donc pour que x soit réel, si $P > 0$, il faut et il suffit que λ soit inférieure à λ', ou supérieur à λ''; λ' sera un *maximum*, λ'' un minimun. Si $P < 0$, λ doit être compris entre λ' et λ'', donc λ' est un *minimum*, λ'' est un *maximum*.

$P > 0$ correspond au cas où le dénominateur de la fonction donnée a ses racines réelles, $P < 0$ au cas ou le dénominateur a ses racines imaginaires.

$2°$ Cas. $P > 0$; $Q^2 - PR < 0$.

Le trinôme en λ sous le radical a ses racines imaginaires quand on l'égale à zéro; donc il conserve toujours le signe de son premier terme, donc x est réel, quel que soit λ; donc il n'y a ni maximum, ni minimum.

Remarque I. — On ne peut pas supposer $P < 0$ et en même temps $Q^2 - PR < 0$. En effet, l'équation

$$P\lambda^2 - 2Q\lambda + R = 0$$

donne les valeurs de λ qui fournissent les points doubles de l'involution (**312**). Cette équation ayant ses racines imaginaires, il n'y a pas de points doubles sur l'axe X'X de l'involution. Or ce fait ne peut se présenter que si les équations

$$ax^2 + bx + c = 0 \quad , \quad a'x^2 + b'x + c' = 0$$

ont leurs racines réelles; donc dans ce cas P et R sont nécessairement positifs.

REMARQUE II. — On ne peut pas supposer $Q^2 - PR = 0$; puisque les deux termes de la fonction donnée n'ont pas de racine commune par hypothèse.

3° CAS. $P = 0$.

La valeur de x devient alors

$$x = \frac{-(b'\lambda - b) \pm \sqrt{-2Q\lambda + R}}{2(a'\lambda - a)},$$

Q est alors nécessairement différent de zéro, sans quoi l'on aurait $Q^2 - PR = 0$, ce qui est contraire à l'hypothèse faite au début.

Il faut et il suffit alors, pour la réalité de x, que

$$-2Q\lambda + R > 0,$$

d'où l'on conclut, suivant le signe de Q, un maximum ou un minimum pour λ, donné par la formule $\dfrac{R}{2Q}$.

371. CONCLUSION. — De cette discussion complète nous pouvons tirer le théorème suivant :

1° *La fonction* $\lambda = \dfrac{ax^2 + bx + c}{a'x^2 + b'x + c'}$, *quand* x *varie de* $-\infty$ *à* $+\infty$, *n'a ni maximum ni minimum, si les racines du numérateur et du dénominateur sont réelles et si les segments* AA', BB' *qu'elles déterminent empiètent l'un sur l'autre.*

2° *Dans le cas où le dénominateur de la fonction a ses racines égales, la fonction a un maximum ou un minimum.*

3° *Dans tous les autres elle a un maximum et un minimum.*

372. EXEMPLES.

1° *Trouver le maximum et le minimum de la fonction :*

$$\lambda = \frac{x^2 - 4x + 3}{x^2 - 6x + 8} = \frac{(x-1)(x-3)}{(x-3)(x-4)}.$$

Nous voyons à priori que λ n'a ni maximum ni minimum, par la décomposition en facteurs du numérateur et du dénominateur. — La valeur de x peut se mettre sous la forme

$$x = \frac{5\lambda - 2 \pm \sqrt{\lambda^2 - \lambda + 1}}{2(\lambda - 1)}.$$

Le polynôme sous le radical n'est pas décomposable en facteurs réels, il reste toujours positif, x est réel quel que soit λ; la fonction λ n'a donc ni maximum ni minimum, comme nous l'avions prévu.

2° *Trouver le maximum et le minimum de la fonction :*

$$\lambda = \frac{x^2 - 3x + 2}{x^2 - 7x + 12} = \frac{(x - 1)(2 - 2)}{(x - 3)(x - 4)}.$$

Nous voyons *à priori* que la fonction a un maximum et un minimum, et le calcul va nous donner leurs valeurs et les valeurs correspondantes de x.

Nous trouvons

$$x = \frac{7\lambda - 3 \pm \sqrt{\lambda^2 + 14\lambda + 1}}{2(\lambda - 1)}.$$

Si l'on décompose le trinôme sous le radical en facteurs, on trouve

$$= \frac{7\lambda - 3 \pm \sqrt{(\lambda + 0,08\ldots)(\lambda + 13,92\ldots)}}{2(\lambda - 1)},$$

donc le *minimum* de λ est $-0,08\ldots$ et le *maximum* est $-13,92\ldots$ Les valeurs de x respectivement correspondantes sont $1,64\ldots$ et $3,37\ldots$

3° *Trouver le maximum et le minimum de la fonction :*

$$\lambda = \frac{x^2 - 3x + 2}{x^2 - 6x + 9} = \frac{(x - 1)(x - 2)}{(x - 3)^2}.$$

Nous voyons *à priori* que la fonction donnée a un maximum ou un minimum, et le calcul va nous le faire connaître.

En résolvant par rapport à x, nous avons :

$$x = \frac{6\lambda - 3 \pm \sqrt{8\lambda + 1}}{2(\lambda - 1)},$$

λ a un *minimum* $-\frac{1}{8}$; qui correspond à $x = 1,66.$.

373. EXERCICES.

Maxima et minima des fonctions suivantes .

$$\lambda = \frac{x^2 - 9x + 14}{x^3 - 11x + 24} \ldots \ldots \quad ni \quad m. \quad ni \quad M.$$

$$\lambda = \frac{x^2 - 2x + 4}{x^2 - 7x + 12} \ldots \ldots \quad m, \quad M.$$

$$\lambda = \frac{x^2 + x + 1}{(x - 1)(x - 3)} \ldots \ldots \quad m, \quad M.$$

$$\lambda = \frac{x^2 - 11x + 50}{4x^2 - 4x + 3} \ldots \ldots \quad m, \quad M.$$

$$\lambda = \frac{x^2 - 2x + 1}{x^2 - 4x + 4} \ldots \ldots \quad m.$$

$$\lambda = \frac{4x^2 + 4x + 3}{9x^2 - 6x + 2} \ldots \ldots \quad m, \quad M.$$

$$\lambda = \frac{-x^2 + 6x - 5}{x^2 - 5x + 6} \ldots \ldots \quad m, \quad M.$$

Dans tous ces exemples, la décomposition des termes en facteurs suffit pour montrer *à priori* si la fonction passe par un maximum et un minimum, ou si elle n'a aucun maximum ni minimum, quand x varie de $-\infty$ à $+\infty$. Réciproquement la théorie **371** permet de former un nombre infini d'exemples correspondants à chaque cas.

§ IV. — VARIATIONS DE LA FONCTION

$$\lambda = \frac{ax^2 + bx + c}{a'x^2 + b'x + c'}$$

QUAND x VARIE DE $-\infty$ A $+\infty$.

374. Hypothèses. — Nous savons que λ est une fonction uniforme et continue de x, nous pouvons donc représenter ses variations par les variations de l'ordonnée d'une courbe.

· Les nombres a et a' ne sont pas nuls simultanément.

Nous supposerons que les deux trinômes du second degré n'ont pas de racine commune. Dans le cas contraire la fonction λ serait égale au rapport de deux binômes du premier degré, ou à une constante.

· Avant d'entamer la discussion générale, nous remarquerons que pour $x = 0$, nous avons $\lambda = \dfrac{c}{c'}$; et pour $x = \pm\infty$, nous avons $\lambda = \dfrac{a}{a'}$, comme on le voit en mettant la fonction sous la forme

$$\lambda = \frac{a + \dfrac{b}{x} + \dfrac{c}{x^2}}{a' + \dfrac{b'}{x} + \dfrac{c'}{x^2}}.$$

Nous avons donc le point C où la courbe coupe l'axe des y; et en traçant une parallèle S'S à l'axe des x, à une distance $OD = \dfrac{a}{a'}$, nous avons une droite dont la courbe, à droite et à gauche, se rapproche indéfiniment sans pouvoir l'atteindre, en s'éloignant de plus en plus de l'axe des y. Cette droite S'S est nommé *asymptote* de la courbe.

375. MÉTHODE A SUIVRE POUR CONSTRUIRE LA COURBE.

Pour discuter facilement les variations de λ, nous décomposerons en facteurs réels les deux termes de λ, quand cela sera possible. Les valeurs α, α′ réelles de x qui annulent le numérateur sont nommées les *zéros* de la fonction ; ils correspondent aux points A, A′ de l'axe des x. Les valeurs, β, β′ réelles de x qui annulent le dénominateur sont nommées les *infinis* de la fonction ; ils correspondent aux points B, B′ de l'axe des x.

Par les points B, B′ nous mènerons des parallèles à l'axe OY ; ces parallèles seront des *asymptotes* de la courbe à construire, car si x se rapproche indéfiniment de β ou de β′, λ croit au delà de toute limite en valeur absolue. Ces parallèles sont donc des droites dont la courbe se rapproche indéfiniment sans pouvoir les couper.

Nous mènerons aussi d'avance l'asymptote S′S parallèle à l'axe des x, à la distance $\dfrac{a}{a'}$; nous remarquerons, pour cette asymptote, que si pour $x = -\infty$, la courbe est d'un côté, pour $x = +\infty$ elle sera de l'autre. Cela résulte de la formule

$$\lambda = \frac{a + \dfrac{b}{x} + \dfrac{c}{x^2}}{a' + \dfrac{b'}{x} + \dfrac{c'}{x^2}}.$$

En effet, si le module de x est très grand, on a sensiblement

$$\lambda = \frac{a + \dfrac{b}{x}}{a' + \dfrac{b'}{x}},$$

si x change de signe, les altérations des deux termes de λ changent aussi de signes, par suite si, pour un signe de x, λ est supérieur à $\dfrac{a}{a'}$, pour le signe contraire il lui sera inférieur.

Enfin nous remarquerons que λ change de signe chaque fois qu'il passe par un zéro ou par un infini, à moins que le zéro ou l'infini ne soit un point double.

Si a était nul, il y aurait un zéro et un seul; si a' était nul, il y aurait un infini et un seul.

Ces observations faites, la construction de la courbe représentative de la fonction n'offre aucune difficulté, et, pour la tracer avec précision, il suffira de déterminer d'avance quelques points remarquables et en particulier les points correspondants au maximum et au minimum.

Donnons quelques exemples qui feront bien saisir la méthode à suivre dans tous les cas.

376. Problème I. — *Étudier les variations de la fonction :*

$$\lambda = \frac{x^2 - 7x + 10}{x^2 - 4x + 3} = \frac{(x-2)(x-5)}{(x-1)(x-3)} .$$

La décomposition en facteurs du premier degré des termes de λ nous montre qu'il n'y a ni maximum ni minimum.

L'asymptote parallèle à l'axe des x est à une distance 1 de cet axe, car pour $x = \pm\infty$, on a $\lambda = 1$. Pour x négatif et très grand λ est supérieur à 1; pour x positif et très grand λ est inférieur à 1, car si le module de x est très grand, on a sensiblement :

$$\lambda = \frac{1 - \dfrac{7}{x}}{1 - \dfrac{4}{x}}.$$

Si $x = o$, on a $\lambda = \dfrac{10}{3} = 3 + \dfrac{1}{3}$.

Si l'on pose $\lambda = 1$, on obtient $x = \dfrac{7}{3}$ pour l'abscisse du point où la courbe coupe son asymptote.

Il est facile maintenant de voir que λ est représenté par l'ordonnée de la courbe ci-dessous :

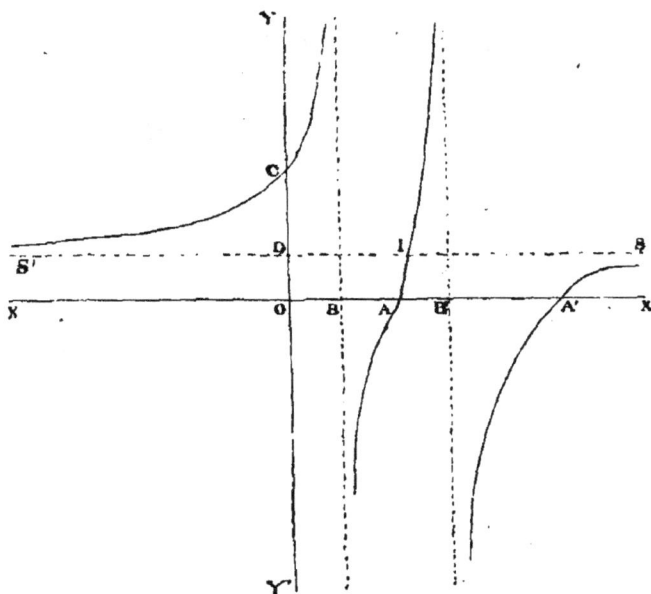

(Fig. 1.)

Les variations de la fonction λ sont ainsi mises en évidence.

377. PROBLÈME II. — *Étudier les variations de la fonction :*

$$\lambda = \frac{(x - 1)(x - 2)}{(x - 3)(x - 4)} = \frac{x^2 - 3x + 2}{x^2 - 7x + 12}.$$

La décomposition en facteurs des termes de λ montre que le segment BB′ des infinis est extérieur au segment AA′ des zéros; donc λ a un maximum et un minimum.

L'asymptote parallèle à l'axe des x est à une distance 1 de cet axe. Pour $x = -\infty$, la courbe est au-dessous; pour $2 = +\infty$, la courbe est au-dessus.

Pour $x = 0$, on a $\lambda = \dfrac{1}{6}$, ce qui donne le point C.

Le maximum de λ est $-13,92...$, le minimum $-0,08...$, les valeurs respectivement correspondantes de x sont $5,36..$, et $1,65...$

La courbe coupe son asymptote S′S au point dont l'abscisse est $2,5$.

. Donc on peut dire maintenant que λ est représenté par l'ordonnée de la courbe suivante :

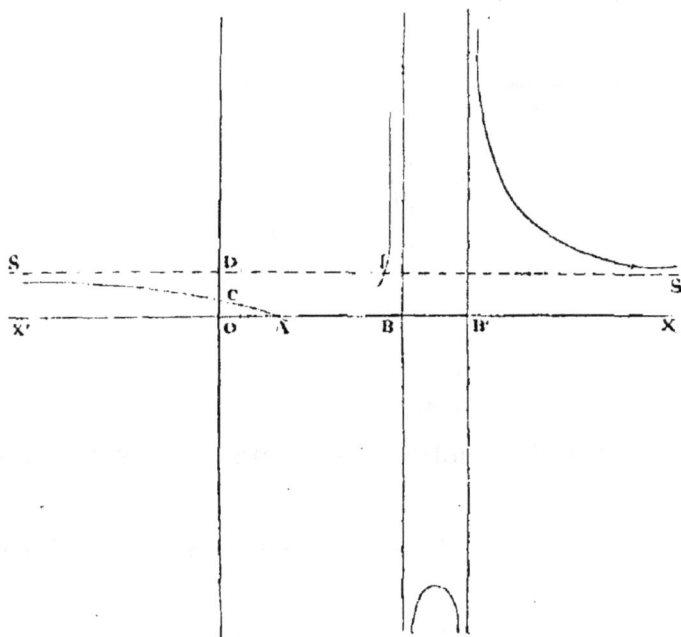

(Fig. 2.)

Et les variations de λ sont ainsi mises en évidence.

378. PROBLÈME III. — *Étudier les variations de la fonction :*

$$\lambda = \frac{4x^2 + 4x + 3}{x^2 - 3x + 2} = \frac{4x^2 + 4x + 3}{(x-1)(x-2)}.$$

Dans cet exemple la fonction n'a pas de zéros, ses infinies sont 1 et 2. On voit *à priori*, d'après le théorème (**371**), que λ a un maximum et un minimum. Le calcul donne $\lambda' = 0,4\ldots$ pour le minimum, et $\lambda'' = -68,4\ldots$ pour le maximum. Les valeurs de x respectivement correspondantes sont $x' = -0,7\ldots$ et $x'' = 1,4\ldots$

La courbe coupe l'axe des y à la distance 1,5 de l'origine.

Elle coupe l'asymptote S'S en un point dont l'abscisse est 0,3...

L'asymptote parallèle à l'axe des x est à une distance 4 de cet axe.

D'après ces remarques, la courbe dont les ordonnées représentent la fonction λ a la forme ci-contre :

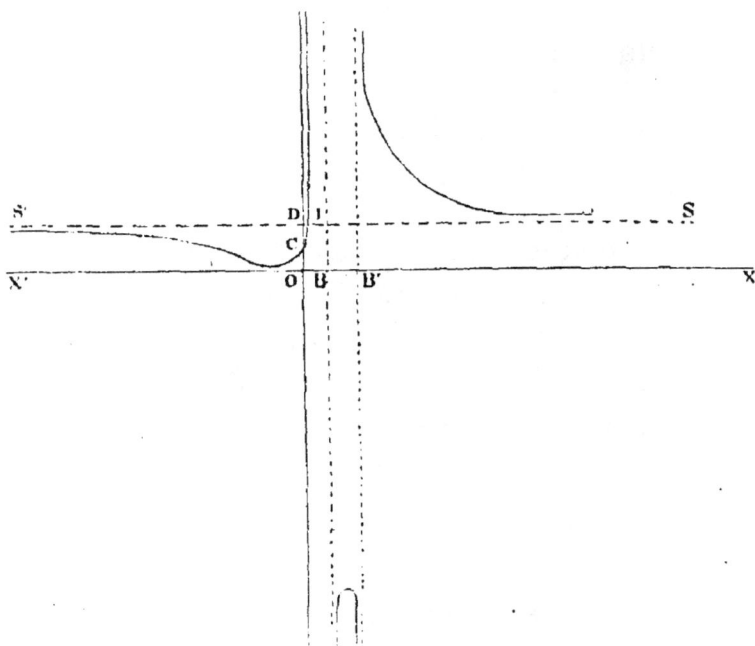

(Fig. 3.)

Les variations de λ sont mises en évidence par le tracé de la courbe.

379. PROBLÈME IV. — *Étudier les variations de la fonction :*

$$\lambda = \frac{x^2 - x + 1}{x^2 + x + 2}.$$

Cette fonction n'a ni zéros ni infinis. Donc, d'après le théorème **371**, elle a un maximum et un minimum Le calcul donne 1,75... pour le maximum, et 0,24... pour le minimum. Les valeurs de x correspondantes sont

— 1,8..,.. et 0,8..,..

L'asymptote S'S parallèle à l'axe des x est à une distance 1 de cet axe. La courbe la coupe en un point ayant $-\dfrac{1}{2}$ pour abscisse.

La courbe coupe l'axe des y à une distance $\dfrac{1}{2}$ de l'origine.

Ces données suffisent pour montrer que la courbe a la forme générale indiquée par la figure ci-dessous :

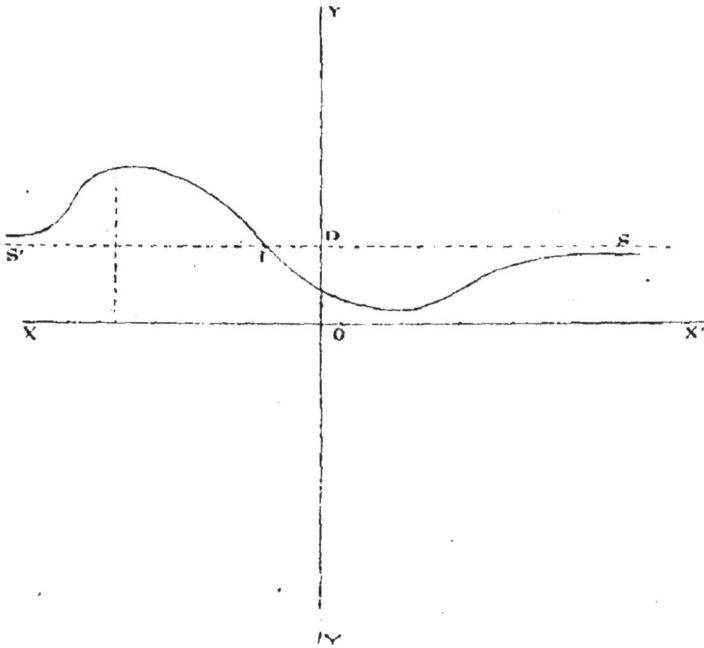

(Fig. 4.)

Les variations de λ sont maintenant mises en évidence par le tracé de la courbe.

380. EXERCICES.

Nous ne pousserons pas plus loin les exemples de construction que nous venons de donner; le lecteur pourra s'exercer sur les fonctions suivantes :

$$\lambda = \frac{x^2 - 3x + 2}{x^2 + x + 1}$$

$$\lambda = \frac{x^2 - 2x + 1}{x^2 - 5x + 6}$$

$$\lambda = \frac{x^2 - 3x + 2}{x^2 - 6x + 9}$$

$$\lambda = \frac{x^2 - 2x + 1}{x^2 - 4x + 4}$$

$$\lambda = \frac{x^2 - 3x + 2}{x - 3}$$

$$\lambda = \frac{x^2 - 4x + 3}{x - 2}$$

$$\lambda = \frac{x - 1}{x^2 - 5x + 6}$$

$$\lambda = \frac{x - 2}{x^2 - 4x + 3}$$

CHAPITRE XIV

PUISSANCES. — EXPONENTIELLES. — LOGARTIHMES.

§ I. — PUISSANCES ENTIÈRES.

381. Définition. — Nous avons dit, au commencement de l'algèbre, qu'une puissance entière m d'un nombre est définie par l'égalité :

$$a^m = a.a.a.a\ldots\ldots,$$

le second membre renfermant m facteurs égaux à a.

De cette définition et des règles de la multiplication il résulte les identités suivantes :

1° $a^m . a^p = a^{mp}$;

2° $(abc)^m = a^m b^m c^m$;

3° $(a^m)^p = a^{mp} = (a^p)^m$.

382. Théorème I. — *Les puissances d'un nombre supérieur à un vont en croissant et peuvent dépasser toute limite.*

Soit A un nombre supérieur à un, et α son excès sur l'unité, en sorte qu'on ait :

$$A = 1 + \alpha.$$

1° *Les puissances de* A *croissent avec* m; car

$$A^{m+1} = A^m . A > A^m$$

puisque le multiplicateur A surpasse l'unité ;

2° *Les puissances de* A *peuvent dépasser toute limite.* En effet, de l'égalité

$$A - 1 = \alpha,$$

on déduit, en multipliant les deux membres par A,

$$A^2 - A = \alpha A > \alpha.$$

Donc on peut poser la série des relations suivantes :

$$A - 1 = \alpha$$
$$A^2 - A > \alpha$$
$$A^3 - A^2 > \alpha.$$

$$\dots\dots\dots$$

$$A^m - A^{m+1} > \alpha.$$

Par suite, en ajoutant membre à membre toutes ces inégalités,

$$A^m - 1 > m\alpha,$$

donc

$$A^m > 1 + m\alpha.$$

Si donc on démontre que $1 + m\alpha$ peut dépasser toute limite, en prenant m suffisamment grand, on aura démontré *à fortiori* que A^m peut dépasser toute limite. Or, en
posant

$$1 + m\alpha > N,$$

on tire pour m

$$m > \frac{N - 1}{\alpha}.$$

Si l'on désigne par μ le plus petit nombre entier égal ou
supérieur à $\dfrac{N-1}{\alpha}$, en prenant $m = \mu$, on satisfera à la
condition demandée.

EXEMPLE. — Quelle est la valeur de m qui rend
$(1,001)^m$ supérieur à $1,000$?

Posons :

$$1 + m \times 0,001 > 1.000,$$

nous en tirons :

$$m > \frac{999}{0,001}.$$

ou bien

$$m > 999\,000,$$

donc il suffit d'élever 1,001 à une puissance égale ou supérieure à 999000.

383. THÉORÈME II. — *Les puissances d'un nombre inférieur à un décroissent et tendent vers zéro, quand la puissance augmente indéfiniment.*

En effet, si $A < 1$, on peut poser :

$$A = \frac{1}{B},$$

B étant supérieur à l'unité. Donc :

$$A^m = \frac{1}{B^m}.$$

Or, si m augmente, tout en restant entier, B^m croît et peut dépasser toute limite; donc A^m décroît et tend vers zéro.   C. Q. F. D.

§ II. — RACINES ENTIÈRES ARITHMÉTIQUES.

384. — DÉFINITION. — On nomme racine m^e d'un nombre A, le nombre a qui élevé à la puissance m^e reproduit A. Cette racine est rarement un nombre entier ou fractionnaire.

385. THÉORÈME I. — *Soit $\frac{A}{B}$ un nombre fractionnaire irréductible, ce nombre ne peut avoir une racine commensurable $\frac{a}{b}$ ue si les deux termes sont des puissances m^{es} exactes.*

En effet, supposons $\dfrac{a}{b}$ réduit à sa plus simple expression comme le nombre $\dfrac{A}{B}$, nous aurons pour hypothèse,

$$\frac{a^m}{b^m} = \frac{A}{B},$$

les deux membres étant des nombres fractionnaires irréductibles, cette égalité entraîne

$$a^m = A \quad , \quad b^m = B$$

C. Q. F. D.

385. *Définition des racines incommensurables.* — Si A entier ou fractionnaire n'est pas une puissance m^e exacte, on peut trouver deux nombres aussi voisins l'un de l'autre qu'on voudra et dont les puissances m^{es} comprennent A.

En effet soit x le plus grand nombre entier de fois $\dfrac{a}{b}$ dont la m^e puissance soit contenue dans A, nous aurons :

$$x^m \frac{a^m}{b^m} < A < (x+1)^m \frac{a^m}{b^m}$$

par suite

$$x^m < \frac{A b^m}{a^m} < (x+1)^m.$$

désignons par E la partie entière du produit $\dfrac{A b^m}{a^m}$ et par f la fraction complémentaire, nous aurons

$$x^m < E + f < (x+1)^m.$$

Mais puisque x^m, nombre entier, est contenu dans $E + f$, il est contenu dans E et l'on a enfin

$$x^m < E < (x+1)^m,$$

donc x est la racine de la plus grande puissance m^e contenue dans le nombre E facile à trouver.

Donc il est facile de trouver, au moins par tâtonnements, deux nombres

$$x\,\frac{a}{b} \qquad (x+1)\,\frac{a}{b}$$

différents d'une quantité $\frac{a}{b}$ quelconque et dont les puissances m^{es} comprennent A.

On peut supposer $\frac{a}{b}$ aussi petit qu'on voudra, et, en procédant suivant une loi déterminée de décroissance, avoir successivement une série de deux nombres :

$$
\begin{array}{ccc}
r_1 & , & R_1 \\
r_2 & , & R_2 \\
r_3 & , & R_3 \\
\cdot\cdot\cdot & \cdot\cdot\cdot & \cdot\cdot\cdot \\
r_p & , & R_p \\
\cdot\cdot\cdot & \cdot\cdot\cdot & \cdot\cdot\cdot
\end{array}
$$

ayant entre eux deux une différence de plus en plus voisine de zéro, et dont les m^{es} puissances comprennent toujours A. Tous les r sont inférieurs à l'un quelconque des R, et les R sont tous aussi supérieurs à l'un quelconque des r, et comme la différence $R_p - r_p$ tend vers zéro, il arrivera un moment ou r_p et R_p seront tous deux compris dans l'intervalle $R_1 - r_1$.

De là résulte que les quantités variables r ont une limite, et que les quantités variables R ont la même limite, comprise entre deux quelconques des nombres conjugués r et R de cette série.

Cette limite est indépendante du mode d'approximation, comme il est facile de le démontrer par la réduction à l'absurde, en raisonnant comme on l'a fait aux paragraphes **145, 146.**

C'est cette limite λ que nous nommerons racine du nombre A, dans le cas où ce nombre n'est pas une puissance m^e exacte, et nous poserons par définition :

$$\sqrt{A} = \lambda.$$

Nous voyons ainsi que tout nombre a une racine m^e, mais elle n'est pas toujours exprimable par un nombre entier ou fractionnaire. Elle pourrait être représentée par une longueur déterminée, dans le cas où l'on conviendrait de représenter les nombres entiers et fractionnaires par des longueurs, après avoir choisi une longueur déterminée pour représenter l'unité.

Nous donnerons dans la théorie des logarithmes des moyens simples pour calculer rapidement cette racine λ avec toute l'approximation nécessaire aux applications. Il nous suffit d'avoir démontré son existence.

386. THÉORÈME II. — *La racine* m^e *d'un nombre* A *est égale à la racine* (mp)^e *de la puissance* p *de* A.

En effet, de l'égalité

$$\sqrt[m]{A} = \lambda,$$

nous tirons, par définition de la racine,

$$A = \lambda^m,$$

par suite :

$$A^p = \lambda^{mp},$$

donc

$$\sqrt[mp]{A^p} = \lambda. = \sqrt{A} \qquad \text{C. Q. F. D.}$$

387. THÉORÈME III. — *Pour extraire la racine* p *de la racine* m^e, *il suffit d'extraire la racine* $(mp)^e$.

En effet, de l'égalité :

$$\sqrt[mp]{A} = \lambda,$$

on tire :

$$A = \lambda^{mp} = (\lambda^p)^m;$$

donc, nous avons successivement :

$$\sqrt[m]{A} = \lambda^p,$$

et

$$\sqrt[p]{\sqrt[m]{A}} = \lambda = \sqrt[mp]{A} \cdot \qquad\qquad \text{C. Q. F. D.}$$

388. THÉORÈME IV. — *La racine d'un produit est égale au produit des racines.*

En effet, les deux quantités :

$$\sqrt[m]{ABC} \quad , \quad \sqrt[m]{A} \cdot \sqrt[m]{B} \cdot \sqrt[m]{C}$$

ont même puissance m^e, savoir ABC, donc elles sont égales, et l'on a :

$$\sqrt[m]{ABC.} = \sqrt[m]{A} \cdot \sqrt[m]{B} \cdot \sqrt[m]{C}.$$

389. THÉORÈME V. — *Les racines d'un nombre supérieur à l'unité sont supérieures à l'unité, décroissent quand l'indice augmente et ont l'unité pour limite, quand l'indice augmente au delà de toute limite.*

Soit A un nombre supérieur à l'unité.

1° $\sqrt[m]{A}$ est supérieur à l'unité, car les puissances de l'unité sont invariablement égales à un, et les puissances d'un nombre inférieur à l'unité sont toujours plus petites que l'unité;

2° Considérons les deux racines consécutives

$$\sqrt[m]{A} \quad , \quad \sqrt[m+1]{A}$$

élevons ces deux nombres à la puissance $m + 1$ nous aurons

$$A\sqrt[m]{A} \quad , \quad A,$$

le second résultat est inférieur au premier, donc

$$\sqrt[m+1]{A} < \sqrt[m]{A};$$

3° Soit α un nombre aussi petit que l'on voudra, on a démontré que l'on peut prendre m assez grand pour que

$$A < (1 + \alpha)^m.$$

Extrayons la racine m^e de chaque membre, nous aurons

$$\sqrt[m]{A} < 1 + \alpha;$$

donc, on peut prendre m assez grand pour que $\sqrt[m]{A}$ soit aussi près de l'unité qu'on voudra; donc enfin

$$\lim \sqrt[m]{A} = 1,$$

quand m croît indéfiniment.   C. Q. F. D.

390. THÉORÈME VI. — *Les racines d'un nombre inférieur à l'unité sont inférieures à l'unité, elles croissent quand l'indice augmente et ont l'unité pour limite, quand l'indice croît indéfiniment.*

Si $A < 1$, posons $A = \dfrac{1}{B}$, B étant supérieur à l'unité, nous aurons :

$$\sqrt[m]{A} = \frac{1}{\sqrt[m]{B}}.$$

Or, $\sqrt[m]{B}$ est supérieur à l'unité et tend vers 1 quand

m croît indéfiniment; donc $\sqrt[m]{A}$ est inférieur à l'unité, augmente quand m croît, et a pour limite l'unité quand m croît indéfiniment.   C. Q. F. D.

§ III. — EXPOSANTS FRACTIONNAIRES.

391. DÉFINITION. — Nous écrirons conventionnellement :

$$\sqrt[p]{A^m} = A^{\frac{m}{p}}.$$

Cette convention aura l'avantage d'indiquer les puissances et les racines par un système de notations semblables ; mais elle ne peut être utile que si ces exposants fractionnaires se traitent dans les calculs comme les exposants entiers. C'est ce que nous allons démontrer dans les théorèmes qui suivent.

392. THÉORÈME I. — *Une puissance fractionnaire conserve la même valeur quand on multiplie par un même nombre les deux termes de l'exposant.*

En effet :

$$\sqrt[p]{A^m} = \sqrt[pq]{A^{mq}} \qquad (336.)$$

donc en employant la notation des exposants fractionnaires

$$A^{\frac{m}{p}} = A^{\frac{mq}{pq}}.$$

La fraction en exposant jouit de la propriété fondamentale des fractions, savoir qu'on peut multiplier ou diviser à volonté ses deux termes par un même nombre.

393. THÉORÈME II. — *Pour multiplier deux puissances*

fractionnaires d'un même nombre, il suffit d'ajouter les exposants.

En effet :

$$A^{\frac{m}{p}} = \sqrt[p]{A^m} \quad , \quad A^{\frac{q}{r}} = \sqrt[r]{A^q};$$

donc

$$A^{\frac{m}{p}}. \ A^{\frac{q}{r}} = \sqrt[p]{A^m}. \ \sqrt[r]{A^q};$$

mais nous pouvons réduire les indices à la même valeur, et nous en tirerons la suite des transformations suivantes :

$$A^{\frac{m}{p}}. \ A^{\frac{q}{r}} = \sqrt[pr]{A^{mr}}. \ \sqrt[pr]{A^{qp}},$$

$$= \sqrt[pr]{A^{mr+qp}}.$$

$$= A^{\frac{mr+qp}{pr}}.$$

ou bien enfin :

$$A^{\frac{m}{p}}. \ A^{\frac{q}{r}}. = \frac{m}{p}+\frac{q}{r}. \qquad \text{C. Q. F. D.}$$

La règle de la multiplication des puissances fractionnaires restant la même que pour les puissances entières, nous sommes certains que la règle de la division reste aussi la même, car le raisonnement de la division s'appuie sur la définition de la division et la règle de la multiplication.

Remarque. — Il résulte de ce théorème que nous pouvons désormais abandonner la notation des racines et n'employer que la notation des exposants.

Nous rappellerons que par convention

$$A^{-m} = \frac{1}{A^m} \cdot$$

Nous pouvons faire usage de cette notation même dans le cas de m fractionnaire.

Donc l'exposant m dans A^m peut être entier ou fractionnaire, positif ou négatif. Dans chaque cas A^m a un sens parfaitement déterminé, en vertu de nos conventions, et les règles de calcul sont les mêmes dans tous les cas.

394. Exposant incommensurable, — Nous pouvons maintenant définir le sens qu'on doit attacher à des expressions de la forme A^m, dans lesquelles m serait un nombre incommensurable tel que π, $\sqrt{2}$ . . . . .

Nous appellerons A^{π}, par exemple, la limite d'une puissance commensurable A^{α}, dans laquelle α serait un nombre fractionnaire ayant π pour limite. Mais pour que cette définition soit acceptable il faut démontrer :

1° Que A^{α} une limite ;

2° Qu'elle est indépendante de la loi suivant laquelle α tend vers π ;

3° Que cette définition conviendrait encore à A^{π}, lors même que π serait commensurable.

Or 1° remarquons qu'à toute approximation α de π par défaut correspond une approximation β conjuguée par excès. Admettons pour fixer les idées, que $A > 1$; nous pourrons former une série de couples de deux nombres :

$$A^{\alpha} \qquad A^{\beta}$$
$$A^{\alpha_1} \qquad A^{\beta_1}$$
$$A^{\alpha_2} \qquad A^{\beta_2}$$
$$\cdots \cdots \cdots$$

jouissant de cette double propriété, que l'un quelconque des A^{α} est moindre que chacun des A^{β}, et que la différence entre deux résultats conjugués tend vers zéro. Donc il arrivera un moment ou les deux nombres $A^{\alpha'}\ A^{\beta'}$ nouveaux que l'on obtiendra, seront compris entre les deux premiers $A^{\alpha}\ A^{\beta}$. En continuant on trouvera deux nouveaux résultats conjugués compris entre les deux nombres $A^{\alpha'}\ A^{\beta'}$. Donc les A^{α} et les A^{β} ont une limite commume λ comprise entre deux résultats conjugués quelconques.

2° Cette limite est indépendante du mode d'approximation choisi pour tendre vers π. On le démontrerait par la méthode de la réduction à l'absurde, comme nous l'avons fait aux n⁰ˢ **145, 146**.

3° Si nous tendions vers un exposant commensurable par des approximations successives analogues, nous trouverions comme limite la puissance fractionnaire donnée. Ainsi $A^{\frac{2}{3}}$ peut être mis sous la forme $A^{0.666\ldots}$ et la limite de cette dernière expression coïncide avec $A^{\frac{2}{3}}$. En effet si m est commensurable et que $\alpha < m < \beta$, on aura :

$$A^{\alpha} < A^{m} < A^{\beta},$$

mais A^{α} et A^{β} ont une limite commune, d'après le raisonnement fait précédemment; donc cette limite commune est nécessairement A^{m} qui est toujours compris entre les deux.

Ces exposants incommensurables suivent les mêmes règles que les exposants commensurables, *par convention;* afin que dans les applications, où l'on remplace toujours les incommensurables par des valeurs commensurables approchées, les calculs conduisent aux résultats qu'on doit effectivement obtenir. Donc, en particulier, conventionnellement,

$$A^{\sqrt{2}}\ A^{\pi} = A^{\sqrt{2}+\pi}.$$

Cette convention est d'ailleurs déterminée par la nécessité de généraliser ce principe que la *limite d'un produit est égale au produit des limites* (**148**).

395. THÉORÈME III. — *L'exponentielle* A^m *tend vers l'unité, quand* m *tend vers zéro*

Supposons que m tende vers zéro en passant par des valeurs fractionnaires ou incommensurables. Toute valeur de m inférieure à l'unité est comprise entre deux valeurs $\frac{1}{p}$, $\frac{1}{p+1}$, p étant entier, car si $m = \frac{q}{r}$ ou $\frac{1}{\left(\frac{r}{q}\right)}$, le nombre fractionnaire $\frac{r}{q}$ est compris entre deux nombres entiers consécutifs, p et $p+1$.

Cela posé, si m tend vers zéro, les deux nombres $\frac{1}{p}$, $\frac{1}{p+1}$ tendront aussi vers zéro, ou, ce qui est la même chose, p et $p+1$ croîtront indéfiniment. Or nous avons démontré que

$$A^{\frac{1}{p}} = \sqrt[p]{A}$$

$$A^{\frac{1}{p+1}} = \sqrt[p+1]{A}$$

tendaient vers l'unité, quand p croissait indéfiniment, donc A^m qui est compris entre les deux, a aussi l'unité pour limite.

396. THÉORÈME IV. — *Si* A $>$ 1 *l'exponentielle* A^m *croît au delà de toute limite, quand* m *croit au delà de toute limite.*

Le théorème a été démontré pour le cas de m entier.

Supposons maintenant m incommensurable ou fractionnaire et de la forme $\frac{q}{r}$, il sera compris entre deux nombres entiers consécutifs p et $p+1$, et l'on aura :

$$A^p < A^m < A^{p+1}.$$

Or A^p et A^{p+1} croissent tous deux au delà de toute limite, quand p augmente indéfiniment, donc il en est de même de A^m, quand m augmente indéfiniment.

REMARQUE — Si A était inférieur à 1, A^m tendrait vers zéro lorsque m croîtrait indéfiniment.

§ IV. — FONCTION EXPONENTIELLE.

397. DÉFINITION. — On nomme fonction exponentielle la fonction

$$y = a^x$$

dans laquelle a est un nombre *positif* plus grand ou plus petit que l'unité, x un nombre positif ou négatif, entier, fractionnaire ou incommensurable.

D'après l'étude précédente a^x prend une valeur déterminée et unique pour chaque valeur de x cette fonction est donc uniforme.

398. THÉORÈME. — *La fonction exponentielle a^x varie d'une manière continue, quand* x *varie d'une manière continue en restant réel.*

En effet, la différence

$$a^{x+h} - a^x = a^x(a^h - 1)$$

tend vers zéro, quand h tend vers zéro, puisque a^h a pour limite l'unité.

De ce théorème il résulte que la fonction uniforme et continue a^x peut être représentée par l'ordonnée d'une courbe.

Si $a > 1$, la courbe $y = a^x$ a la forme donnée dans la figure (1). Si $a < 1$, la courbe est représentée par la figure (2).

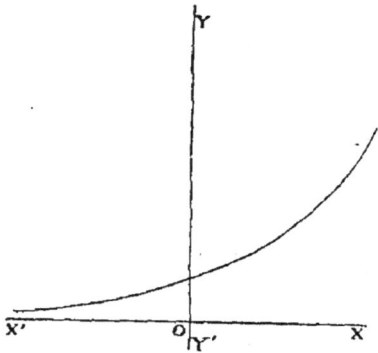 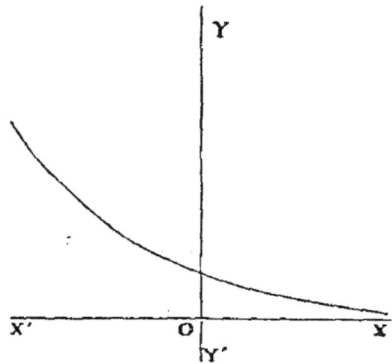

(Fig. 1.)   (Fig. 2.)

§ V. — LOGARITHMES. — PROPRIÉTÉS GÉNÉRALES.

399. DÉFINITION. — Considérons l'équation exponentielle

$$a^x = y$$

x est appelé le *logarithme de* y, *dans la base a. On nomme donc logarithme d'un nombre, la puissance à laquelle il faut élever un nombre fixe appelé base, pour avoir ce nombre.*

Le logarithme d'un nombre quelconque positif existe et il est unique, commensurable ou incommensurable, car la fonction exponentielle varie d'une manière continue de zéro à l'infini, quand x varie d'une manière continue de $-\infty$ à $+\infty$ et ne prend pas deux fois la même valeur.

La base a est arbitraire; on la prend en général supérieure à l'unité; nous verrons pourquoi on a choisi 10, plutôt qu'un autre nombre.

400. THÉORÈME 1. — *Le logarithme d'un produit est égal à la somme des logarithmes des facteurs.*

Désignons les facteurs par y, y', y''... et par x, x', x''... leurs logarithmes; nous aurons :

$$a^x = y \quad , \quad a^{x'} = y' \quad , \quad a^{x''} = y'' \ldots$$

donc en multipliant membre à membre

$$a^{x + x' + x'' \cdots} = y\, y'\, y'' \ldots$$

donc :

$$x + x' + x'', \ldots, = \log(y\, y'\, y'', \ldots).$$

C. Q. F. D.

Il résulte de là que, si l'on avait construit une table renfermant les nombres et leur logarithmes en regard, l'addition des logarithmes des facteurs donnerait un logarithme qui serait en regard du produit et la multiplication se ferait indirectement ainsi par une addition.

401. THÉORÈME II. — *Le logarithme d'un quotient est égal au logarithme du dividende, moins le logarithme du diviseur.*

Soient A et B deux nombres, Q leur quotient. Par définition du quotient, on a :

$$A = BQ,$$

donc, en vertu du théorème précédent :

$$\log A = \log B + \log Q,$$

d'où l'on tire :

$$\log Q = \log A - \log B.$$ C. Q. F. D.

Ce théorème permet d'exécuter indirectement une division en faisant une simple soustraction, si l'on a construit préalablement une table de logarithmes.

402. Théorème III. — *Le logarithme d'une puissance est égal au logarithme du nombre multiplié par l'indice de la puissance.*

Soit y un nombre et x son log., de telle sorte qu'on ait :

$$a^x = y$$

Élevons les deux nombres à la puissance m, nous aurons :

$$a^{mx} = y^m,$$

donc :

$$\log (y^m) = mx = m \log y.$$ C. Q. F. D.

Ce théorème ramène l'opération de l'élévation aux puissances à une simple multiplication, quand on a construit préalablement une table de logarithmes.

403. Théorème IV. — *Le logarithme d'une racine est égal au logarithme du nombre divisé par l'indice de la racine.*

Soit A un nombre, R sa racine m^e, de telle sorte qu'on ait :

$$R^m = A,$$

on en déduit, en appliquant le théorème précédent :

$$m \log R = \log A,$$

d'où l'on tire :

$$\log R = \frac{\log A}{m}.$$ C. Q. F. D.

Ce théorème ramène l'extraction des racines à de petites divisions faciles, quand on a construit préalablement une table de logarithmes.

404. THÉORÈME V. — *Les seuls logarithmes commensurables sont ceux des puissances de la base.*

1° Remarquons d'abord que si y est l'un des nombres de la série :

$$a^0 = 1 \quad , \quad a \quad , \quad a^2 \quad , \quad a^3 \ldots$$

les logarithmes sont respectivement ;

$$0, \quad 1, \quad 2, \quad 3 \ldots$$

donc les puissances de la base ont des logarithmes entiers et égaux aux exposants de ces puissances.

2° Supposons maintenant la base décomposée en facteurs premiers, et posons

$$a = R^\rho \; S^\sigma \; T^\tau$$

Élevons cette base à une puissance fractionnaire $\dfrac{m}{p}$, supposée irréductible, nous aurons le nombre :

$$a^{\frac{m}{p}} = R^{\frac{\rho m}{p}} \; S^{\frac{\sigma m}{p}} \; T^{\frac{\tau m}{p}}$$

Pour que ce nombre soit commensurable, il faut que les exposants de ses facteurs premiers soient tous entiers, donc ρ, σ, τ, doivent être des multiples de p, donc la base serait une puissance p parfaite.

Écartons ce cas, il faudra que $p = 1$, donc le nombre sera la puissance m^e de la base.

On voit donc qu'en général et toutes les fois que la base n'est pas une puissance exacte d'un autre nombre, les seuls logarithmes commensurables sont ceux des puissances de la base, et ces logarithmes sont entiers.

405. PROBLÈME. — *Résoudre l'équation exponentielle*

$$a^x = b$$

c'est-à-dire trouver le logarithme d'un nombre donne b *dans la base* a.

Voici une méthode pratique et élémentaire pour résoudre ce problème ; elle m'a été indiquée, en 1853, par M. Sarrus, professeur à la Faculté des sciences de Strasbourg et auteur de plusieurs travaux mathématiques remarquables.

Supposons x écrit dans le système binaire, qui n'a que deux chiffres o, 1 ; il sera de la forme :

$$x = e, y_1 y_2 y_3 y_4 y_5 \ldots$$

e désignant la partie entière du logarithme ; $y_1 y_2 y_3 \ldots$ désignant les fractions binaires des divers ordres inférieurs à l'unité. Ces nombres $y_1 y_2 y_3 \ldots$ sont chacun ou o ou 1 et chacun représente des parties deux fois plus petites que celles qui sont représentées par le nombre précédent.

Nous avons donc à trouver $e, y_1 y_2 y_3 \ldots$ de telle sorte qu'on ait identiquement

$$a^{e, y_1 y_2 y_3 \ldots} = b.$$

1º On verra facilement si e existe, ou s'il est nul. Si $b > a$, e sera au moins égal à *un*. On trouvera sa valeur en cherchant le nombre de fois que b contient a comme facteur. Ainsi, soit l'équation

$$10^{e, y_1 y_2 y_3 \ldots} = 7842.$$

On voit immédiatement que

$$1000 < 7842 < 10000$$

ou bien $$10^3 < 7842 < 10^4.$$

donc $e = 3$.

2° Divisons les deux membres de l'égalité ci-dessus par a^e, il viendra la nouvelle égalité :

$$a^{0, y_1 y_2 y_3 \cdots} = b_1,$$

et en élevant au carré

$$a^{y_1, y_2 y_3 \cdots} = b_1{}^2.$$

Si $b^2 < a$, on aura $y_1 = 0$; si $b^2 > a$, on aura $y_1 = 1$.

3° Divisons les deux membres par a^{y_1}, qui pourra être égal à l'unité, si $y_1 = 0$; nous aurons :

$$a^{0, y_2 y_3 \cdots} = b_2,$$

et en élevant au carré les deux membres :

$$a^{y_2, y_3, \cdots} = b_2{}^2.$$

Si $b_2{}^2 < a$, on aura $y_2 = 0$; si $b_2{}^2 > a$, on aura $y_2 = 1$.

4° On continuera ainsi, et l'on déterminera les diverses quantités $y_1 y_2 y_3 \ldots$ jusqu'à y_n qu'on pourra prendre aussi éloigné qu'on voudra :

5° On ajoutera ensuite tous les y *différents* de zéro, en les évaluant en décimales au moyen du tableau suivant :

ORDRES FRACTIONNAIRES BINAIRES.	N° D'ORDRE	ÉVALUATION EN DÉCIMALES.
0,1.	1	0.500.000.000
0,01.	2	0,250.000
0,001	3	0,125.000
0,000.1.	4	0,062.500
0,000.01.	5	0,031.250
0,000.001	6	0,015.625
0,000.000.1	7	1,007.812.500
0,000.000.01.	8	0.003.906.250
0,000.000.001.	9	0,001.953.125
0,000.000.000.1.	10	0,000.976.562.5
0,000.000.000.01	11	0,000.488.281.25
0,000.000.000.001.	12	0,000.244.140.625
0,000.000.000.000.1.	13	0,000.122.070.313
0,000.000.000.000.01	14	0,000.061.035.156
0,000.000.000.000.001.	15	0,000.030.517.573
0,000.000.000.000.000.1 . . .	16	0,000.015.258.787
0,000.000.000.000.000.1. . . .	17	0.000.007.629.398
0,000.000.000.000.000.001. . .	18	0,000.003.814.699
0,000.000.000.000.000.000.1 .	19	0,000.001.907.349
0,000.000.000.000.000.000.01.	20	0,000.000.953.675
etc.	etc.	etc.

REMARQUE I. — Le tableau précédent montre qu'il suffit de 20 opérations pour trouver le log. avec 5 décimales. En effet, pour que le log. soit évalué à moins d'une unité décimale du 5e ordre, il suffit que chacune de ses parties soit évaluée à moins d'une demi-unité du 6e, s'il n'y a pas plus de 20 nombres ajoutés. Or à partir du 20ᵉ ordre binaire, y est inférieur à une unité du 6ᵉ ordre décimal, donc il suffira d'évaluer $y_1 \, y_2 \ldots y_{20}$ et, en se servant du tableau ci-dessus, de remplacer chacun de ces nombres égaux à 1 par leur valeur évaluée à moins d'une 1/2 unité du 6ᵉ ordre, par défaut ou par excès.

REMARQUE II. — Dans les élévations au carré successives, ce qu'il importe de savoir c'est si b_n^2 est inférieur ou supérieur à a. Il n'est donc nécessaire que d'avoir le premier ou les deux premiers chiffres exacts de b_n^2. Il faut que cette exactitude se maintienne jusqu'au bout; il faut donc qu'à la fin des calculs, après 20 élévations au carré successives, l'erreur relative soit moindre que 0,1; donc au début l'erreur relative doit être 2^{20} fois plus faible, ou 1 048 576 fois plus faible, ou moindre que $\dfrac{1}{10.485.760}$ Donc en la prenant égale ou inférieure à

$$\frac{1}{50.000.000},$$

la condition sera remplie. Donc le premier nombre que l'on élève au carré doit avoir 7 à 8 chiffres exacts, quand on veut trouver par cette méthode le log. d'un nombre à 5 décimales exactes.

EXEMPLE

406. — *Calculer le* log π *avec 5 décimales dans le système dont la base est* 10. — *Résoudre l'équation exponentielle :*

$$10^x = \pi$$

Nous voyons immédiatement que $e = 0$, posons donc

$$x = 0, y_1 \, y_2 \, y_3 \, y_4 \ldots \ldots y_{20}.$$

dans le système binaire. Nous déterminons les diverses valeurs de y, en élevant π au carré successivement. Chaque fois que le carré surpasse 10, la valeur de y correspondante est égale à 1, nous divisons par 10 et nous continuons nos élévations au carré. — Il suffit de commencer l'opération en prenant π avec 7 chiffres exacts, c'est-à-dire en posant :

$$\pi = 3,141.592.7.$$

Voici le tableau des résultats :

		Calcul du log π.
$b_1{}^2 = 9,869.604\ldots$	$y_1 = 0$	
$b_2{}^2 = 97,409.09\ldots$	$y_2 = 1$	$y_2 = 0,250.000.9$
$b_3{}^2 = 94,885.31\ldots$	$y_3 = 1$	$y_3 = 125$
$b_4{}^2 = 90,032.22\ldots$	$y_4 = 1$	$y_4 = 62.500$
$b_5{}^2 = 81,058.ao\ldots$	$y^5 = 1$	$y_5 = 31.250$
$b_6{}^2 = 65,705.99\ldots$	$y_6 = 1$	$y_6 = 15.625$
$b_7{}^2 = 43,168.14\ldots$	$y_7 = 1$	$y_7 = 7.815.5$
$b_8{}^2 = 18,634.88\ldots$	$y_8 = 1$	$y_8 = 3.906.3$
$b_9{}^2 = 3,472.59\ldots$	$y_9 = 0$	$y_{10} = 976.5$
$b_{10}{}^2 = 12,058.9\ldots$	$y_{10} = 1$	$y_{14} = 61.0$
$b_{11}{}^2 = 1,454.2\ldots$	$y_{11} = 0$	$y_{16} = 15.3$
$b_{12}{}^2 = 2,115.\ldots$	$y_{12} = 0$	$y_{19} = 1.9$
$b_{13}{}^2 = 4,47.\ldots$	$y_{13} = 1$	$y_{20} = .9$
$b_{14}{}^2 = 19,98.\ldots$	$y_{14} = 0$	
$b_{15}{}^2 = 4,00.\ldots$	$y_{15} = 0$	$\log \pi = 0,497.149$
$b_{16}{}^2 = 16\ldots$	$y_{16} = 1$	
$b_{17}{}^2 = 2,6.\ldots$	$y_{17} = 0$	
$b_{18}{}^2 = 7.\ldots$	$y_{18} = 0$	
$b_{19}{}^2 = 49.\ldots$	$y_{19} = 1$	
$b_{20}{}^2 = 25.\ldots$	$y_{20} = 1$	

Le dernier chiffre trouvé pour log. π est douteux et nous devons écrire, en nous bornant à 5 chiffres décimaux :

$$\log \pi = 0,497.15.$$

Toutefois, par une heureuse compensation d'erreurs, qui ne se rencontrera pas ordinairement, les 6 chiffres trouvés sont exacts, car le $\log \pi$ à 7 décimales est $0,497.1499$.

REMARQUE. — Il existe d'autres méthodes pour calculer les logarithmes des nombres, nous ne les ferons pas connaître ; elle sont moins expéditives ou dépendent de théories que nous n'avons pas données dans ce cours. Il nous suffit d'ailleurs d'avoir montré la possibilité de trouver les logarithmes avec autant d'approximation que l'on veut, pour que l'on puisse concevoir la formation des tables.

§ VI. — LOGARITHMES VULGAIRES OU DE BRIGGS.

407. DÉFINITION. — On nomme *logarithmes vulgaires* des nombres ceux qui correspondent à la base 10. C'est Briggs, élève de Néper, l'inventeur des logarithmes, qui le premier en a construit une table ; aussi leur donne-t-on souvent le nom de logarithmes de Briggs.

Un logarithme se compose d'une partie entière qu'on nomme *caractéristique* et d'une partie décimale qu'on nomme *mantisse*.

408. THÉORÈME I. — *La caractéristique du logarithme d'un nombre écrit dans le système décimal est égale au nombre des chiffres de la partie entière moins un, quand il est supérieur à l'unité.*

En effet, soit

$$10^r = N.$$

Supposons que N ait p chiffres à la partie entière, nous pourrons poser

$$10^{p-1} < N < 10^p,$$

donc

$$10^{p-1} < 10^x < 10^p,$$

donc x sera compris entre les deux entiers, $p-1$ et p, donc x aura $p-1$ pour partie entière, pour caractéristique,

C. Q. F. D.

409. Théorème II. — *Si un nombre N entier ou fractionnaire, mais supérieur à l'unité, est écrit dans le système décimal, la mantisse de son logarithme ne dépend pas de la place de la virgule, la caractéristique seule change, quand la virgule change de place.*

En effet :

$$\log (N . 10^p) = \log N + p,$$

et

$$\log \frac{N}{10^p} = \log N \qquad p.$$

On voit par là que si l'on déplace la virgule de p rangs, la caractéristique augmente ou diminue de p, sans que la mantisse soit modifiée.   C. Q. F. D.

410. Théorème III. — *Les nombres inférieurs à l'unité ont des logarithmes négatifs; mais on peut les transformer en d'autres ayant la mantisse positive et la caractéristique seule négative.*

Supposons que le nombre N inférieur à l'unité soit évalué en décimales et soit, par exemple,

$$N = 0,00pqrst . . . . .$$

nous aurons

$$1000\,N = p,qrst.\ .\ .\ .\ .$$

Le logarithme d'un nombre pareil sera de la forme

$$0,abcdef.\ .\ .\ .\ .$$

Donc :

$$\log N = 0,abcdef.\ .\ .\ .\quad -\log 1\,000\,;$$

ou bien

$$\log N = 0,abcdef.\ .\ .\ .\ .\quad -3.$$

Au lieu d'effectuer la soustraction, ce qui donnerait un résultat entièrement négatif, nous laissons le log. sous cette forme, et pour abréger nous écrivons :

$$\log N = \bar{3},\,abcdef.\ .\ .\ .\ .$$

Le signe — placé au-dessus de la caractéristique indique que la caractéristique seule est négative.

Ce procédé a l'avantage de montrer immédiatement la place de la virgule dans le nombre N ; car on voit que *la caractéristique négative renferme autant d'unités qu'il y a de zéros avant le premier chiffre significatif*.

411. Complément d'un log. — Usage.

On nomme *complément* du log. d'un nombre le log. de l'inverse de ce nombre ; on le désigne par la notation colog. Donc, par définition :

$$\text{Colog } N = \log \frac{1}{N} = -\log N.$$

Si $N > 1$, l'inverse $\frac{1}{N}$ sera moindre que 1 et son logarithme sera négatif ou à caractéristique négative.

Si $N < 1$, l'inverse $\frac{1}{N}$ sera supérieur à 1, son log. sera positif.

412. THÉORÈME IV. — *Si deux log. sont complémentaires les deux caractéristiques sont complémentaires à — 1, les chiffres des mantisses sont complémentaires à 9, excepté les derniers chiffres significatifs à droite qui sont complémentaires à 10.*

En effet, soient les deux log. complémentaires suivants :

$$\log N = k,abc. \quad defg$$
$$\operatorname{colog} N = k',a'b'c'. \quad d'e'f'g'$$

Ces deux nombres ajoutés doivent donner 0,000.0000. Donc :

1° Si g n'est pas nul, g' doit être son complément à 10, ou doit être ce qui manque à g pour égaler 10.

2° f et f' doivent alors être complémentaires à 9. De même pour $e\,e'$, $d\,d'$…..

3° On doit avoir enfin :

$$1 + k + k' = 0 \quad \text{ou bien} \quad k + k' = -1.$$

C. Q. F. D.

Il résulte de ce théorème que le complément d'un log. se prend à vue et s'écrit en regardant le log. donné. Ainsi, soit :

$$\log. N = 3{,}456.8790,$$

nous aurons

$$\operatorname{colog} N = \overline{4}.543.1210.$$

413. THÉORÈME V. — *Les compléments permettent de remplacer les soustractions de logarithmes par des additions.*

Soit un quotient à effectuer par log.

$$Q = \frac{A}{B}.$$

Nous avons :

$$Q = A \times \frac{1}{B},$$

donc

$$\log Q = \log A + \log \frac{1}{B},$$

ou bien

$$\log Q = \log A + \operatorname{colog} B.$$

D'où l'on voit que l'emploi des compléments à la place des log. correspond à la multiplication par l'inverse d'un nombre, à la place de la division par ce nombre.

414. *Construction des tables de log.* — *Disposition des tables à 7 décimales de Callet.*

Les tables de Callet renferment les log. des nombres entiers jusqu'à 108.000. Ces log. sont donnés à 7 décimales; la caractéristique a été supprimée, parce que la mantisse seule est à chercher, d'après les théorèmes précédents.

Ces tables sont à double entrée et il est facile de voir comment elles donnent la mantisse du log. d'un nombre *décimal*, quand, abstraction faite de la virgule, il est compris dans l'intervalle de 1 à 108.000.

Ce qu'il faut remarquer, c'est que dans la colonne intitulée *diff. et p.* (différences et parties proportionnelles), se trouvent en caractères ordinaires les différences entre les log. de deux nombres consécutifs. Ainsi par exemple

$$\log 38454 = 4,583.9415$$
$$\log 38455 = 4,584.9528$$

La différence est. . . . . 113 (unités du 7e rang).

Cette différence est inscrite dans la dernière colonne à droite intitulée *diff. et p.*

Au-dessous de cette différence se trouve un petit tableau.

113			ou bien	113	
1	11,3			1	11
2	22,6			2	23
3	33,9			3	34
4	45,2			4	45
5	56,5			5	57
6	67,8		plus simplement	6	68
7	79,1			7	79
8	90,4			8	90
9	101,7			9	102

Ce tableau donne les produits de la différence 113 par les nombres

$$0,1 \quad 0,2 \quad 0,3 \ldots \ldots \quad 0,9.$$

Nous verrons à quoi il est utile.

415. PROBLÈME I. — *Étant donné un nombre décimal ne se trouvant pas dans la table, trouver son logarithme.*

Soit un nombre supérieur à 108000, abstraction faite de la virgule et des zéros qui peuvent le terminer à droite; soit par exemple

$$\pi = 3,1415926535\ldots\ldots$$

Plaçons, par la pensée, la virgule aussi loin que possi-

ble, de manière à avoir un nombre inférieur à 108000 ;
nous obtiendrons

$$31415,926535.\ldots$$

Nous trouvons dans la table :

$$\log (31415) = 0,497.1471 \quad \text{(diff. tab. 138.)}$$

en faisant abstraction de la caractéristique.

Admettons maintenant que *les variations des log. soient
proportionnelles aux variations des nombres ;* nous pourrons
résoudre la règle de trois suivante :

*Quand le nombre varie de 1, le log. varie de 138 unités du
7e rang ; quand le nombre varie de 0,926535.... de combien
varie le log.?*

$$1\ldots\ldots\ldots 138$$
$$0,926535.\ldots \quad x = 138 \times 0,926535.\ldots$$

Nous trouvons, en nous servant des petites tables dont
nous avons parlé ci-dessus, les produits partiels tout faits,
et nous avons :

$$x = 124,2.\ldots, \text{ pour } 0,9$$
$$2,8.\ldots \text{ pour } 0,02$$
$$8.\ldots \text{ pour } 0,006$$

$$x = 128.$$

En ajoutant cette correction au log., nous aurons :

$$\log \pi = 0,497.1499.$$

Voici la disposition du calcul dans la pratique :

$$\pi = 3,1415926535\ldots$$
$$\log \pi = 0,497.1499\ldots\ 1371$$

$$124,2 \quad \text{pour} \quad 09$$
$$2,8 \ldots \ldots 0,02$$
$$8 \ldots \ldots 0.006$$

$$\overline{1499}$$

416. Problème II. — *Trouver le nombre correspondant à un logarithme donné*

Soit :

$$\log = 4,567.4832.$$

Ne faisons attention qu'à la mantisse qui détermine les chiffres significatifs, la caractéristique indiquant la place de la virgule. Nous trouvons dans la table 0,567.4734 qui correspond à 36938, la différence tabulaire est 118. Le logarithme trouvé diffère du logarithme donné de 98 unités du 7ᵉ rang.

Nous faisons alors le raisonnement suivant, en admettant que les différences entre les nombres sont proportionnelles aux différences entre les logarithmes.

A une différence de 118 entre les logarithmes correspond une différence d'une unité entre les nombres; à une différence de 98 entre les logarithmes, quelle différence existera entre les nombres?

$$118\ldots\ldots\ \cdot\ \ 1$$
$$98\ldots\ldots\ \ x.$$

Cette règle de trois donne :

$$x = \frac{98}{118}$$

On trouvera donc la différence cherchée en divisant la différence des log. par la différence tabulaire. Or cette division est facile, puisque les petites tables de la colonne *diff.* donnent les produits partiels du diviseur par les 9 premiers nombres ; voici l'opération

$$
\begin{array}{c|c}
98,0 & 118 \\
94,4 & \overline{} \\
\hline
360 & 0,830 \\
354 & \\
\hline
60 &
\end{array}
$$

On ne calcule pas plus de 2 ou 3 chiffres dans cette correction, nous dirons bientôt pourquoi.

Le nombre cherché est donc finalement :

$$x = 36938,83.$$

Voici comment on dispose les calculs dans la pratique :

$$\log x = 4,567.4832$$
$$x = 36938,83. \ldots \ldots \ldots \quad 4832$$
$$734$$
$$\overline{}$$
$$98$$
$$944$$
$$\overline{}$$
$$56$$
$$354$$

417. THÉORÈME I. — *La différence tabulaire va en décroissant à mesure que les nombres augmentent.*

Le fait est évident par la vue même des tables ; mais on s'en rend compte aisément.

Nous avons la relation :

$$\log(N+1) - \log N = \log \frac{N+1}{N}.$$

$$= \log\left(1 + \frac{1}{N}\right).$$

Or à mesure que N augmente, $\frac{1}{N}$ devient de plus en plus petit et tend vers zéro; donc $\left(1 + \frac{1}{N}\right)$ tend vers 1, donc $\log\left(1 + \frac{1}{N}\right)$ tend vers zéro.   C. Q. F. D.

418. THÉORÈME II. — *La différence tabulaire varie d'autant moins rapidement que les nombres sont plus grands.*

C'est un fait encore manifesté expérimentalement par les tables, mais on peut s'en rendre compte comme il suit.

Soit : $\qquad \Delta = \log(N+1) - \log N$

et $\qquad \Delta' = \log(N+2) - \log N+1),$

Nous aurons :

$$\Delta - \Delta' = \log(N+1) - \log N - \log(N+2) + \log(N+1)$$

$$= \log \frac{(N+1)^2}{N(N+2)}$$

$$= \log\left[1 + \frac{1}{N(N+2)}\right].$$

Si N croît, $\Delta - \Delta'$ décroît et tend vers zéro. Donc plus les nombres sont considérables, moins les différences tabulaires successives sont différentes les unes des autres.
                  C. Q. F. D[.]

419. THÉORÈME III. — *Les corrections logarithmiques ne donnent pas plus de 2 à 3 chiffres exacts.*

En effet : 1° de ce que la différence tabulaire entre les log. de deux nombres consécutifs n'est pas constante, il faut conclure que les différences entre les log. ne sont pas proportionnelles aux différences entre les nombres ; donc la règle de correction employée n'est qu'approximative. Toutefois dans les régions où une même différence tabulaire est commune à un grand nombre de log. consécutifs, on peut regarder la proportion comme exacte, en admettant que les log. soient évalués à 7 décimales.

2° Les log. des tables ne sont connus qu'approximativement et à 7 décimales ; donc les différences tabulaires ne sont elles-mêmes connues qu'à moins d'une demi-unité du dernier ordre. Donc la multiplication de la différence tabulaire par un nombre ne peut donner au plus que le même nombre de chiffres exacts ; de même la division d'un nombre approché, par la différence tabulaire approchée, ne peut donner au plus qu'un nombre de chiffres exacts égal au nombre des chiffres du diviseur. C'est ce que démontrent les règles de la multiplication et de la division abrégée. C'est aussi ce qui résulte de la théorie des erreurs relatives.

Voilà pourquoi la règle de Gunter, dite règle à calculs, est un instrument précieux pour faire les corrections logarithmiques.

Éclaircissons ce que nous venons de dire en analysant les erreurs des calculs que nous venons de faire dans les applications précédentes.

Dans le calcul de π nous avions la correction :

$$x = 138 \times 0{,}926535\ldots\ldots$$

En faisant usage de la multiplication abrégée et tenant

compte de ce que 138 est un nombre approché, nous
exécuterons le calcul suivant :

$$138,abc\dots\dots$$
$$\dots\dots5629,0$$

$$1\,242$$
$$28$$
$$8$$
$$1$$

$$127,9$$

Le dernier chiffre est douteux, et la correction certaine
est $x = 128$.

Dans la recherche inverse, nous avons la correction

$$x = \frac{98}{118}.$$

En faisant la division abrégée, nous aurons :

$$
\begin{array}{c|c}
980 & 118 \\
56 & \overline{0,830} \\
1 &
\end{array}
$$

Le dernier chiffre est douteux et nous avons simplement :

$$x = 0,83.$$

Les raisonnements tirés de la théorie des erreurs relatives conduiraient aux mêmes conclusions.

REMARQUE I. — On voit maintenant pourquoi il convient, autant que possible, de se servir des dernières régions des tables de logarithmes. D'une part la proportion
supposée est à peu près exacte, de l'autre les différences
tabulaires sont moindres et les corrections plus faibles.

Nous ne pousserons pas plus loin les explications relatives à l'usage des tables.

REMARQUE II. — Dans les applications, les nombres sur lesquels on opère sont toujours approchés, et le nombre des figures que l'observation peut atteindre dans l'évaluation des grandeurs est rarement 5; il peut atteindre 4 si les observations sont faites avec soin; il ne dépasse pas 3 ordinairement. Donc les tables à 7 décimales qui donnent les logarithmes des nombres de 7 à 8 chiffres sont peu utiles et tous les calculs des sciences appliquées, sans exception, peuvent être faits avec des tables à 5 décimales.

Nous ne parlons pas des calculs de banque qui se font sur des nombres ayant souvent plus de 7 chiffres et qui demanderaient parfois des tables de logarithmes à 8, 9. 10. . . . . . décimales.

———————

CHAPITRE XV

PROGRESSIONS ARITHMÉTIQUES, GÉOMÉTRIQUES,
THÉORIE DES LOGARITHMES TIRÉE DE LA CONSIDÉRATION
DES PROGRESSIONS.

§ I. — PROGRESSIONS ARITHMÉTIQUES.

420. DÉFINITIONS. — On nomme progression arithmétique une série de nombres telle que chacun est égal au précédent augmenté d'une quantite constante appelée *raison*.

Si la raison est positive, la progression est *croissante;* si la raison est négative, la progression est *décroissante*.

Exemples : les séries suivantes :

$$.... : -5 \quad -4 \quad -3 \quad -2 \quad -1 \quad 0 \quad 1 \quad 2 \quad 3 \quad 4 \quad 5 \; .....$$
$$..... -5 \quad -4 \quad -3 \quad -1 \quad 1 \quad 3 \quad 5 \quad 7 \quad 9 \; . ...$$
$$..... 100 \quad 97 \quad 94 \quad 91 \quad 88 \; .....$$

sont des progressions arithmétiques.
Nous désignerons toujours par :

a..... le premier terme considéré,
r..... la raison,
l..... le dernier terme considéré,
n..... le nombre des termes,
S..... la somme des termes.

421. THÉORÈME I. — *Le dernier terme est égal au premier, plus autant de fois la raison qu'il y a de termes avant l u*

En effet, soit

$$a, b, c \ldots h, k, l$$

une partie de progression. Par définition,

le 2ᵉ terme... $b = a + r$,
le 3ᵉ terme... $c = b + r = a + 2r$,
le 4ᵉ terme... $d = c + r = a + 3r$,
etc.

Donc on aura pour le n^c terme :

(1) $$l = a + (n - 1)r.$$ C. Q. F. D.

Exemple : Soit à trouver le n^e nombre impair de la suite $1, 3, 5 \ldots$ Dans ce cas $a = 1, r = 2$; donc :

$$l = 1 + (n - 1)2 = 2n - 1.$$

422. Théorème II. — *La somme de deux termes à égale distance des extrêmes est égale à la somme des extrêmes*

Soient x et y deux termes à égale distance des extrêmes, et supposons qu'entre x et a, et aussi entre y et l, il y ait p termes.

Nous aurons, d'après le théorème précédent,

$$x = a + (p + 1)r,$$

et aussi

$$l = y + (p + 1)r, \quad \text{d'où} \quad y = l - (p + 1)r :$$

donc :

$$x + y = a + l.$$ C. Q. F. D.

423. Théorème III. — *La somme des termes est égale à la moyenne arithmétique des extrêmes, multipliée par le nombre des termes.*

$$S = a + b + c + \ldots + h + k + l,$$

et aussi, en renversant l'ordre,

$$S = l + k + b + \ldots + c + b + a.$$

Donc, en ajoutant membre à membre, et faisant usage du théorème précédent :

$$2S = (a+l)n$$

par suite

2)
$$S = \frac{(a+l)n}{2}.$$

REMARQUE. — Si nous remplaçons l par sa valeur tirée de la formule (1), nous aurons :

$$S = an + \frac{n(n-1)}{2} r.$$

si a et r sont des nombres entiers, comme $\dfrac{n(n-1)}{2}$ est toujours entier, S est nécessairement entier, ce qui est d'ailleurs évident *à priori*.

424. APPLICATIONS. I. — *Trouver la somme des* n *premiers nombres impairs?*

En faisant dans la formule ci-dessus $a = 1$, $r = 2$, nous trouvons :

$$S = n + (n-1)n = n^2.$$

Donc : *la somme des* n *premiers nombres impairs est égale au carré du nombre* n.

On peut déduire de là le moyen de *trouver deux carrés dont la somme soit égale à un carré.* — Considérons un carré impair quelconque, 49, par exemple. La somme des nombres impairs qui le précèdent $1 + 3 + 5 \ldots + 47$ est un carré, c'est le carré de 24; mais la somme totale

$$1 + 3 + 5 + \ldots + 47 + 49$$

est aussi un carré, 25^2, et c'est bien la somme de deux carrés $24^2 + 7^2$.

Ce problème a, comme l'on voit, une infinité de solutions.

II. — On peut aussi *trouver la somme des carrés des premiers nombres consécutifs.*

Posons les identités suivantes :

$$2^3 = (1+1)^3 = 1^3 + 3.1^2 + 3.1 + 1$$
$$3^3 = (2+1)^3 = 2^3 + 3.2^2 + 3.2 + 1$$
$$4^3 = (3+1)^3 = 3^3 + 3.3^2 + 3.3 + 1$$

$$. . . . .$$

$$n^3 = (n-1+1)^3 = (n-1)^3 + 3(n-1)^2 + 3(n-1) + 1.$$

Ajoutons membre à membre ces diverses égalités et représentons par S_1 la somme des n premiers nombres, par S_2 la somme de leurs carrés, par S_3 la somme de leurs cubes, nous aurons ;

$$S_3 - 1 = S_3 - n^3 + 3(S_2 - n^2) + 3(S_1 - n) + n - 1,$$

d'où l'on conclut :

$$3S_2 = n^3 + 3n^2 + 2n - 3S_1.$$

Mais S_1 est la somme des termes de la progression

$$1 + 2 + 3 + \ldots + n,$$

donc

$$S_1 = \frac{n(n+1)}{2},$$

donc

$$3S_2 = \frac{2n^3 + 3n^2 + n}{2};$$

d'où

$$S_2 = \frac{2n^3 + 3n^2 + n}{6}.$$

On peut transformer S_2 et l'on obtient successivement :

$$S_2 = \frac{n(2n^2 + 3n + 1)}{6} = \frac{n(n+1)(2n+1)}{6}.$$

S_2 est nécessairement entier, donc $n(n+1)(2n+1)$ est toujours divisible par 6. On peut s'en assurer *à posteriori*, comme il suit.

Le produit $n(n+1)$ de deux membres consécutifs est toujours pair, donc S_2 est toujours divisible par 2. D'un autre côté le nombre n est de l'une des trois formes suivantes :

$$n = 3k \quad , \quad n = 3k+1 \quad , \quad n = 3k+2 \text{ ou } 3k-1.$$

Si $n = 3k$, S_2 est divisible par 3. Si $n = 3k+1$, on aura $2n+1 = 6k+3$, qui est divisible par 3. Si $n = 3k-1$, on aura $n+1 = 3k$; donc dans tous les cas S_2 est divisible par 3.

S_2 étant divisible par 2 et 3, qui sont premiers entre eux, est divisible par leur produit 6.

425. MOYENS ARITHMÉTIQUES. — On nomme ainsi une série de nombres qui, placés entre deux nombres, forment avec eux une progression arithmétique.

PROBLÈME. — *Entre deux nombres donnés* a *et* b *insérer* m *moyens arithmétiques.*

L'inconnue est la raison r. Or on a, d'après la formule (1),

$$b = a + (m+1)r,$$

donc :

(3)
$$r = \frac{b-a}{m+1}.$$

On voit que r tend vers zéro, quand m croît indéfiniment.

THÉORÈME IV. — *Si entre les termes d'une progression arithmétique, on insère le même nombre de moyens, l'ensemble de tous les termes forme une seule progression.*

En effet, soit une progression :

$$a \quad , \quad b \quad , \quad c \quad , \quad d \ldots \ldots$$

Entre deux termes consécutifs insérons m moyens et soient r', r'', r''' ..... les raisons des diverses progressions formées ; nous aurons :

$$r' = \frac{b - a}{m + 1} = \frac{r}{m + 1}$$

$$r'' = \frac{c - b}{m + 1} = \frac{r}{m + 1}$$

$$r''' = \frac{d - c}{m + 1} = \frac{r}{m + 1}.$$

Donc les raisons des diverses progressions formées sont les mêmes ; d'ailleurs l'une des progressions finit où l'autre commence. Donc l'ensemble total des termes forme une seule progression.　　　　C. Q. F. D.

REMARQUE. — La raison de la nouvelle progression formée est donnée par la formule

$$r' = \frac{r}{m + 1}.$$

D'où l'on voit que, si m augmente indéfiniment, la raison nouvelle r' tend vers zéro, c'est-à-dire que la différence entre deux termes consécutifs tend vers zéro.

426. PROBLÈMES SUR LES PROGRESSIONS ARITHMÉTIQUES.

Entre les 5 grandeurs a, l, r, n, S. nous avons deux équations :

$$(1) \qquad l = a + (n-1)r,$$

$$(2) \qquad S = \frac{(a+l)n}{2}.$$

Donc nous pouvons trouver deux quelconques de ces grandeurs, quand nous connaissons les trois autres. Nous pouvons donc proposer et résoudre, sur les progressions arithmétiques, autant de problèmes qu'il y a de combinaisons 2 à 2 de 5 quantités, savoir dix problèmes.

Nous laissons au lecteur le soin de les formuler. Leur résolution ne présente aucune difficulté et offre un exercice utile.

§ II. — PROGRESSIONS GÉOMÉTRIQUES.

427. DÉFINITION. — On nomme progression géométrique une suite de nombres telle que chacun d'eux est égal au précédent multiplié par un nombre constant que l'on appelle la *raison*.

La raison est le quotient de la division d'un terme par le précédent.

Si la raison est supérieure à *un*, la progression est *croissante*. Si la raison est inférieure à *un*, la progression est *décroissante*.

Exemples : Les séries suivantes ;

$$\ldots \ldots \frac{1}{8} \quad \frac{1}{4} \quad \frac{1}{2} \quad 1 \quad 2 \quad 4 \quad 8 \ldots \ldots$$

$$\ldots\ldots \frac{1}{9} \quad \frac{1}{3} \quad 1 \quad 3 \quad 9 \quad 27 \quad 81\ldots\ldots$$

$$1 \quad \frac{1}{2} \quad \frac{1}{4} \quad \frac{1}{8}\ldots\ldots$$

sont des progressions géométriques.

Nous ne nous occuperons que des progressions à raison positive.

Nous désignerons toujours par :

a..... la premier terme considéré,

q..... la raison,

l..... le dernier terme considéré,

n..... le nombre des termes,

P..... le produit des termes,

S..... la somme des termes.

428. THÉORÈME I. — *Le dernier terme est égal au premier multiplié par une puissance de la raison marquée par le nombre des termes qui le précèdent.*

En effet, soit la progression limitée :

$$a \quad b \quad c\ldots\ldots h \quad k \quad l.$$

Par définition, nous avons :

le 2ᵉ terme... $b = aq$,

le 3ᵉ terme... $c = bq = aq^2$,

le 4ᵉ terme... $d = cq = aq^3$,

etc,..

Donc le nᵉ terme sera donné par la formule :

(1) $$l = aq^{n-1}. \qquad \text{C. Q. F. D.}$$

429. THÉORÈME II. — *Le produit de deux termes à égale distance des extrêmes est égal au produit des extrêmes.*

Soient x et y deux termes à égale distance des extrêmes a et l; soit p le nombre des termes qui séparent a et x, et aussi y et l. Nous aurons, d'après la formule précédente :

$$x = aq^{p+1},$$

puis :

$$l = yq^{p+1}, \quad \text{d'où} \quad y = \frac{l}{q^{p+1}}.$$

Donc :

$$xy = al. \qquad\qquad \text{C. Q. F. D.}$$

430. THÉORÈME III. — *Le produit des termes d'une progression géométrique est égal à la racine carrée du produit des extrêmes, élevé à une puissance marquée par le nombre des termes.*

En effet, nous aurons :

$$P = abc \ldots\ldots hkl,$$

et, en renversant l'ordre des termes,

$$P = lkh \ldots\ldots cba.$$

Donc :

$$P^2 = (al)(bk)(ch) \ldots\ldots (bc)(kb)(la),$$

ou bien, en vertu du théorème précédent :

$$P^2 = (al)^n.$$

Par suite :

$$(2) \qquad\qquad P = \sqrt{(al)^n}.$$

REMARQUE. — Remplaçons l par sa valeur tirée de la formule (1), nous aurons :

$$P = \sqrt{a^{2n}.q^{n(n-1)}} = a^n q^{\frac{n(n-1)}{2}}.$$

Or $\dfrac{n(n-1)}{2}$ est toujours entier, donc P est rationnel si a et q le sont, ce qui est évident *à priori*.

431. MOYENS GÉOMÉTRIQUES. — On nomme moyens géométriques entre deux nombres a et b une suite de nombres qui, placés entre a et b, forment avec eux une progression géométrique.

PROBLÈME. — *Entre deux nombres* a *et* b *insérer* m *moyens géométriques.*

L'inconnue est la raison q de la progression. Or en vertu de la formule (1), nous avons :

$$b = aq^{m+1},$$

donc

(3)
$$q = \sqrt[m+1]{\dfrac{b}{a}}.$$

On voit que, si m augmente indéfiniment, q tend vers l'unité, soit que $\dfrac{b}{a}$ soit supérieur à l'unité, soit qu'il lui soit inférieur.

THÉORÈME I. — *Si entre deux termes consécutifs d'une progression géométrique on insère le même nombre de moyens, l'ensemble de tous les termes forme une seule progression.*

En effet, entre deux termes consécutifs de la progression

$$a \quad b \quad c \quad d \ldots$$

insérons m moyens; nommons q', q'', $q'''\ldots$ les raisons des diverses progressions formées, nous aurons :

$$q' = \sqrt[m+1]{\frac{b}{a}} = \sqrt[m+1]{q}$$

$$q'' = \sqrt[m+1]{\frac{c}{b}} = \sqrt[m+1]{q}$$

$$q''' = \sqrt[m+1]{\frac{d}{c}} = \sqrt[m+1]{q}$$

Donc les diverses raisons des progressions formées sont identiques ; d'ailleurs l'une commence où l'autre finit, donc l'ensemble des termes forme une seule progression.

C. Q. F. D.

THÉORÈME II. — *On peut insérer entre les termes consécutifs d'une progression un nombre de termes assez grand pour que la différence entre deux termes consécutifs de la nouvelle progression soit aussi faible qu'on voudra.*

En effet, soit une première progression :

$$a \quad aq \quad aq^2 \quad aq^3 \ldots\ldots$$

Après l'insertion de m moyens entre deux termes consécutifs, la nouvelle progression sera :

$$a \quad aq' \quad aq'^2 \quad aq''^3 \ldots\ldots$$

et la nouvelle raison q' sera liée à l'ancienne par la relation :

$$q' = \sqrt[m+1]{q}.$$

Supposons, pour fixer les idées, $q > 1$, q' sera aussi

plus grand que l'unité, et l'on aura :

$$q' = 1 + \alpha,$$

α étant une quantité qui tend vers zéro, quand m augmente indéfiniment.

Cela posé, après l'insertion des m moyens, nous aurons pour différence de deux termes consécutifs :

$$aq'^{p+1} - aq'^p = aq'^p(q' - 1)$$
$$= aq'^p.\alpha.$$

Donc cette différence, quelque grand que soit p, peut être rendue aussi petite qu'on voudra. C. Q. F. D.

On peut donc imaginer un nombre de moyens tel que les termes de la progression obtenue marchent par gradation insensible.

432. REMARQUE. — On remarquera l'analogie qui existe entre les formules (1), (2), (3) des deux progressions. Les opérations s'élèvent d'un degré quand on passe des progressions arithmétiques aux progressions géométriques.

l'*addition* . . . . . . se change en *multiplication*,
la *multiplication*. . .   —   *puissance*,
la *soustraction*. . . .   —   *division*,
la *division*. . . . . .   —   *racine carrée*.

C'est la remarque qui a conduit à l'invention des logarithmes.

433. *Somme des termes d'une progression géométrique.*
Nous avons :

$$S = a + b + c + . . . + h + c + l,$$

donc en multipliant les deux membres par q :

$$S q = a q + b q + c q +, \ldots + h q + k q + l q$$
$$= b + c + d + \ldots \ldots + k + l + l q ;$$

on en tire :

$$S(q - 1) = l q - a = a q^n - a = a (q^n - 1),$$

d'où :

. (4)
$$S = \frac{l q - a}{q - 1} = \frac{a (q^n - 1)}{q - 1} .$$

Si la progression est décroissante, c'est-à-dire si $q < 1$, on écrit, pour éviter les nombres négatifs,

(5)
$$S = \frac{a - l q}{1 - q} = \frac{a (1 - q^n)}{1 - q} .$$

THÉORÈME I. — *La somme des termes d'une progression géométrique croissante augmente au delà de toute limite, quand* n *croît indéfiniment.*

En effet, cette somme est donnée par la formule (4) qu'on peut mettre sous la forme

$$S = \frac{a q^n}{q - 1} + \frac{a}{q - 1} .$$

Or q étant plus grand que l'unité, q^n peut croître au delà de toute limite.

THÉORÈME II. — *La somme des termes d'une progression géométrique décroissante a une limite égale au premier terme divisé par l'excès de l'unité sur la raison.*

En effet, la somme des termes d'une progression géométrique décroissante est donnée par la formule (5) qu'on peut mettre sous la forme

$$S = \frac{a}{1 - q} - \frac{a q^n}{1 - q} .$$

Or, q étant moindre que l'unité, q^n a pour limite zéro, quand n croît indéfiniment, donc :

$$\lim S = \frac{a}{1-q}.$$

C. Q. F. D.

Applications. — D'après cette formule, on aura :

1° $1 + \frac{1}{2} + \frac{1}{2^3} + \frac{1}{2^2} + \ldots\ldots = 2$

2° $0{,}454545\ldots\ldots = \frac{45}{100} + \frac{45}{100^2} + \ldots\ldots$

$$= \frac{45}{99}$$

3° $0{,}pq\,abc\,abc\,ab\,c\ldots = \frac{pq}{100} + \frac{abc}{100.1\,000} + \frac{abc}{100.1\,000^2} + \ldots$

$$= \frac{pq}{100} + \frac{abc}{999\,00}$$

$$= \frac{pq\,999 + abc}{999\,00}$$

$$= \frac{pq\,abc - pq}{999\,00}$$

etc.

434. — Problèmes sur les progressions géométriques.

Entre les six grandeurs

$$a \quad l \quad q \quad n \quad \mathrm{P} \quad \mathrm{S}$$

on a *trois* relations :

(1) $$l = aq^{n-1}$$

(2) $$\mathrm{P} = \sqrt{(al)^n}$$

(3) $$\mathrm{S} = \frac{a(q^n - 1)}{q - 1}.$$

On peut donc trouver trois de ces six quantités quand on connaît les trois autres. Donc on peut formuler autant de problèmes qu'il y a de combinaisons de six quantités trois à trois, savoir vingt problèmes.

Nous laissons au lecteur le soin d'en faire la nomenclature complète. Leur solution dépend souvent de théories supérieures à celles que nous avons exposées.

Supposons, par exemple, *qu'on demande q*, P, *l*, connaissant *a*, S, *n*.

La formule (3) fera connaître *q*, par l'équation :

$$aq^n - Sq + a - S = o,$$

équation du n^o degré que l'on ne sait pas résoudre, mais qui permettrait de trouver *q* avec autant d'approximation que l'on voudrait, si les données étaient numériques.

q étant déterminé, la formule (1) donnerait *l*. On obtiendrait ensuite P par la formule (2).

§ III. — THÉORIE DES LOGARITHMES TIRÉE DE LA CONSIDÉRATION DES PROGRESSIONS.

435. DÉFINITION. — Considérons une progression géométrique indéfinie, ayant l'unité parmi ses termes

$$\ldots\ldots\; q^{-n}\;\ldots\ldots\; q^{-3}\quad q^{-2}\quad q^{-1}\quad 1\quad q\quad q^2\quad q^3\ldots\ldots\; q^n\ldots\ldots$$
$$\ldots\ldots -nr\ldots\ldots -3r\; --2r\; -r\quad o\quad r\quad 2r\quad 3r\ldots\ldots\; nr\ldots\ldots$$

et au-dessous une progression arithmétique indéfinie renfermant o parmi ses termes, en correspondance avec l'unité de la progression géométrique; les termes de la progression géométrique se nomment *nombres*, les termes de la progression arithmétique en correspondance sont leurs *logarithmes*.

Nous supposerons, dans ce qui va suivre, q positif et supérieur à l'unité, r positif et quelconque.

La définition que nous venons de donner des logarithmes montre immédiatement :

1° Qu'*un nombre a une infinité de logarithmes*, puisqu'en faisant varier r on peut associer une infinité de progressions arithmétiques à une même progression géométrique ;

2° Que *les logarithmes de deux nombres inverses l'un de l'autre* q^m, $\overset{-m}{q}$ *sont égaux et de signes contraires.*

436. PROPRIÉTÉS DES LOGARITHMES. — La propriété fondamentale des logarithmes, d'où toutes les autres découlent, est celle qui fait l'objet du théorème suivant :

THÉORÈME I. — *Le logarithme d'un produit de deux facteurs est égal à la somme des logarithmes des facteurs.*

En effet, soient q^m, $q^{m'}$ deux nombres, c'est-à-dire deux termes de la progression géométrique ; m, m' étant positifs ou négatifs. Leur produit est $q^{m+m'}$ et fait partie de la même progression.

Or :

$$\log q^m = mr$$
$$\log q^{m'} = m'r,$$

donc :

$$\log q^m + \log q^{m'} = (m + m')r.$$

Mais on a aussi :

$$\log q^{m+m'} = (m + m')r ;$$

donc :

$$\log q^{m+m'} = \log q^m + \log q^{m'}.$$

C. Q. F. D.

COROLLAIRE. — Le théorème étant vrai pour deux facteurs est nécessairement vrai pour plusieurs, car :

$$\log{(ABCD)} = \log{(ABC)} + \log{D} \qquad \text{(théor. préc.)}$$
$$= \log{(AB)} + \log{C} + \log{D}$$
$$= \log{A} + \log{B} + \log{C} + \log{D}.$$

Il ne faut pas oublier que les nombres considérés sont toujours de la forme q^m, c'est-à-dire font partie de la progression géométrique.

THÉORÈME II. — *Le logarithme d'un quotient est égal au logarithme du dividende, moins le logarithme du diviseur.*

Soient A et B deux nombres et Q leur quotient, de telle sorte qu'on ait :

$$A = BQ.$$

Nous en déduirons :

$$\log{A} = \log{B} + \log{Q}.$$

donc :

$$\log{Q} = \log{A} - \log{B} \qquad \text{C. Q. F. D.}$$

THÉORÈME III. — *Le logarithme d'une puissance positive entière est égal au logarithme du nombre multiplié par l'indice de la puissance.*

En effet, soit A^m une puissance entière et positive, nous aurons, par définition, l'identité

$$A^m = A.A.A.A.\dots \qquad (m \text{ facteurs}),$$

donc :

$$\log{(A^m)} = \log{A} + \log{A} + \dots$$
$$= m \log{A}. \qquad \text{C. Q. F. D.}$$

THÉORÈME IV. — *Le logarithme d'une racine est égal au logarithme du nombre divisé par l'indice de la racine.*

En effet, soit R la racine m^e de A, de telle sorte que

$$A = R^m.$$

Le théorème précédent nous donnera :

$$\log A = m \log R,$$

donc

$$\log R = \frac{1}{m} \log A.$$

C. Q. F. D.

REMARQUE I. — Les quatre théorèmes que nous venons de donner permettent d'abaisser d'un degré quatre opérations de l'arithmétique; c'est-à-dire de remplacer :

la *multiplication*. . . . . . par une *addition*,
la *division*. . . . .   —   *soustraction*,
l'*élévation aux puissances* .   —   *multiplication*,
l'*extraction*. . . . .   —   *division*,

si l'on a construit préalablement une table renfermant les *nombres* et en regard leurs *logarithmes*.

REMARQUE II. — Les propriétés remarquables que nous venons de faire connaître supposent que la progression géométrique renferme le terme 1 et que la progression arithmétique renferme le terme *zéro* en regard.

En effet, considérons les deux progressions :

$$\ldots\ldots\; aq^{-3} \qquad aq^{-2} \qquad aq^{-1} \quad a \quad aq \quad aq^2 \qquad aq^3 \ldots\ldots$$

$$\ldots\ldots\; b-5r \quad b-2r \quad b-r \quad b \quad b+r \quad b+2r \quad b+3r \ldots\ldots$$

Prenons deux nombres aq^m, $aq^{m'}$. Leur produit est

$$a^2 q^{m+m'};$$

pour que ce terme fasse partie de la progression géométrique, soit un nombre, il faut que

$$a^2 = a,$$

ou que $a = 1$.

D'un autre côté nous avons :

$$\log aq^m = b + mr,$$
$$\log aq^{m'} = b + m'r,$$

la somme de ces deux logarithmes est

$$2b + (m + m')r.$$

Pour que cette somme soit un logarithme, il faut que

$$2b = b$$

ou que $b = 0$.

Donc la propriété fondamentale des logarithmes, et par suite toutes les propriétés, ne subsistent que si le nombre 1 fait partie de la suite des nombres, et si 0 est son logarithme.

437. THÉORÈME V. — *Tout nombre a un logarithme commensurable ou incommensurable.*

Il suffit pour cela de faire voir que tout nombre compris entre zéro et l'infini peut être regardé comme faisant partie d'une progression géométrique de la forme :

$$\ldots\, q^{-3} \quad q^{-3} \quad q^{-1} \quad 1 \quad q \quad q^2 \quad q^3 \ldots$$

en regard de laquelle se trouve écrite une progression arithmétique de la forme

$$\ldots\, -3r \quad -2r \quad -r \quad 0 \quad r \quad 2r \quad 3r \ldots$$

Soit A un nombre donné quelconque. Si A n'est pas dans la progression géométrique, inscrivons entre tous les termes de la progression géométrique un très grand nombre de moyens et le même nombre entre les termes de la progression arithmétique. Les deux progressions prendront les formes suivantes :

$$\ldots\ldots \quad q_1^{-3} \quad q_1^{-2} \quad q_1^{-1} \quad 1 \quad q_1 \quad q_1^{2} \quad q_1^{3}\ldots\ldots$$

$$\ldots\ldots -3r_1 \quad -2r_1 \quad -r_1 \quad 0 \quad r_1 \quad 2r_1 \quad 3r_1\ldots\ldots$$

q_1 étant de la forme $1+\alpha$ et α étant aussi petit que l'on voudra ; r_1 étant également une quantité aussi petite que l'on voudra. Le nombre des moyens insérés peut être rendu assez grand pour que la différence entre deux termes consécutifs de la progression géométrique soit aussi faible que l'on voudra.

Après cette opération, si A n'est pas dans la progression géométrique, il sera compris entre deux termes consécutifs A' et A" aussi peu différents l'un de l'autre qu'on voudra. Ces derniers nombres auront pour logarithmes a' et a'' dont la différence tendra vers zéro, la différence entre A' et A" tendant elle-même vers zéro.

Une nouvelle insertion de moyens placera A entre deux nouveaux nombres A$_1$', A$_1$" compris entre A' et A" et plus voisins encore l'un de l'autre. Les logarithmes de ces nouveaux nombres a_1 , a_1'', seront aussi compris entre a' et a''.

Donc, à mesure que A' et A" tendent simultanément vers A, leurs logarithmes a' et a'' tendent simultanément vers une limite commune a, comprise toujours entre a' et a''. Cette limite, dont nous constatons l'existence et qui n'est pas toujours exprimable en nombres, se nomme le logarithme de A. Les nombres a' et a'' en sont des valeurs approchées.

Il est facile de démontrer que cette limite est indépendante du mode d'insertion des moyens. — Supposons qu'un premier mode d'insertion conduise pour un nombre

A à une limite a, et qu'un autre mode conduise à une limite b.

Par le premier mode d'insertion, A est la limite commune de deux nombres variables A′ et A″ qui le comprennent, et a est la limite commune de leurs. logarithmes a' et a'', qui varient en même temps que que A′ et A″.

Par le second mode d'insertion, A est la limite commune de deux autres nombres variables B′ et B″ qui le comprennent, et b est la limite commune de leurs logarithmes b' et b'' qui varient en même temps que B′ et B″.

Les nombres a' logarithmes des nombres A′ tous inférieurs à A, sont inférieurs aux nombres a'' et aussi aux nombres b'', qui sont les logarithmes de nombres superieurs à A. De même, les nombres b, logarithmes de nombres B′ tous inférieurs à A, sont inférieurs aux nombres b'' et aussi aux nombres a'', qui sont les logarithmes de nombres supérieurs à A.

Donc a, limite des nombres a' ne peut pas surpasser b, limite des nombres b''. De même b, limite des nombres b', ae peut pas surpasser a, limite des nombres a''; donc $a = b$. C. Q. F. D.

438. THÉORÈME VI. — *La propriété fondamentale des logarithmes est vraie pour les logarithmes incommensurables.*

Dans la démonstration du théorème relatif au logarithme du produit de deux facteurs, nous avons supposé que les nombres considérés faisaient partie de la progression géométrique. Supposons maintenant, ce qui est le cas le plus ordinaire, que les nombres donnés A et B ne fassent pas partie de la progression.

Insérons entre les termes des deux progressions le

même nombre de moyens et supposons ce nombre indéfiniment croissant. A sera la limite de deux nombres variables A′ et A″, qui le comprendront; et de même B sera la limite de deux nombres B′ et B″ variables qui le comprendront. Le logarithme a de A sera la limite commune des deux nombres variables $a′$ et $a″$, logarithmes de A′ et A″; de même, le logarithme b de B sera la limite commune des deux logarithmes variables $b′$ et $b″$ des nombres B et B″.

Cela posé, le produit AB sera compris entre A′B′ et A″B″, donc log (AB) sera compris entre

$$\log (A′B′) \quad \text{et} \quad \log (A″B″),$$

ou bien entre

$$\log A′ + \log B′ \quad \text{et} \quad \log A″ + \log B″,$$

ou bien entre

$$a′ + b′ \quad \text{et} \quad a″ + b″.$$

Mais log A + log B, ou bien $a + b$ est compris entre les mêmes quantités. Donc log AB et log A + log B sont les limites des mêmes quantités variables, donc enfin :

$$\log (AB) = \log A + \log B$$

dans tous les cas.

Le théorème relatif au logarithme d'un produit étant vrai dans tous les cas, les trois autres théorèmes qui s'en déduisent pour le logarithme d'un quotient, d'une puissance et d'une racine, sont vrais aussi dans tous les cas.

439. THÉORÈME VII. — *On peut regarder les logarithmes des nombres comme étant les puissances auxquelles il faut élever un nombre fixe pour les obtenir.*

Soient, en effet, deux progressions définissant un système de logarithmes :

$$\ldots\ldots \; q^{-2} \; , \quad q^{-1} \quad 1 \quad q \quad q^2 \quad q^3 \ldots\ldots$$
$$\ldots\ldots \; -2r \; , \quad -r \quad 0 \quad r \quad 2r \quad 3r \ldots\ldots$$

Posons

$$q^{\frac{1}{r}} = a.$$

La progression géométrique pourra alors s'écrire ;

$$\ldots\ldots \quad a^{-2r} \quad a^{-r} \quad 1 \quad a^r \quad a^{2r} \quad a^{3r} \ldots\ldots$$

Donc les logarithmes ;

$$\ldots\ldots \quad -2r \quad -r \quad 0 \quad r \quad 2r \quad 3r \ldots\ldots$$

seront bien les puissances auxquelles le nombre a devra être élevé pour reproduire les nombres de la progression géométrique.

Ce nombre a se nomme la *base* du système.

Il est facile de démontrer que *la base a pour logarithme l'unité.*

En effet : 1° Si r est l'inverse d'un nombre entier, l'unité fera partie de la progression arithmétique et $a^1 = a$ sera le nombre correspondant;

2° Si r n'est pas l'inverse d'un nombre entier, l'unité ne fera pas partie de la progression arithmétique, mais sera comprise entre deux termes consécutifs,

$$nr \quad (n+1)r;$$

les nombres correspondants

$$a^{nr} \quad a^{(n+1)r}$$

comprendront le nombre a.

Imaginons qu'on insère un nombre de moyens indéfiniment croissant, r tendra vers zéro; les deux nombres nr $(n+1)r$ qui comprennent l'unité se rapprocheront indéfiniment l'un de l'autre et par suite de l'unité; en même temps, les deux nombres dont ils sont les logarithmes, savoir a^{nr}, $a^{(n+1)r}$ se rapprocheront l'un de l'autre indéfiniment, et par suite tendront vers a qu'ils comprennent toujours. Donc a est le nombre qui a pour logarithme l'unité, d'après ce que nous avons dit sur les !ogarithmes incommensurables.

On voit par là que la définition des logarithmes par les progressions ne diffère pas au fond de la définition que nous en avons donnée dans le chapitre précédent.

440. THÉORÈME VIII. — *Un système de logarithmes est défini quand on connaît sa base.*

En effet, pour définir un système de logarithmes, on prend arbitrairement une progression géométrique :

$$\ldots\ldots q^{-2} \quad q^{-1} \quad 1 \quad q \quad q^2 \quad q^3 \ldots\ldots$$

c'est-à-dire on choisit q arbitrairement, puis on associe à cette série de nombres une progression arithmétique déterminée :

$$\ldots\ldots -2r \quad -r \quad 0 \quad r \quad 2r \quad 3r \ldots\ldots$$

c'est-à-dire on choisit r.

Les nombres q et r étant choisis, la base $a = q^{\frac{1}{r}}$ est parfaitement déterminée.

Réciproquement, si, après avoir choisi arbitrairement q, on fixe la base a, le nombre r sera parfaitement déterminé par l'équation exponentielle :

$$q^{\frac{1}{r}} = a,$$

ou, ce qui revient au même par l'équation

$$a^r = q.$$

On voit donc que la connaissance de la base a suffit pour déterminer complètement un système de logarithmes.

441. LOGARITHMES NÉPÈRIENS. — Néper avait été conduit à prendre pour base de son système un nombre incommensurable $e = 2,718281828459\ldots\ldots$ Voici par quelles considérations :

Nous pouvons écrire, pour les progressions fondamentales,

$$\ldots\ldots (1+\alpha)^{-2} \quad (1+\alpha)^{-1} \quad 1 \quad (1+\alpha) \quad (1+\alpha)^2 \ldots\ldots$$
$$\ldots\ldots \quad -2\beta \quad\quad -\beta \quad 0 \quad \beta \quad 2\beta \quad\ldots\ldots$$

et si nous supposons que α et β tendent simultanément vers zéro, la première progression pourra être considérée comme renfermant tous les nombres de 0 à ∞, tandis que la seconde progression donnera leurs logarithmes. Nous éviterons par là la nécessité de parler de l'insertion des moyens.

Nous avons dit que β doit être regardé comme lié à α, de façon à ce qu'ils tendent simultanément vers zéro ; la liaison la plus simple qui satisfait à cette condition est donnée par la relation

$$\beta = M\alpha,$$

M étant une constante. Les deux progressions deviennent

$$\ldots\ldots (1+\alpha)^{-2} \quad (1+\alpha)^{-1} \quad 1 \quad 1+\alpha \quad (1+\alpha)^2 \ldots\ldots$$
$$\ldots\ldots \quad -2M\alpha \quad\quad -M\alpha \quad 0 \quad M\alpha \quad 2M\alpha \quad\ldots\ldots$$

Le système paraît devoir être aussi simple que possible si $M = 1$, c'est celui que Néper a adopté. Les progressions de Néper sont donc :

$$\ldots\ldots \quad (1+\alpha)^{-2} \quad (1+\alpha)^{-1} \quad 1 \quad (1+\alpha) \quad (1+\alpha)^{2} \ldots\ldots$$
$$\ldots\ldots \qquad -2\alpha \qquad\quad -\alpha \qquad 0 \qquad \alpha \qquad\quad 2\alpha \quad \ldots\ldots$$

dans lesquels α est supposé tendre vers zéro.

Ce système a pour base

$$e = (1+\alpha)^{\frac{1}{\alpha}}$$

d'après ce que nous avons dit ci-dessus. C'est donc la base choisie par Néper, à la suite des considérations précédentes. Si l'on suppose α très petit et qu'on calcule la valeur de e, on retrouve la valeur numérique indiquée plus haut. Ce nombre incommensurable est donné par la série convergente :

$$e = 1 + \frac{1}{1} + \frac{1}{1.2} + \frac{1}{1.2.3} + \text{etc.}\ldots$$

comme on le démontre dans le cours de mathématiques spéciales.

442. Théorème IX. — *Pour passer d'un système de logarithmes à un autre système il suffit de multiplier les logarithmes du premier système par un nombre constant qu'on nomme module.*

1ʳᵒ Dém. — Considérons deux systèmes de logarithmes, définis par une progression géométrique, associée successivement à deux progressions arithmétiques différentes :

$$\ldots\ldots \overset{-1}{q} \quad 1 \quad q \quad q^{2} \ldots\ldots$$
$$\ldots\ldots r \quad\ \ 0 \quad r \quad 2r \ldots\ldots$$
$$\ldots\ldots r' \quad\ \ 0 \quad r' \quad 2r' \ldots\ldots$$

Désignons par la caractéristique L les logarithmes pris

dans le premier système et par L′ les logarithmes pris dans le second, nous aurons pour un nombre N,

$$LN = nr \quad , \quad L'N = nr',$$

donc :

$$L'N = \frac{r'}{r} LN.$$

Mais d'après l'un des théorèmes précédents, si l'on nomme a et a' les bases des deux systèmes, nous avons aussi :

$$r = Lq = La^{\frac{1}{r}} = La'^{\frac{1}{r'}}$$

$$r' = L'q = L'a^{\frac{1}{r}} = L'a'^{\frac{1}{r'}}$$

donc

$$\frac{r'}{r} = \frac{L'a^{\frac{1}{r}}}{L\,a^{\frac{1}{r}}} = \frac{L'a}{La} = L'a,$$

ou bien

$$\frac{r'}{r} = \frac{L'a'^{\frac{1}{r'}}}{La'^{\frac{1}{r'}}} = \frac{L'a'}{La'} = \frac{1}{La'}$$

donc

$$L'N = L'a.\ LN,$$

ou bien

$$L'N = \frac{1}{La'} LN.$$

Donc : *Le module est égal à l'inverse du logarithme de la nouvelle base pris dans le premier système ; ou bien au logarithme de l'ancienne base, pris dans le nouveau système.*

On voit en passant, que *le logarithme d'une première base*

pris dans un nouveau système, est l'inverse du logarithme de la seconde base pris dans le premier système.

2ᵉ DÉM. — Soient a et a' les bases de deux systèmes de logarithmes et N un nombre. Par définition des logarithmes nous avons l'identité :

$$a^{\mathrm{L N}} = a'^{\mathrm{L'N}}.$$

Prenons les logarithmes des deux membres dans le système de base a, nous aurons :

$$\mathrm{LN} = \mathrm{L}a'.\mathrm{L'N},$$

donc :

$$\mathrm{L'N} = \frac{1}{\mathrm{L}a'}\mathrm{LN}.$$

Si nous prenons les logarithmes des deux membres dans le système de base a, nous obtiendrons :

$$\mathrm{L'N} = \mathrm{L'}a.\mathrm{LN}.$$

Nous retombons sur les résultats déjà obtenus.

443. *Logarithmes vulgaires ou logarithmes de Briggs.*

Les deux progressions choisies par Briggs, élève de Néper, sont :

$$\ldots\ldots 0,01 \quad 0,1 \quad 1 \quad 10 \quad 100 \quad 1\,000 \ldots\ldots$$
$$\ldots\ldots -2 \quad -1 \quad 0 \quad 1 \quad 2 \quad 3 \ldots\ldots$$

La base de ce système est donc 10.

En insérant entre les termes consécutifs de ces deux progressions un nombre de moyens assez grand, on peut obtenir le logarithme d'un nombre donné avec autant d'approximation que l'on veut.

Nous avons démontré que le logarithme d'un nombre

est indépendant de la loi suivant laquelle on insére les moyens, on peut donc procéder de la manière suivante qui ne conduit jamais qu'à des extractions de racines carrées :

Soit à trouver, par exemple, le logarithme de 7.

1° Ce logarithme est compris entre 0 et 1 ; donc il a zéro pour partie entière, pour *caractéristique* ;

2° Entre 1 et 10 insérons un moyen géométrique, ce qui se fait en extrayant la racine carrée de 10. Le nombre 7 tombe entre ce moyen et 10, donc log. 7 tombe entre 0,5 et 1 ;

3° Entre ce moyen $\sqrt{10}$ et 10, insérons un nouveau moyen géométrique, ce qui exigera une nouvelle extraction de racine carrée ; nous saurons si y tombe entre $\sqrt{10}$ et le nouveau moyen, ou bien entre le nouveau moyen et 10 ; nous saurons donc si log. 7 tombe entre 0,5 et 0,75, ou bien entre 0,75 et 1 ;

4° En continuant ainsi nous serrerons log. 7 entre deux nombre aussi rapprochés que nous voudrons.

Nous avons donné dans le chapitre précédent un procédé élémentaire plus commode pour calculer les logarithmes ; nous ne nous étendrons pas davantage sur ce sujet, par cette raison que ces procédés, qui sont théoriquement applicables, ne sont pas ceux qui ont été employés dans la construction des tables.

CHAPITRE XVI.

INTÉRÊTS COMPOSÉS, ANNUITÉS.

§ I. — INTÉRÊTS COMPOSÉS.

444. DÉFINITION. — *Un capital est dit placé à intérêts composés, lorsqu'au bout de la période fixée pour toucher l'intérêt (généralement un an), cet intérêt s'ajoute au capital pour en augmenter la quotité et rapporter lui-même intérêt.*

Les intérêts composés donnent lieu à quelques questions intéressantes qu'il serait difficile de résoudre sans le secours des logarithmes; nous allons en donner ici quelques-unes.

445. PROBLÈME I. — *Un capital* a *est placé à intérêts composés, au taux de* r fr. *pour* 1 fr. ; *on demande ce qu'il deviendra au bout de* n *années?*

Au bout d'un an, $a^{\text{fr.}}$ rapportent ar; donc, au bout d'un an le capital a sera devenu

$$a + ar \text{ ou bien } a(1 + r).$$

On obtient donc ce que devient le capital a au bout d'un an, en le multipliant par $1 + r$.

Donc, au bout de deux ans, trois ans, ... le capital a sera devenu :

$$a(1 + r)^2 \quad , \quad a(1 + r)^3 \ldots .$$

Donc, en désignant par A ce qu'il sera au bout de n années, on aura :

(¹)
$$A = a(1 + r)^n.$$

Il faut bien remarquer que dans cette formule n est un nombre entier.

446. REMARQUE. — Cette formule renferme 4 quantités, A, a, r, n. Elle peut donc servir à trouver l'une quelconque des quatre, quand on connaît les trois autres. En la développant par logarithmes, on a :

$$(2) \qquad \log A = \log a + n \log (1 + r).$$

C'est au moyen de cette dernière formule qu'on peut résoudre l'un des quatre problèmes dont nous venons de parler.

447. PROBLÈME II. — *Un capital* a *a été placé pendant* n *années et une fraction* f *d'années, au taux de* r *pour* 1, *qu'est-il devenu?*

Au bout de n années le capital a est devenu

$$a(1 + r)^n.$$

Ce capital placé pendant la fraction f d'années rapportera

$$a(1 + r)^n fr,$$

donc, au bout de $n + f$, il sera devenu :

$$(3) \qquad A = a(1 + r)^n(1 + fr).$$

448. REMARQUE. — Il est facile de démontrer que la formule

$$(4) \qquad A = a(1 + r)^{n+f}$$

donnerait à peu près le même résultat que la formule 3. En effet, soit $f = \dfrac{p}{q}$, nous aurons

$$(1 + r)^{\frac{p}{q}} = 1 + \alpha.$$

Donc

$$(1 + r)^p = (1 + \alpha)^q.$$

Mais r est une quantité petite ($0,05$; $0,045$ etc...), d'un autre côté $q > p$, donc α est, à plus forte raison, une quantité petite. Développons ces puissances entières, par les règles de la multiplication, nous aurons

$(1 + r)^p = 1 + pr + \varepsilon$; ε étant petit par rapport à pr.

$(1 + \alpha)^q = 1 + q\alpha + \varepsilon'$; ε' étant petit par rapport à $q\alpha$.

donc :

$$1 + pr + \varepsilon = 1 + q\alpha + \varepsilon',$$

d'où l'on tire :

$$\alpha = \frac{p}{q} r + \frac{\varepsilon - \varepsilon'}{q},$$

donc on a, à peu près,

$$\alpha = \frac{p}{q} r,$$

par suite, à peu près,

$$(1 + r)^{n + \frac{p}{q}} = 1 + \frac{p}{q} r.$$

Donc aussi :

$$(1 + r)^{n + \frac{p}{q}} = (1 + r)^n (1 + \frac{p}{q} r).$$

On voit donc qu'en remplaçant n dans la formule (1) par une valeur fractionnaire $n + f$, on obtient à peu près le même résultat que si l'on employait la formule (3). C'est pourquoi dans la pratique de la banque on se sert uniquement de la formule (1) dans tous les cas.

B. ALG. ÉLÉM.

31

449. PROBLÈME III. — *Trouver le temps au bout duquel un capital* a *placé à intérêts composés au taux de* r *pour* 1 fr. *est devenu* A.

Dans la formule

$$A = a(1 + r)^n (1 + fr),$$

on connait A, a, r; il s'agit de déterminer n et f.

Or, en prenant les logarithmes des deux membres, nous avons :

$$\log A = \log a + n \log (1 + r) + \log (1 + fr),$$

d'où l'on tire :

$$n = \frac{\log A - \log a}{\log (1 + r)} - \frac{\log (1 + fr)}{\log (1 + r)}.$$

La première division donne un quotient Q et un reste R, donc :

$$n = Q + \frac{R}{\log (1 + r)} - \frac{\log (1 + fr)}{\log (1 + r)}.$$

Le premier nombre est un nombre entier, donc le second membre doit être entier, donc les deux fractions véritables du second membre doivent être égales, par suite

$$n = Q,$$

et

$$\log (1 + fr) = R.$$

Cette dernière égalité fera connaître f, la première donne n.

450. REMARQUE. — D'après ce que nous avons dit ci-dessus, la formule

$$A = a(1 + r)^n$$

s'applique au cas de n fractionnaire; donc en continuant

la division

$$\frac{log\ \mathrm{A} - log\ a}{log\ (1+r)}$$

que donne d'abord la partie entière de n, on obtiendra *sensiblement* la fraction f, que nous venons d'apprendre à trouver exactement.

451. EXERCICES DE CALCUL.

I. — *Trouver ce que devient le capital de* 4963,65 *au bout de* 13 *ans, placé à intérêts composés au taux de* 5 %.

Il faut se servir de la formule (1) dans laquelle :

$$a = 4963,65 \quad ; \quad r = 0,05 \quad ; \quad n = 15.$$

Voici le tableau des calculs :

$$\mathrm{A} = a(1+r)^n$$

$$log\ a = 3,695.8012. \ldots \ldots \ldots \ldots \ldots \ldots \qquad 7968$$

$$ 44$$

$$n\ log\ (1+r) = 0,275.4609. \ldots \quad log\ (1+r) = 0,021.1893$$

$$\overline{log\ \mathrm{A} = 3,971.2621.} \qquad\qquad\qquad 15$$

$$\qquad\qquad\qquad\qquad\qquad \overline{063.5679}$$

$$\qquad\qquad\qquad\qquad\qquad\qquad 211.893$$

$$\qquad\qquad\qquad n\ log\ (1+r) = 0,275.4609$$

$$\mathrm{A} = 9359,704. \ldots \quad 2621$$

$$\qquad\qquad\qquad\qquad \overline{2619}$$

$$\qquad\qquad\qquad\qquad\quad 2$$

II. — *Au bout de combien de temps un capital de* 79845,75 *sera-t-il devenu* 168425 f.; *le taux de l'intérêt étant de* 5 % ?

$$log\ \mathrm{A} = 5,226.4066. \ldots \ldots \ldots \ldots 3927$$

$$\phantom{log\ \mathrm{A} = 5,226.4066. \ldots \ldots \ldots \ldots} 129$$

$$log\ a = 4,902.2518. \ldots \ldots \ldots \quad 2477$$

$$\overline{} \qquad 38$$

$$log\ \mathrm{A} - log\ a = 0,324.1548 \qquad\qquad 3$$

$$n = \frac{0,324.1548}{0,021.1893} = 15,29\ldots$$

3241548	211893
1122618	15,29
65153	
20774	
1704	

Pour avoir plus exactement la fraction f d'années, on poserait

$$\log(1 + fr) = 0,006.3153,$$

d'où $\qquad\qquad 1 + fr = 1,01441,$

par suite

$$f = 0,25$$

fraction voisine de 0,29 trouvée précédemment.

III. — *Au bout de combien de temps un capital se trouve-t-il doublé, quand il est placé à intérêts composés, au taux de 5 %?*

Il s'agit de tirer n de la formule

$$2 = (1 + r)^n (1 + fr)$$

dans laquelle $r = 0,05$. Nous en déduisons :

$$0,301.0300 = n \times 0,021.1893 + \log(1 + fr)$$

d'où

$$n = \frac{0,301.0300}{0,021.1893} - \frac{\log(1 + fr)}{0,021.1893}$$

$$= 14 + \frac{0,004.3798}{0,021.1893} - \frac{\log(1 + fr)}{0,021.1893},$$

donc :

$$\log(1 + fr) = 0,004.3798,$$

par suite

$$1 + fr = 1,01013,$$

donc

$$fr = 0,01013,$$

donc enfin :

$$f = 0,203.$$

Le temps au bout duquel le capital est doublé à un millième

d'année près :

$$14,2o3$$

Si nous avions continué la division qui a donné la partie entière du temps, nous aurions trouvé

$$14,2o6,$$

résultat peu différent.

§ II. — ANNUITÉS.

452. DÉFINITION. — On nomme *annuité* une somme fixe payée soit au début de chaque année, soit à la fin de chaque année et portant intérêts composés.

On peut se proposer divers problèmes sur les annuités ; nous allons en résoudre deux qui se présentent fréquemment dans les opérations financières.

453. PROBLÈME I. — *On place au début de chaque année une somme* a *à intérêts composés, quelle somme aura-t-on au bout de* n *années ?*

La première annuité a est placée pendant n années, dont elle deviendra au bout de ce temps

$$a(1 + r)^n.$$

La seconde annuité deviendra au bout du même temps

$$a(1 + r)^{n-1}.$$

Ainsi de suite. La dernière annuité deviendra

$$a(1 + r).$$

Donc la somme acquise A au bout de n années sera donnée par la formule

$$A = a(1 + r) + (1 + r)^2 + \ldots + a(1 + r)^n.$$

En faisant la somme des termes de la progression géométrique du second membre, nous obtenons :

(1) $$A = \frac{a(1 + r)[(1 + r)^n - 1]}{r}.$$

REMARQUE. — Cette formule donne une relation entre les quatre quantités A, a, r, n; elle permet donc de trouver l'une quelconque de ces quantités quand on connaît les trois autres.

Si r ou $(1 + r)$ est l'inconnue, la solution du problème demande la résolution d'une équation du $(n + 1)^e$ degré. Tous les autres sont faciles.

454. EXERCICES.

I. — *Une annuité de 4728 f. est payée au commencement de chaque année, quelle somme produira-t-elle au bout de 20 ans? Le taux est 5 %.*

Il faut faire dans la formule (1) :

$$a = 4728 \quad, \quad r = 0,05 \quad, \quad n = 20.$$

Calcul du $\log [(1 + r)^n - 1]$.

$$\log (1 + r) = 0,021.1893$$
$$n \log (1 + r) = 0,423.7860$$
$$(1 + r)^n = 2,65330$$
$$(1 + r)^n - 1 = 1,65330$$
$$\log [(1 + r)^n - 1] = 0,218.3517$$

Calcul de A.

$$\log A = \log a \ldots\ldots = 3,674.6775$$
$$+ \log (1 + r) \ldots = 0,021.1893$$
$$+ \log [(1 + r)^n - 1] = 0'21835.17$$
$$+ \operatorname{colog} r \ldots\ldots = \overline{1,301.0300}$$
$$\log A = \ldots\ldots\ldots 5,215.2485$$
$$A = 164152,90 \ldots\ldots\ldots\ldots\ldots 2485$$

09
————
76
55
————
25

II. — *Quelle est l'annuité qui produirait au bout de 18 ans un capital de 100 000 ? Le taux de l'intérêt est de 5 °/₀.*

On tire de la formule générale cette autre :

$$a = \frac{Ar}{(1 + r)\,[(1 + r)^n - 1]};$$

il faut y faire

$$A = 100000 \quad , \quad r = 0,05 \quad , \quad n = 18.$$

Calcul de $[(1 + r)^n - 1]$.

$$\log (1 + r) = 0,021.1893$$
$$18$$

$$\overline{169.5144}$$
$$211.893$$

$$n \log (1 + r) = 0,381.4074$$
$$(1 + r)^n = 2,40662 \ldots \ldots \quad 4074$$
$$4039$$

$$(1 + r)^n - 1 = 1,40662 \qquad\qquad 35$$
$$\log [(1 + r)^n - 1] = 0,148.1768 \ldots \ldots \quad 1706$$
$$62$$

Calcul de a.

$$\log a = \log A \ldots \ldots \ldots = 5,000.0000$$
$$+ \log r \ldots \ldots \ldots = \overline{2},698.9700$$
$$+ \text{colog} (1 + r) \ldots \ldots = \overline{1},978.8107$$
$$+ \text{colog} [(1 + r)^n - 1] = \overline{1},851.8232$$

$$\log a = \ldots \ldots \ldots \ldots \ldots 3,529.6039$$
$$a = 3585,55 \ldots \ldots \ldots \ldots \ldots \ldots \quad 6039$$
$$5972$$

$$\overline{67}$$

III. — *Au bout de combien d'années une annuité de 546 f. produira-t-elle 25 000, le taux étant de 5 °/₀?*

La formule résolue par rapport à $(1 + r)^n$ donne :

$$(1 - r)^n = 1 + \frac{Ar}{a(1 + r)},$$

de là on tire facilement n.

$$Calcul \ de \ \frac{Ar}{a(1 + r)}.$$

$$
\begin{aligned}
\log A \ldots \ldots \ldots &= 4,597.9400 \\
+ \log r \ldots \ldots \ldots &= \overline{2},698.9700 \\
+ \operatorname{colog} a \ldots \ldots &= \overline{3},262.8074 \\
+ \operatorname{colog} (1 + r) \ldots &= \overline{1},978.8107 \\
\hline
\log [(1 + r)^n - 1] &= 0,338.5281 \\
(1 + r)^n - 1 \ldots &= 2,18036 \ldots \ldots \ldots
\end{aligned}
$$

$$
\begin{aligned}
&5281 \\
&5163 \\
\hline
&118
\end{aligned}
$$

$$Calcul \ de \ n.$$

$$
\begin{aligned}
(1 + r)^n \ldots \ldots &= 3,180.36 \\
n \log (1 + r) \ldots &= 0,502.4763 \ldots \ldots \ldots
\end{aligned}
$$

$$
\begin{aligned}
&4681 \\
&82
\end{aligned}
$$

$$n = \frac{0,502.4763}{0,021.1893} = 23,71.$$

455. PROBLÈME II. — *Trouver l'annuité à payer pour éteindre une dette* A, *au bout de* n *années, au taux d'intérêt de* r *pour* 1 *fr?*

On contracte une dette A et on veut l'éteindre par une annuité régulièrement payée au bout de chaque année.

Considérons les valeurs de toutes les sommes au bout de la n^e année, époque à laquelle la dette est éteinte, par hypothèse.

La dette A, contractée aujourd'hui, représente une somme $A(a + r)^n$, au bout de la n^e année.

La première annuité, payée à la fin de la 1re année, vaudra $a(1 + r)^{n-1}$, au bout de la n^e année.

La seconde annuité vaudra $a(1 + r)^{n-2}$.

Et ainsi de suite.

La dernière annuité, payée au bout de la n^e année, vaudra a.

On aura la relation :

$$A(1 + 1)^n = a + a(1 + r) + \ldots + a(1 + r)^{n-1}.$$

Si l'on fait la somme des termes de la progression qui constitue le second membre, on obtient :

$$A(1 + r)^n = \frac{a[(1 + r)^n - 1]}{r},$$

d'où

$$a = \frac{Ar(1 + r)^n}{(1 + r)^n - 1}.$$

REMARQUE I. — Cette formule donne, comme la précédente, la solution de quatre problèmes différents.

REMARQUE II. — La formule (2) peut se mettre sous la forme :

$$a = \frac{Ar}{1 - \dfrac{1}{(1 + r)^n}},$$

si n augmente indéfiniment, nous obtenons comme limite de a :

$$\operatorname{Lim} a = Ar.$$

Telle est la *rente perpétuelle qui acquitte une dette* A. On voit qu'elle est égale à l'intérêt simple de la dette.

456. EXERCICES.

I. — *Quelle annuité faut-il payer pour éteindre dans 20 ans une dette de 10.000; le taux de l'intérêt étant de 5 %?*

Calcul de $[(1 + r)^n - 1]$.

$\log [(1 + r) \ldots \ldots = 0,021.1893$

20

$\log (1 + r)^n \ldots = 0,423.7860$
$(1 + r)^n \ldots = 2,653.297 \ldots , \ldots \ldots \ldots$ 7860

7700

$(1 + r)^n - 1 . = 1,653.297$ 160

145

$\log [(1 + r)^n - 1] = 0,218.3509 \ldots \cdot$ 3254   12

237

18

Calcul de a.

$\log A \ldots \ldots \ldots = 4,000.0000$
$\log r \ldots \ldots \ldots = \overline{2},698.9700$
$\log (1 + r)^n \ldots \ldots = 0,423.7860$
$\operatorname{colog} [(1 + 1)^n - 1] = \overline{1},781.6491$ 4051

$\log a \ldots \ldots = 2,904.4051$
$a \ldots \ldots = 802,426 \ldots \ldots$ 4051

4017

34

II. — *Quelle est la dette qui serait eteinte au bout de 10 ans, par une annuité de 100 f; le taux étant de 5 %?*

Nous tirons de la formule (2)

$$A = \frac{a [(1 + r)^n - 1]}{r (1 + r)^n}.$$

Calcul de $\log [(1 + r)^n - 1]$.

$\log (1 + r)\ldots\ldots = 0,021.1893$

$$10$$

$\log (1 + r)^n\ldots\ldots = 0,211.8930$

$(1 + r)^n\ldots\ldots = 1,628895\ldots\ldots\ldots\ldots\qquad 8930$

$$8678$$

$(1 + r)^n - 1. = 0,628895 \qquad\qquad\qquad 252$

$$240$$

$\log [(1 + r)^n - 1] = \overline{1},798.5782\ldots\ldots \quad 5747 \qquad 12$

$$35$$

Calcul de A.

$\log a \ldots\ldots\ldots\ldots = 2,000.0000$

$\log [(1 + r)^n - 1]\ldots = \overline{1},798.5782$

$\operatorname{colog} r \ldots\ldots\ldots = 1,301.0300$

$\operatorname{colog} (1 + r)^n \ldots = \overline{1},788.1070$

$\log A \ldots\ldots\ldots\ldots = 2,887.7152$

$A\ldots\ldots\ldots\ldots = 772,174\ldots\ldots \quad 7152$

$$7129$$

$$23$$

FIN

TABLE DES MATIÈRES

FIN DE LA TABLE.

SCEAUX. — IMPRIMERIE CHARAIRE ET FILS.

A LA MÊME LIBRAIRIE

COLLECTION D'OUVRAGES DE MATHÉMATIQUES
A L'USAGE DE L'ENSEIGNEMENT SECONDAIRE.

Éléments d'arithmétique, rédigés conformément aux programmes de l'enseignement scientifique des lycées, par M. CH. BRIOT. Nouv. édition. 1 vol. in-8, br. 2
Leçons nouvelles d'arithmétique, par M. CH. BRIOT. Nouvelle édition revue 1 vol. in-8, br. 4
> Ouvrage autorisé par le Conseil de l'instruction publique.

Leçons d'arithmétique, par C. FOUGÈRE, professeur de mathématiques au lycée Charlemagne. 1 vol. in-8, br. 2
Traité d'arithmétique de GARCET, rédigé conformément au nouveau plan d'étude par Vintejoux, profess. de mathématiques au lycée Saint-Louis. 1 vol. in-8, br. 4
Éléments d'arithmétique de Bezout, réimprimés conformément à l'arrêté du ministre de l'instr. pub. sur le texte de l'éd. de 1781, par M. CAILLET, 1 vol. in-8, br. 1
> Édition autorisée par le Conseil de l'instruction publique.

Examens et compositions de mathématiques, par MM. MOMENHEIM FRANÇOIS FRANCK (Ch.). 1 vol. in-8. br. 3
Éléments de géométrie, rédigés d'après le nouveau programme de l'enseignement scientifique des lycées et contenant plus de 400 énoncés de problèmes; suivis d'un complément à l'usage des élèves de mathématiques spéciales, par M. A. AMIOT. Nouv. édit., revue et augmentée d'un supplément. 1 vol. in-8, figures dans le texte, br. 5
> Ouvrage autorisé par le ministre de l'instruction publique.

Solutions raisonnées des problèmes énoncés dans les *Éléments de géométrie* de M. AMIOT, et précédées de quelques observations sur la résolution des problèmes de géométrie par MM. A. AMIOT et DESVIGNES. Nouvelle édition refondue, et dans laquelle se trouvent les énoncés. 1 fort vol. in-8, avec planches, br. 6
Applications de la géométrie élémentaire, rédigées d'après le nouveau programme de l'enseignement des lycées, par M. A. AMIOT. 4e édit. 1 vol. in-8, fig. dans le texte et pl., br. . . 3
Questions de géométrie, méthodes et solutions, avec un exposé des principales théories et des notes sur les rapports entre l'algèbre et la géométrie. Ouvrage destiné aux élèves qui se préparent aux écoles, au concours ou à la classe de mathématiques spéciales, par M. DESBOVES. Ouvrage orné de nombreuses planches. 1 vol. in-8, br. . . . .
Leçons nouvelles de géométrie élémentaire. par M. A. AMIOT. 2e édition, entièrement refondue. 2 vol. in-8. 8
> On vend séparément :

— 1re PARTIE : *Géométrie plane.* 1 vol., br. . . . .
— 2e PARTIE : *Géométrie dans l'espace.* 1 vol., broché. . . . .
Leçons nouvelles d'algèbre élémentaire, rédigées d'après le nouveau programme de l'enseignement scientifique des lycées, par M. A. AMIOT. Nouv. édit., refondue et augmentée par M. MONCOURT. 1 vol. in-8, br. 4
Leçons d'algèbre élémentaire, à l'usage des classes de mathématiques élémentaires, par M. CH. VACQUANT. 1 vol. in-8, br. 5
Éléments d'algèbre, à l'usage des classes de lettres, par *le même.* 1 vol. in-12, br. 3
Questions d'algèbre, par M. A. DESBOVES. 2 vol. in-8, br. 6
Leçons nouvelles de géométrie descriptive de M. A. AMIOT. Nouv. édit. entièrement refondue et augmentée d'applications aux ombres et de la méthode des plans cotés, par M. A. CHEVILLARD, professeur de perspective à l'École des beaux-arts, à Paris 2 vol. in-8, dont un de planches, br. 7
Éléments de géométrie descriptive, à l'usage des candidats aux écoles du gouvernement, par MM. GÉRONO et CASSANAC. 2 vol. in-8, dont un de planch. Nouv. édit. 6
Leçons de trigonométrie, par MM. BRIOT et BOUQUET. Nouv. édit., entièrement refondue, rédigée conformément aux nouv. program. 1 vol. in-8, fig. dans le texte, br. 3
> Ouvrage autorisé par le Conseil de l'instruction publique.

Questions de trigonométrie, méthodes et solutions, avec plus de 400 exercices proposés, à l'usage des candidats aux écoles et de MM. les officiers de l'armée et de la marine, par M. A. DESBOVES. 1 vol. in-8, br. 5
Leçons de géométrie analytique, par MM. CH. BRIOT et C. BOUQUET, maîtres de conférences à l'École normale supérieure. Nouv. édit. 1 v. in-8, fig. dans le texte, br. 7
> Ouvrage autorisé par le Conseil de l'instruction publique.

— *Le même,* précédé des *Éléments de trigonométrie.* 1re édit. 1 vol. in-8. br. . . 9

SCEAUX. — IMP. CHARAIRE ET FILS.

www.ingramcontent.com/pod-product-compliance
Lightning Source LLC
Chambersburg PA
CBHW031607210326
41599CB00021B/3086

* 9 7 8 2 0 1 2 6 3 5 3 0 2 *